物联网
创新项目开发与实践
（嵌入式篇）

程志强　李文亮　陈　旭　主编

清华大学出版社
北　京

内容简介

本书系统地介绍了物联网创新课题原理与应用设计。主控单元选用了目前流行的 Cortex M3 微处理器，每个课题涵盖了不同的专业知识点，综合覆盖了嵌入式系统、物联网技术、计算机软件开发、手机 App 开发、云平台数据传输、应用电子技术等专业知识。书中将所列综合创新课题分解成多个子任务，可根据专业课程特点，有选择性地对课题内容进行实践演练。

本书可作为本科院校以及高等职业院校自动化、电子信息工程、测控技术与仪器、计算机科学与技术、通信工程、物联网技术、应用电子技术等专业综合课程设计、专业课实训、毕业设计、创新课程设计、学科竞赛培训等实践教学环节用书，也可作为从事相关项目开发与应用的工程技术人员的参考书。

图书在版编目(CIP)数据

物联网创新项目开发与实践. 嵌入式篇/程志强，李文亮，陈旭主编. —北京：清华大学出版社，2020.9（2026. 1重印）

ISBN 978-7-302-56417-1

Ⅰ. ①物… Ⅱ. ①程… ②李… ③陈… Ⅲ. ①物联网—高等学校—教材 Ⅳ. ①TP393.4 ②TP18

中国版本图书馆 CIP 数据核字(2020)第 171510 号

责任编辑：梁媛媛
封面设计：常雪影
责任校对：李玉茹
责任印制：宋　林
出版发行：清华大学出版社
网　　址：https://www.tup.com.cn，https://www.wqxuetang.com
地　　址：北京清华大学学研大厦 A 座　　**邮　　编**：100084
社 总 机：010-83470000　　**邮　　购**：010-62786544
投稿与读者服务：010-62776969, c-service@tup.tsinghua.edu.cn
质量反馈：010-62772015, zhiliang@tup.tsinghua.edu.cn
课件下载：https://www.tup.com.cn, 010-62791865
印 装 者：三河市铭诚印务有限公司
经　　销：全国新华书店
开　　本：185mm×260mm　　**印　　张**：14.25　　**字　　数**：339 千字
版　　次：2020 年 9 月第 1 版　　**印　　次**：2026 年 1 月第 6 次印刷
定　　价：42.00 元

产品编号：088666-01

前　　言

创新工程教育问题是指如何引入工程教育，发展学生自主学习能力、实践能力和创新能力，并使学生能够对工程与专业形成总体认识。创新综合课是高校工程教育的开始，也是学生工程教育的重要切入点。根据学生特点，通过创新综合课程设计的引导方式进行创新，为学生提供包括成长引导、知识引导、实验引导和创新引导在内的综合化的引导。这种综合创新课题设计为学生提供一种体验式、项目式的学习方式，能够培养学生自主学习、合作学习、交流沟通、设计创新、动手实践等多方面的能力。同时书中所选创新课题与新一代信息技术——物联网技术相融合，体现了面向“新工科”进行课程建设的内涵，并提高了学生对新技术的认知。

当今世界，技术革新的周期越来越短，产品创新的活动也越来越频繁，人类的知识总量在快速增长，这种现象在电子信息领域尤为突出。这意味着如果大学生希望在产业格局的前沿领域有所作为，就必须成为一名善于应对各种变化的终身学习者，一名善于摸索探究的自主学习者。在前沿创新领域，需要面对更为复杂的产业环境、大量的不确定因素，建构出新产品、新技术去进行实验来求证自己提出的假设。这种情况下不可能完全依赖老师和课堂，良好的自主学习能力将是面对复杂工程问题进行创新的前提和基础。既然学生将要面临的是这样的未来，那就需要从大学开始就提供与之相关的创新实践教育，帮助学生逐步建构起专业方面的自主学习能力。从这个角度审视当下的学生工程教育，就会看到，无论是教学方法、教育理念、教学环境，还是教学内容，都需要进行系统的改革，才能适应人才培养的需求。它是高校工程教育的起点，其主要功能是在专业学习进入正式内容之前，概述其核心思想、结构、主要方法、来龙去脉，以及专业的社会功能和意义。创新实践课的综合交叉性很强，其内容涉及学科的各个领域，也涉及专业方向的前沿，并能够引发学生的学习兴趣和创新意识的培养。在新的人才培养观下，需要对综合课程设计进行升级改造。仅仅实现知识引导是远远不够的，更需要综合考虑学生的成长需求，以及对实践能力、创新能力的培养。这就需要在引导方式上有所创新，升级改进，形成包括成长引导、知识引导、实验引导和创新引导在内的综合性引导，帮助学生逐步建构起新的能力体系，同时通过综合创新实战课题演练，培养学生理论联系实际的能力、工程实践能力和创新实践能力，树立团队协作意识，为今后深入学习专业知识和技能打下坚实的基础。基于上述思想，我们适时编著了本教材。

本书所列课题具有以下特点。

(1) 课题项目来源于生产实际应用，顺应当前市场通用技术及主流产品。

(2) 课题采用项目化教学方式，打破了原来传统的教学模式。既能满足日常课程教学，又能满足课程设计、毕业设计等实践教学环节。

(3) 课题可作为高校竞赛开发、训练平台，以及教师教学、科研活动平台。

(4) 课题涵盖不同的技能和知识点，综合覆盖了嵌入式、物联网、计算机软件开发、应用电子技术等专业，知识覆盖面广。

(5) 课题基于开放式软、硬件平台，可根据技术发展和应用场景不断创新、丰富，支撑

“双创”教育。

(6) 项目适合多人协同，分工协作，培养学生团队合作的能力。

本教材适用于自动化、电子信息技术、测控技术与仪器、计算机科学与技术、通信工程、物联网技术等专业的课程设计、专业课综合实训、毕业设计、创新课程设计、竞赛培训等实践教学环节，所选课题通过结合 NEWLab 基础教学设备，形成课堂内外教学有益补充。全书所列综合创新课题均有推荐学时，教师可根据专业实际情况，有选择地对各课题内容进行重点讲授和指导学生实践演练。

本书由潍坊学院信息与控制工程学院程志强、北京新大陆时代教育科技有限公司高级工程师李文亮、产品总监陈旭主编。此外，潍坊学院信息与控制工程学院李健教授、侯崇升教授对教材内容进行了审核，并提出了宝贵意见和建议；戴曰章、黄昭与孙兆琳为本书课题程序编写及调试付出了辛勤劳动；北京新大陆时代教育科技有限公司相关技术人员为本书的编写提供了建议与意见，在此一并表示衷心感谢！

由于时间紧迫和编者水平所限，书中错误和疏漏之处敬请读者批评指正。

(本书为广大教师提供了课题资源包，扫一扫，看课题资源包索引)

编　者

目　　录

第1章 节能型自适应风扇控制

【课题概要】

风扇自问世以来，已经成为人们夏天借以生风取凉不可或缺的基本用具。其工作原理是用电机驱动风扇叶片旋转产生气流，并转化成风来达到乘凉的效果。

节能型自适应风扇实战课题定位于本科院校以及高等职业院校的教学、综合实验、创新科研、课程设计、创客教育、竞赛培训、综合技能培训等领域，配合 NEWLab 基础教学设备，形成课堂内外有益的补充。本课题主要涉及温度传感器检测、PWM 控制、嵌入式系统开发、PC 端上位机程序设计等知识点。

设计高效节能型自适应风扇与建设资源节约型社会发展方向相吻合。

【课题难度】

★★★

现如今，互联网无处不在，从手机中的浏览器到具有无线接入服务的机场、咖啡厅，从具有宽带接入的家庭网络到每张办公桌都有联网功能的办公设备，再到联网的汽车、联网的传感器、星际互联网等，可以说互联网已成为人们日常生活与工作中必不可少的一部分。

1.1 课题描述

近年来，随着人们生活以及科技水平的不断提高，家用电器在款式、功能等方面日益求精，并逐步向健康、安全、多功能、节能等方向发展。电风扇由于价格低廉且相对节能，安装和使用方便，因此在中国大部分城乡地区依旧使用电风扇作为降温防暑设备。

目前市场上的电风扇大多采用手动调节风速，不能根据环境温度的变化自适应调整风速。基于这种情况，有必要设计一种价格低廉、节能，又能根据环境温度的变化自适应地调整风速的节能型自适应风扇。

节能型自适应风扇的工作原理是：由温度传感器获得当前环境的温度数值，根据预设温度值与环境温度的差值大小实时控制风扇转速。当环境温度高于设定温度时，环境温度与设定温度差值越大，风扇转速越高；环境温度与设定温度差值越小，则风扇转速越低。当环境温度等于或低于设定温度时，风扇将停止运行，从而实现节能的功能。

1.2 课题分析

1.2.1 节能型自适应风扇硬件设计方案

1. 节能型自适应风扇硬件总体方案设计

节能型自适应风扇控制系统采用 STM32 作为主控芯片，系统主要包括键盘预设温度模块、NTC 型热敏电阻(25℃-10K)温度传感器模块、风扇直流电机驱动模块、电风扇模块、PC 端检测工具模块。节能型自适应风扇控制系统硬件总体框图如图 1.1 所示。

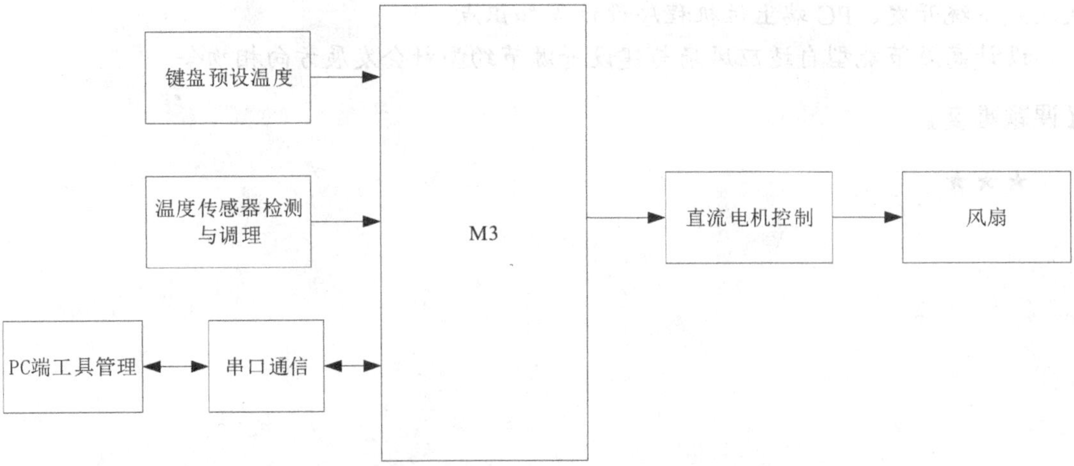

图 1.1　节能型自适应风扇控制系统硬件总体框图

2. 节能型自适应风扇控制系统硬件结构拓扑图

节能型自适应风扇控制系统硬件结构拓扑图如图 1.2 所示。

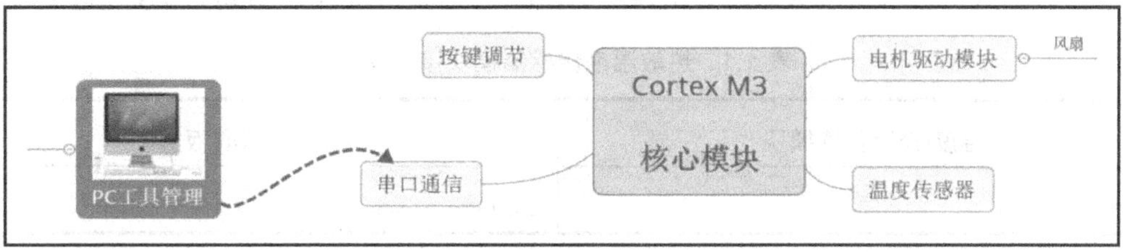

图 1.2　节能型自适应风扇控制系统硬件结构拓扑图

3. 节能型自适应风扇控制系统硬件接线示意图

节能型自适应风扇控制系统硬件接线示意图如图 1.3 所示。

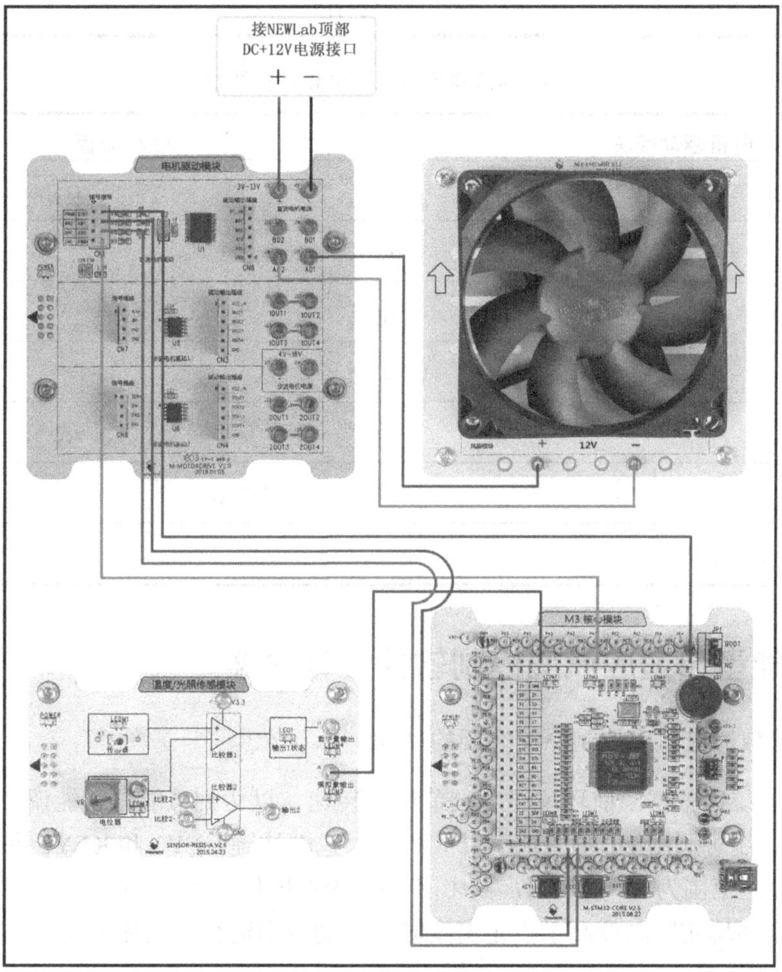

图 1.3　节能型自适应风扇控制系统硬件接线示意图

4. 节能型风扇控制系统主要模块与 M3 引脚连接定义说明

节能型自适应风扇控制系统主要有热敏温度传感器模块、键盘预设温度模块、风扇直流电机驱动模块、电风扇模块。前 3 个模块与 M3 引脚连接定义说明如表 1.1～表 1.3 所示。

表 1.1 热敏温度传感器模块接线说明

温度/光照传感模块	M3 核心板
J6	PC4

表 1.2 键盘预设温度模块接线说明

键盘(在 M3 核心板)	M3 核心板
KEY1(温度加“1”按键)	PC13
KEY2(温度减“1”按键)	PD13

表 1.3 风扇直流电机驱动模块接线说明

电机驱动模块	M3 核心板
STBY	$V_{3.3}$
PWMA	PA2
AIN1	PB14
AIN2	PB15
J12(+12V)	—
J11(−12V)	—
A01-A02(风扇接线端子)	—

1.2.2 节能型自适应风扇控制软件设计方案

1. 节能型自适应风扇控制系统实现的功能

(1) 控制系统可根据当前环境温度调节风扇转速，以达到节能与智能调控的目的。

(2) 控制系统可利用 PC 端监控工具或者嵌入式端按键 KEY1 和 KEY2 进行预设温度设定(预设温度设定范围为 20～50℃)，其中 KEY1 为温度值加“1”按键，KEY2 为温度值减“1”按键。当环境实际温度高于设定温度时，启动风扇运行；当环境实际温度低于设定温度时，风扇停止运行。

(3) 根据温度与 PWM 占空比的曲线关系，可实现风扇自动调速。

2. 节能型自适应风扇系统主程序流程图

系统初始化后，NTC 型热敏电阻(25℃-10K)采集环境温度，并根据环境温度、预设温度与占空比的关系式，得出此时 M3 输出的 PWM 占空比，从而控制当前的风扇运行转速。环境温度、设定温度与占空比关系如式(1-1)所示。

$$DC = Factor \times (GetTemp - BaseNum) + BaseDC \tag{1-1}$$

各参数的含义说明如下。

DC：占空比；

Factor：比例系数；

GetTemp：当前环境温度；

BaseNum：预设温度值，初始默认值为 20℃；

BaseDC：占空比基准值。

节能型自适应风扇控制系统主程序流程图如图 1.4 所示。

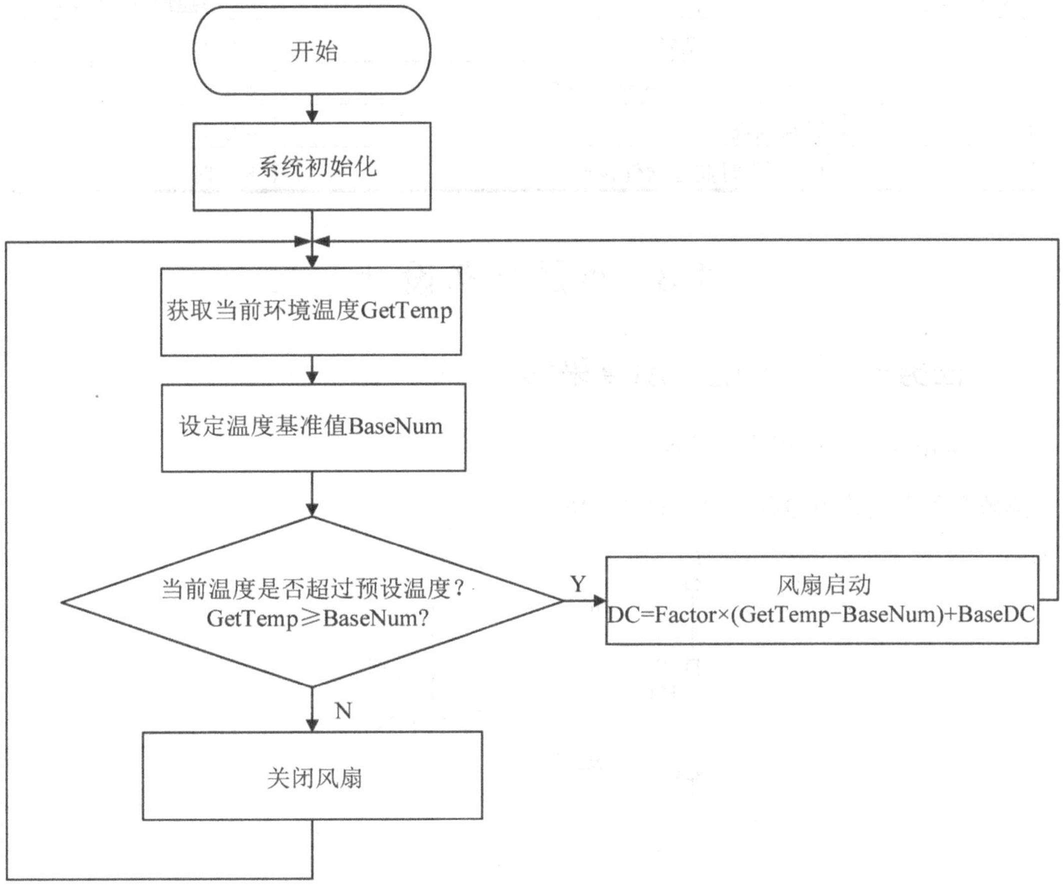

图 1.4　节能型自适应风扇控制系统主程序流程图

1.2.3 课题任务拆分及计划学时

由于节能型自适应风扇控制系统涉及的知识点较多，增加了课题设计的复杂性，因此，要结合系统实现的各个功能对设计任务进行拆分。该控制系统可拆分成若干个功能模块，如温度检测及信号调理模块、键盘温度预设模块、风扇直流电机 PWM 调速控制模块、PC 端辅助检测工具模块等。根据每个模块功能进行单独设计与调试，待各个模块功能实现之后，再根据总的工作流程把各个模块连接起来，并结合相应的工作时序最终实现节能型自适应风扇控制。

为保证学生按时完成课题设计任务，达到实战演练的目的，指导教师可根据项目总体设计任务，按系统功能将设计任务拆分成多个子任务，教师可根据学生专业特点分配设计子任务。课题任务拆分及计划学时安排如表 1.4 所示。

表 1.4　课题任务拆分及计划学时安排

项目编号	项目名称	建议计划学时
任务一	热敏电阻温度采集	6 学时
任务二	风扇直流电机 PWM 调速控制	6 学时
任务三	键盘预设温度	4 学时
任务四	PC 端实时监控软件设计	8 学时

1.3 课题任务设计

1.3.1 任务一　热敏电阻温度采集

1. 热敏电阻温度检测硬件设计

热敏电阻温度检测电路原理如图 1.5 所示。

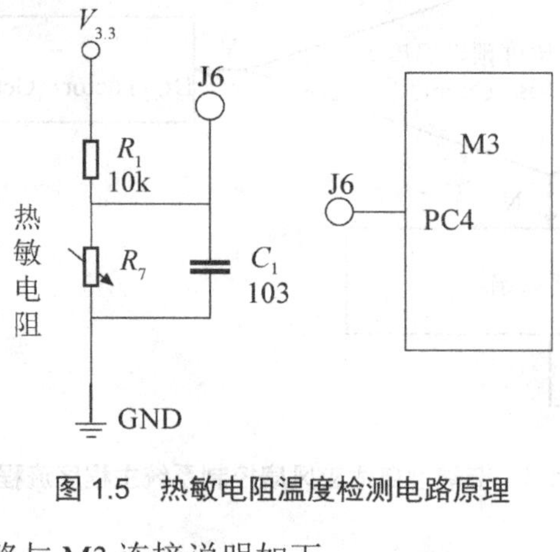

图 1.5　热敏电阻温度检测电路原理

热敏电阻温度检测电路与 M3 连接说明如下。

(1) R_7 为 NTC 型热敏电阻(25℃-10K)，用于检测环境温度；J6 为温度传感器模拟量输出端，该接线端连接 M3 引脚 PC4。

(2) R_1 为分压电阻，R_1=10kΩ。

2. 热敏电阻温度检测软件设计思路

(1) 配置 M3 内部 ADC 对应的 PC4 引脚，将其设置为模拟输入口。

(2) 启动 M3 内部 12 位 AD 转换器，得到此时温度传感器热敏电阻两端电压所对应的数字量 ADC_Value 值。

(3) 将 ADC_Value 值代入公式：$V_{R_7}=(V_{REF}/(4096-1))\times$ADC_Value，可计算出热敏电阻 R_7 的两端电压 V_{R_7} 值，其中 M3 内部 ADC 参考电压 V_{REF}=3.3V。

(4) 将热敏电阻两端电压 V_{R_7} 值代入公式：$R_7=V_{R_7}/((V_{3.3}-V_{R_7})/R_1)$，可得出当前该热敏电阻的阻值，其中 $V_{3.3}$=3.3V，分压电阻 R_1=10000Ω。

(5) 根据 NTC 型热敏电阻(25℃-10K)阻值与温度对应关系表，即可得出此时热敏电阻对应的温度值，该温度值即是当前的环境温度。

课题采用的 NTC 型热敏电阻(25℃-10K)阻值与温度对应关系如表 1.5 所示。

表 1.5 NTC 型热敏电阻(25℃-10K)阻值与温度对应关系

温度(℃)	阻值(Ω)	温度(℃)	阻值(Ω)	温度(℃)	阻值(Ω)	温度(℃)	阻值(Ω)
20	12520	28	8768	36	6243	44	4514
21	11960	29	8396	37	5990	45	4339
22	11430	30	8042	38	5749	46	4172
23	10930	31	7705	39	5519	47	4012
24	10450	32	7384	40	5299	48	3860
25	10000	33	7078	41	5089	49	3713
26	9569	34	6786	42	4889	50	3574
27	9158	35	6508	43	4697	51	3440

热敏电阻检测程序流程图如图 1.6 所示。

1.3.2 任务二 风扇直流电机 PWM 调速控制

1. 风扇直流电机 PWM 硬件电路设计

风扇直流电机驱动采用东芝公司生产的 TB6612FNG 控制芯片。它是一款通过输入 PWM 信号改变占空比，从而控制输出电压的直流电机控制模块。该芯片输入电源 $V_{CC}=12V_{DC}$/1.2A(3.2A 峰值)。TB6612FNG 控制芯片的逻辑功能如表 1.6 所示。

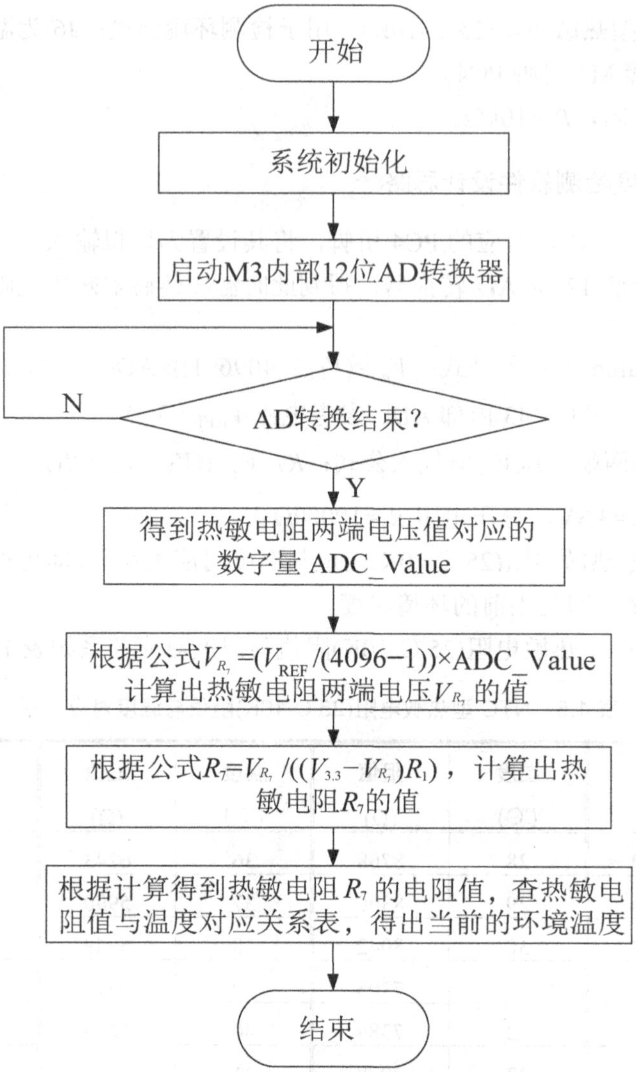

图 1.6　热敏电阻检测软件流程图

表 1.6　TB6612FNG 逻辑功能

AIN1	AIN2	PWMA	STBY	电机状态
1	0	1	1	正转
0	1	1	1	反转
1	1	1	1	刹车
0	0	1	1	停车
×	×	0	1	停止运行
×	×	×	0	待运行

用户可预设的温度范围为 20～50℃。当实际温度高于预设温度时，风扇直流电机自动启动运行；当实际温度低于预设温度时，风扇直流电机将自动停止运行。风扇直流电机驱

动电路原理如图 1.7 所示。

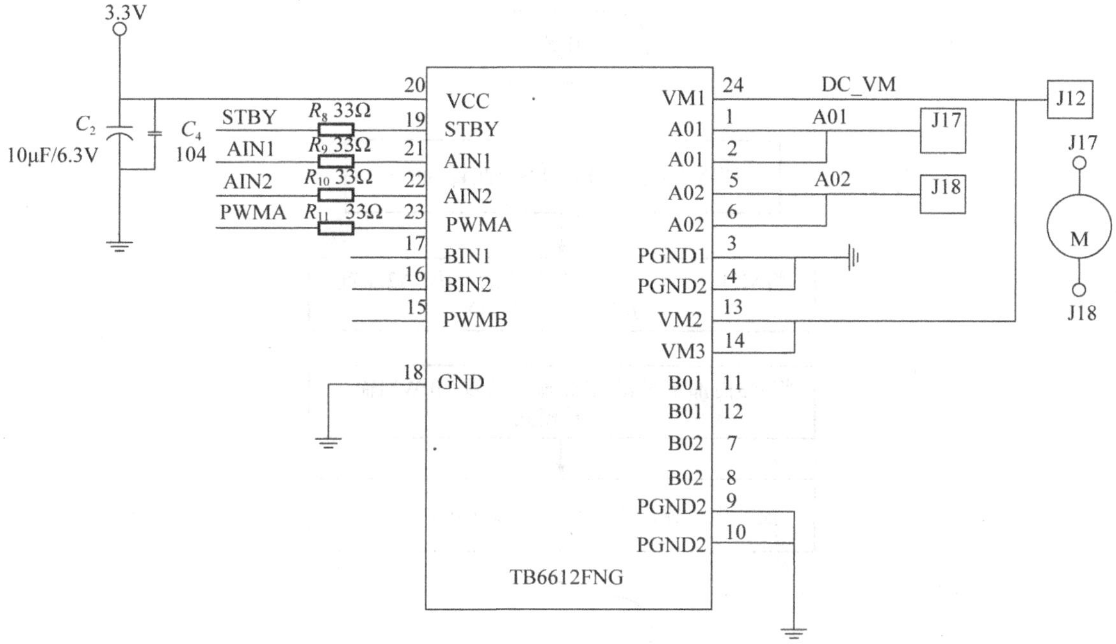

图 1.7　风扇直流电机驱动电路原理

风扇直流电机控制电路接线说明如下。

(1) A01 接风扇直流电机正极，A02 接风扇直流电机负极。

(2) M3 引脚 PB14 连接风扇电机驱动芯片 TB6612 的 AIN1 引脚；M3 引脚 PB15 连接风扇驱动芯片 TB6612 的 AIN2 引脚。

(3) 风扇驱动芯片 TB6612 的 STBY 引脚连接电源+3.3V 端。

(4) M3 引脚 PA2 连接风扇驱动芯片 TB6612 的 PWMA 引脚。

(5) J12 连接直流电源+12V。

2. 风扇直流电机 PWM 控制软件设计思路

因风扇直流电机模块采用 TB6612FNG 进行驱动，其中用到的引脚为 STBY、GND、PWM、AIN1、AIN2、A01、A02，因此，设计初始化函数时，首先应对相关引脚进行对应配置，然后设计控制电机 PWM 输出子函数。其设计思路如下。

(1) 对 PB14 和 PB15 进行初始化配置。配置 AIN1、AIN2 对应 M3 的 I/O，其中，M3 引脚 PB14 连接电机驱动模块的 AIN1，M3 引脚 PB15 连接电机驱动模块的 AIN2。

(2) 对 M3 内部定时器 TIM2 对应的 PA2 引脚进行配置，使该引脚为复用输出 PWM 的 I/O。

(3) 对 TIM2 输出的 PWM 信号模式进行配置。设置定时周期、分频系数，计数模式为向上计数，配置 PWM 输出信号模式，输出极性设为高电平，且使能通道 3。

(4) 设计风扇控制电机输出占空比函数，以实现风扇的转速自动调节。

风扇直流电机 PWM 控制软件流程图如图 1.8 所示。

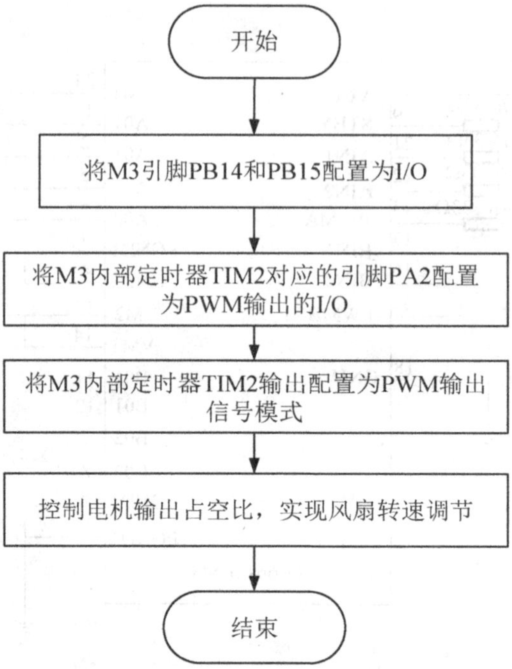

图 1.8　风扇直流电机 PWM 控制软件流程图

1.3.3　任务三　键盘预设温度

1. 键盘预设温度硬件电路设计

任务要求根据当前环境温度以及预设温度进行风扇转速的自动调节，以达到节能、智能调控的目的，因此，采用 M3 核心模块配置的按键 KEY1 和 KEY2 进行预设温度的设定。预设温度按键 KEY1 和 KEY2 与 M3 接口电路原理如图 1.9 所示。

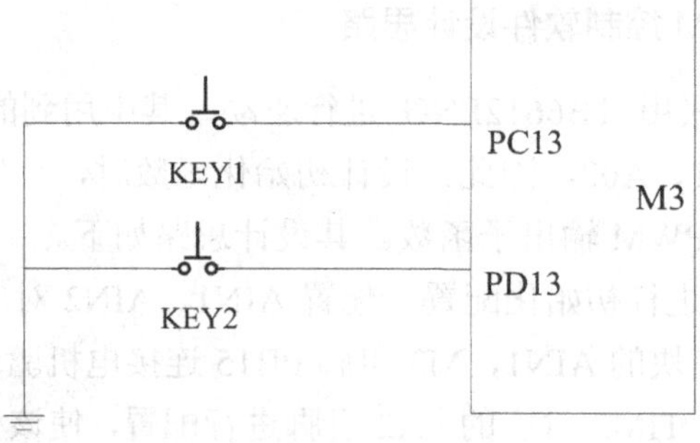

图 1.9　预设温度按键 KEY1 和 KEY2 与 M3 接口电路原理

预设温度按键 KEY1 和 KEY2 与 M3 接口电路接线说明如下。

(1) KEY1 连接 M3 主控模块 I/O 口 PC13 引脚。

(2) KEY2 连接 M3 主控模块 I/O 口 PD13 引脚。

2. 键盘预设温度软件设计思路

按键 KEY1 和 KEY2 的功能是预设温度数值。预设温度值范围设定在 20～50℃。

(1) 对按键 KEY1 和 KEY2 分别对应的 M3 引脚 PC13 和 PD13 进行初始化配置，并将其设置为上拉输入模式。

(2) KEY1 为预设温度加“1”按键；KEY2 为预设温度减“1”按键。

(3) 可将预设的温度值通过串口传送至上位机 PC 端辅助设置工具显示。

按键预设温度软件设计流程图如图 1.10 所示。

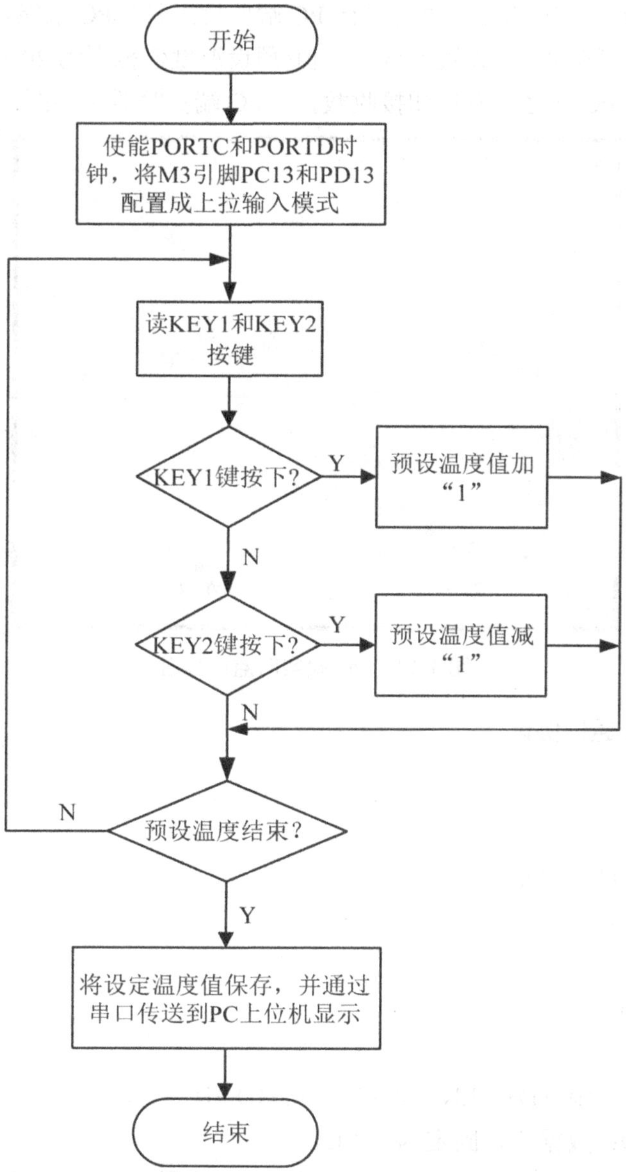

图 1.10 按键预设温度软件设计流程图

1.3.4 任务四 PC 端实时监控软件设计

1. 实时监控软件设计

PC 端实时监控软件可进行预设温度设定，并能在 PC 端监控界面实时显示预设温度值、当前环境温度值。同时，M3 可通过串口 URAT1 将预设的温度值、环境的实际温度值传送至 PC 端，并在 PC 端监控界面显示环境实际温度值及预设温度值。

PC 端实时监控软件设计思路如下。

(1) 制定 M3 与 PC 端串口数据传输通信协议。

(2) 可用 VB、VC、VS 等编程语言设计 PC 端监控工具。PC 端能显示当前环境温度值及预设温度值，同时可在 PC 端设置预设温度值(预设温度值范围为 20～50℃)。按照既定的通信协议实现 M3 与 PC 端之间发送和接收数据。PC 端实时监控界面如图 1.11 所示。

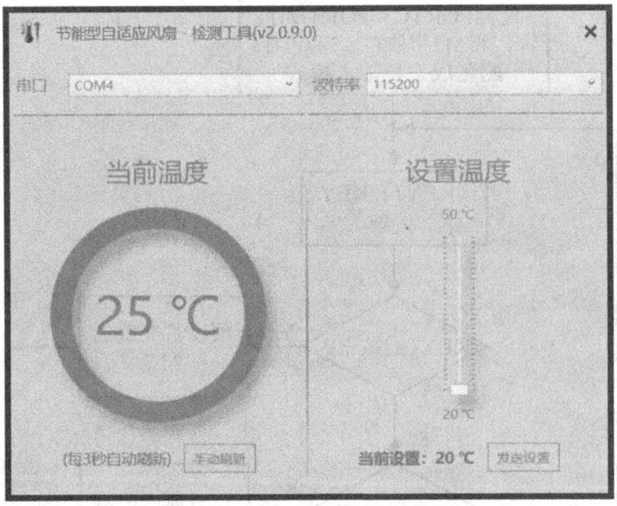

图 1.11 PC 端实时监控界面

2. PC 端与 M3 通信协议

(1) 通信方式如下。

双工串口。

波特率 115200bps。

数据位 8 位。

停止位 1 位。

无校验位。

无流控制。

(2) 数据包格式：HEAD+ LEN+ MODEL+CMD +[DATA] +CHK，其中各项说明如下。

HEAD：数据头，固定为 0xFE。

LEN：数据包长度，1 字节，从 LEN 开始到 CHK 前一字节的所有字节数。

MODEL：功能模块号。

CMD：命令码。

[DATA]：数据域，可变长度。

CHK：校验码，从 LEN 开始到 CHK 前一字节的所有字节依次按字节相加后取反再加“1”的值。

(3) 模块号。

0x00～0x0f：系统保留。

0x10～0x19：已被其他系统使用。

0x1A：自适应风扇控制系统。

(4) 温度控制：CMD=0x01(上位机下达指令时发送)。

接收：[DATA]：上位机控制温度，1 字节，取值为 0～100，单位摄氏度。

发送：[DATA]：PLY(PLY：00——成功；其他——其他错误)。

(5) 当前温度读取：CMD=0x02(上位机下达指令时发送)。

接收：[DATA]：无。

发送：[DATA]：PLY＋TEMP(下位机检测温度)。PLY：00——成功；其他——其他错误。TEMP：温度值，取值为 0～100，单位摄氏度。

(6) 设置温度读取：CMD=0x03(无须上位机发送读取指令，当下位机通过按键改变设置温度时直接发送给上位机)。

接收：[DATA]：无。

发送：[DATA]：PLY＋TEMP(下位机按键设置温度)。PLY：00——成功；其他——其他错误。TEMP：温度值，取值为 0～100，单位摄氏度。

(7) RLY。

00：操作成功。

非 0：操作失败。

01：超时。

02：数据错误。

03：非法命令。

1.4 课题参考评价标准

综合实训参考评价标准(百分制)

评价项目	内　容	得　分	备　注
平时表现	工作态度、遵守纪律、独立完成设计任务		5 分
	独立查阅文献、收集资料、制订课题设计方案和进度计划		5 分

续表

评价项目	内　容	得　分	备　注
设计报告	硬件电路设计、程序设计		10 分
	测试方案及条件、测试结果完整性、测试结果分析		5 分
	摘要、设计报告正文的结构、图表规范性		10 分
仿真与实物制作	按照设计任务要求的功能仿真		10 分
	按照设计任务要求在 NEWLab 规范连线		10 分
	按照设计任务要求实现的功能		10 分
	设计任务工作量、难度		10 分
	设计创新点		10 分
实训项目答辩	学生 PPT 重点讲解所设计子任务，并回答指导老师提出的相关问题		15 分
综合成绩评定	指导教师签名：		

1.5　课 题 拓 展

本课题设计了节能型自适应风扇系统，感兴趣的读者可以对课题功能进行拓展，例如：

(1) 增加 Wi-Fi 通信模块，将温度信息上传到云端，并通过云端控制风扇的转速，这样可通过手机 App 实现对风扇的远程控制。

(2) 增加蓝牙通信模块，通过手机 App 进行局域网的无线联动控制，充分体现智能家居的便捷应用。

(3) 增加 NB-IoT 通信模块，将温度参数上传云端，并通过云端控制风扇的转速，这样通过手机端实现对风扇的远程监控。

1.6　课题资源包

为方便读者及时查阅与课题有关的参考资料，本教材提供了该课题资源包。读者实战演练课题时，可根据资源包索引查阅相关资料。课题资源包内容索引如图 1.12 所示。

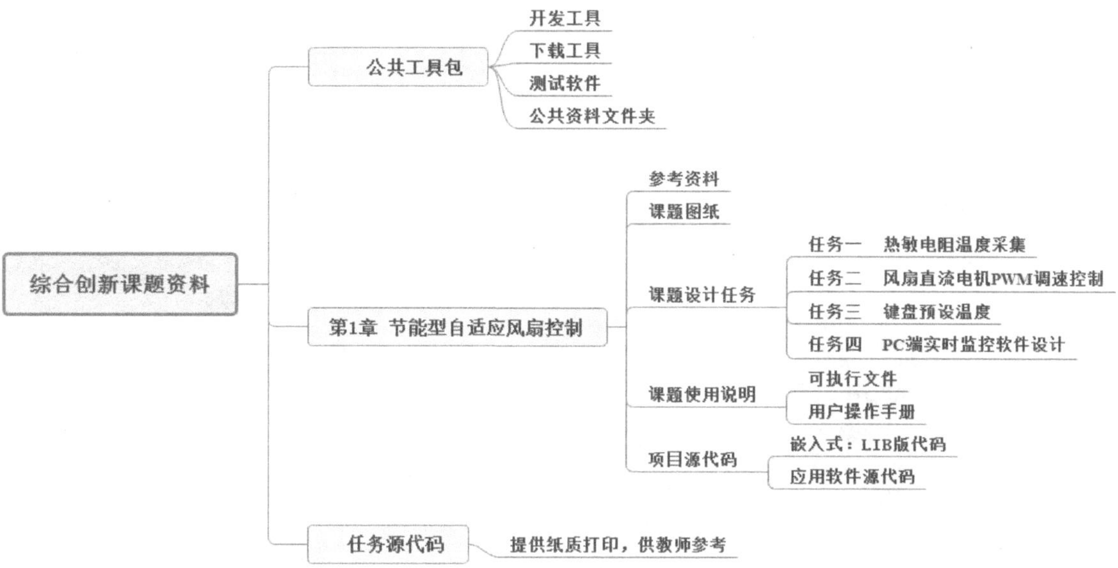

图 1.12 课题资源包内容索引

(扫一扫，获取精美课件及相关课题资源)

第 2 章 空调控制系统

【课题概要】

空调即空气调节器(Air Conditioner)，它的功能是对室内(或封闭空间、区域)空气的温度、湿度、洁净度和空气流速等参数进行调节，以满足人体舒适或企业生产工艺过程的要求。

因为空调已走入千家万户，读者已熟悉空调的主要功能，本章选用人们所熟悉的家用空调系统为课题背景，这为读者圆满完成课题设计任务提供了极大的便利。

空调控制应用作为嵌入式开发的经典案例，因其专业知识浓缩度高、应用涉及面广，已经越来越受高校实践教学的重视，并在学校实践教学环节发挥着重要作用。

空调控制系统课题定位于本科院校以及高等职业院校的综合实验、创新科研、课题设计、创客教育、竞赛培训、综合技能培训等领域，配合 NEWLab 基础教学设备，形成课堂内外教学有益的补充。本课题主要涉及传感器技术、嵌入式系统开发、机电一体化控制、Wi-Fi 通信技术、云服务器数据实时传输、手机 App 远程控制软件开发等知识点。

【课题难度】

★★★★

2.1 课题描述

空调控制系统作为嵌入式开发的实践教学案例，集传感器技术、嵌入式系统、机电一体化控制技术、手机客户端远程控制技术于一身，因其专业知识浓缩度高，应用涉及专业知识面广，已被学校纳入培养学生动手实践能力、提升学生创新意识以及团队协作能力的经典课题。

空调控制系统课题定位于学校案例教学、综合实验、创新科研、课题设计、创客教育、竞赛培训、综合技能培训等领域，配合 NEWLab 基础教学设备，形成学校课堂内外教学有益的补充。学校可根据不同的专业方向和实际教学情况，选择不同的课题硬件配置进行实战演练。

空调控制系统的基本原理是根据温度传感器模块获得的室内温度值，并与内部设定的温度值进行比较。当室内温度低于设定阈值 T_{low} 时，开启加热功能(本课题采用指示灯模块模拟加热)；当室内温度高于设定阈值 T_{high} 时，开启制冷功能(本课题采用风扇模块模拟)，从而使室内温度始终保持在一定的温度范围($T_{low} \leqslant T \leqslant T_{high}$)，达到空调室内恒温控制的效果。当室内温度超过系统默认最大值($T_{max} = 30℃$)时，说明空调控制系统恒温控制失败，此时应启动报警功能，采用指示灯闪烁作为报警警示。报警警示模式为：报警指示灯亮 1 秒，熄灭 2 秒，循环往复。

空调控制系统课题设计重点和难点在于物联网应用和软件开发，以及 Wi-Fi 模块实现客户端(手机端)数据和后台服务器的实时互动。

2.2 课题分析

2.2.1 空调控制系统硬件设计

1. 空调控制系统总体方案设计

空调控制系统采用嵌入式微处理器 M3 作为主控芯片，系统主要包括键盘模块、红外遥控模块、温度/光照传感器模块、功能扩展模块(AD 转换器、报警蜂鸣器)、LCD 液晶显示屏、LED 数码管显示模块、继电器模块、执行机构模块(风扇模块、加热指示灯模块)、Wi-Fi 通信模块、手机客户端等。空调控制系统硬件总体框图如图 2.1 所示。

2. 空调控制系统硬件拓扑结构图

空调控制系统硬件结构拓扑如图 2.2 所示。

3. 空调控制系统接线示意图

空调控制系统接线示意如图 2.3 所示。

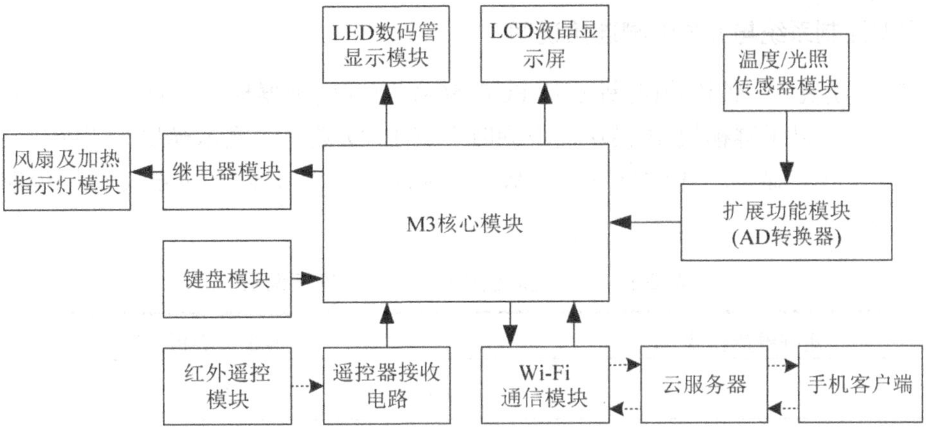

图 2.1　空调控制系统硬件总体框图

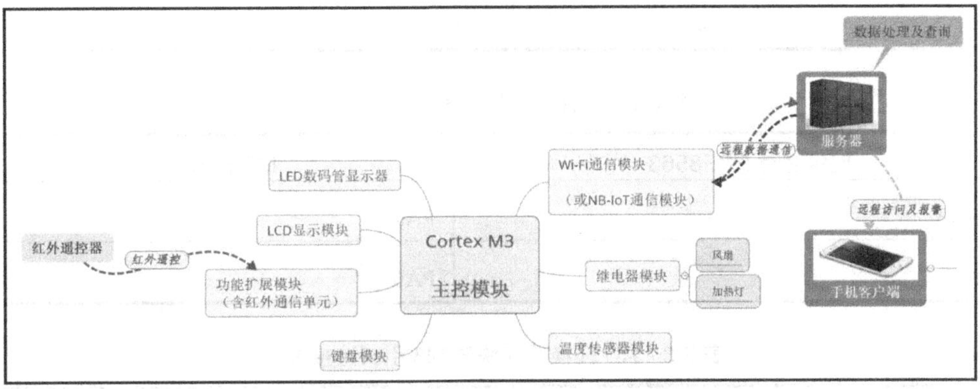

图 2.2　空调控制系统结构拓扑图

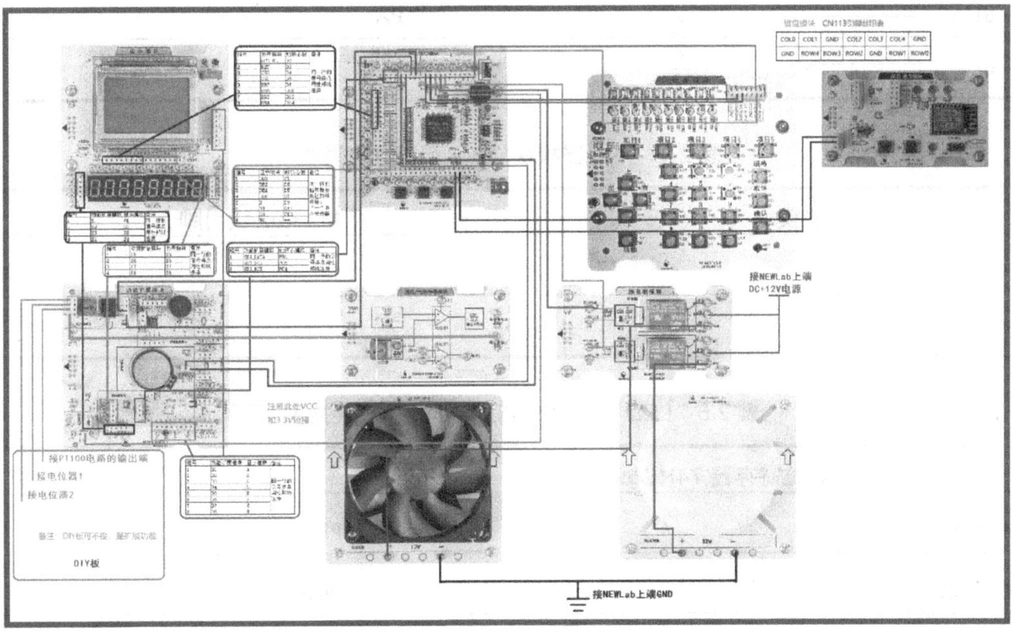

图 2.3　空调控制系统接线示意图

4. 空调控制系统与 M3 引脚连接说明

矩阵键盘模块、时钟模块(时钟芯片 PCF8563)、AD 转换器模块(AD 芯片 PCF8591)、继电器模块、LCD 显示屏模块(该模块面板同时含有 LED 数码管显示模块)、串行口 1、红外遥控器模块、液晶显示器 LCD12864、Wi-Fi 模块与 M3 引脚连接定义详细说明分别如表 2.1～表 2.9 所示。

表 2.1 矩阵键盘模块与 M3 引脚连接说明

矩阵键盘模块	M3 核心板引脚
ROW1	PA3
ROW3	PA2
ROW4	PA1

表 2.2 时钟模块与 M3 引脚连接说明

时钟芯片 PCF8563	M3 核心板引脚
I^2C_SDA	PA7
I^2C_SCL	PA6

表 2.3 AD 转换器模块与 M3 引脚连接说明

AD 芯片 PCF8591 模块	M3 核心板引脚
I^2C_SDA	PA5
I^2C_SCL	PA4

表 2.4 继电器模块与 M3 引脚连接说明

继电器模块	M3 核心板引脚
RELAY1	PC3
RELAY2	PC2

表 2.5 LED 显示驱动芯片与 M3 引脚连接说明

串行移位寄存器 74HC595 模块	M3 核心板引脚
SEG_DAT	PB0
SEG_SCK	PC5
SEG_RCK	PC4

表 2.6 串行口 1 与 M3 引脚连接说明

串行口 1	M3 核心板引脚
TXD1	PA9
RXD1	PA10

表 2.7 红外遥控模块与 M3 引脚连接说明

红外遥控器	M3 核心板引脚
RDATA	PA0

表 2.8 液晶显示器 LCD12864 与 M3 引脚连接说明

LCD12864 引脚名称	M3 引脚	备 注
LCD_BL	CS/PD7	液晶背景光控制，低电平有效
RST	D15/PD10	液晶屏复位信号
CS2	D14/PD9	液晶屏片选信号 1
CS1	D13/PD8	液晶屏片选信号 2
DB7	D12/PE15	液晶屏数据线
DB6	D11/PE14	液晶屏数据线
DB5	D10/PE13	液晶屏数据线
DB4	D9/PE12	液晶屏数据线
DB3	D8/PE11	液晶屏数据线
DB2	D7/PE10	液晶屏数据线
DB1	D6/PE9	液晶屏数据线
DB0	D5/PE8	液晶屏数据线
EN	D4/PE7	液晶屏使能信号
RW	D3/PD1	液晶屏读写信号
RS	D2/PD0	液晶屏寄存器选择
VO	—	液晶屏对比度调节

表 2.9 Wi-Fi 模块与 M3 引脚连接说明

Wi-Fi 通信模块接线端	M3 核心板引脚
TX	PC11
RX	PC10

2.2.2 空调控制系统软件设计方案

1. 空调控制系统实现的功能

空调控制系统采用嵌入式微处理器 CortexM3 作为主控芯片，外接功能扩展模块，以实现课题的功能要求。课题实现的主要功能说明如下。

(1) 利用矩阵键盘模块相应按键设置环境温度的上限值(T_{high})及下限值(T_{low})。当环境温度高于上限值(T_{high})时，启动电风扇模拟空调制冷降温；当环境温度低于下限值(T_{low})时，启动加热指示灯模拟空调加热升温。

(2) 采用温度/光照传感器模块中 NTC 型热敏电阻温度传感器，采集环境实际温度值。温度传感器得到的模拟量数值，通过功能扩展板的 AD 转换器(PCF8591)连接至 CortexM3 核心模块，并进行数据采集。

(3) 遥控器通过红外通信单元模块与 M3 端进行数据交互，控制空调“开启”“关停”，并设定温度上限温度值(T_{high})以及下限温度值(T_{low})。

(4) 液晶显示屏 LCD12864 显示温度上限值、下限值以及环境实际温度。

(5) 采用两片串行移位寄存器芯片 74HC595 驱动八位八段 LED 数码管，动态显示日期及时间。

(6) 通过 Wi-Fi 通信模块实现本地数据与云平台的远程交互，可在手机上进行远程操作，比如远程控制空调系统的“开启”“关停”以及实时查询当前的室温数据。

(7) 空调控制系统采用的执行器件主要有指示灯模块和直流风扇模块。指示灯模块模拟空调系统加热，风扇模块模拟空调制冷(通风)。

(8) 手机端支持远程获取如下信息。

- 当前室内温度值。
- 键盘设定的上限温度值(T_{high})以及下限温度值(T_{low})。
- 空调“开启”“关停”运行状态。

(9) 手机端用户能够进行如下远程操作。

- 手动设置温度上限值(T_{high})、下限值(T_{low})。
- 手动远程控制空调的“开启”“关停”。

2. 空调控制系统程序流程图

1) 空调控制系统整体架构

空调控制系统整体架构可分为三层，如图 2.4 所示。

- 应用层：作为手机移动客户端，提供空调控制系统状态信息展示以及用户操作界面。
- 云平台层：为应用层提供 SDK 以及 API 接口，支持 Android、C#等语言平台。
- 硬件层：可添加各种设备，如温度传感器、直流电风扇(模拟空调制冷)、指示灯(模拟空调加热)、物联网设备硬件。

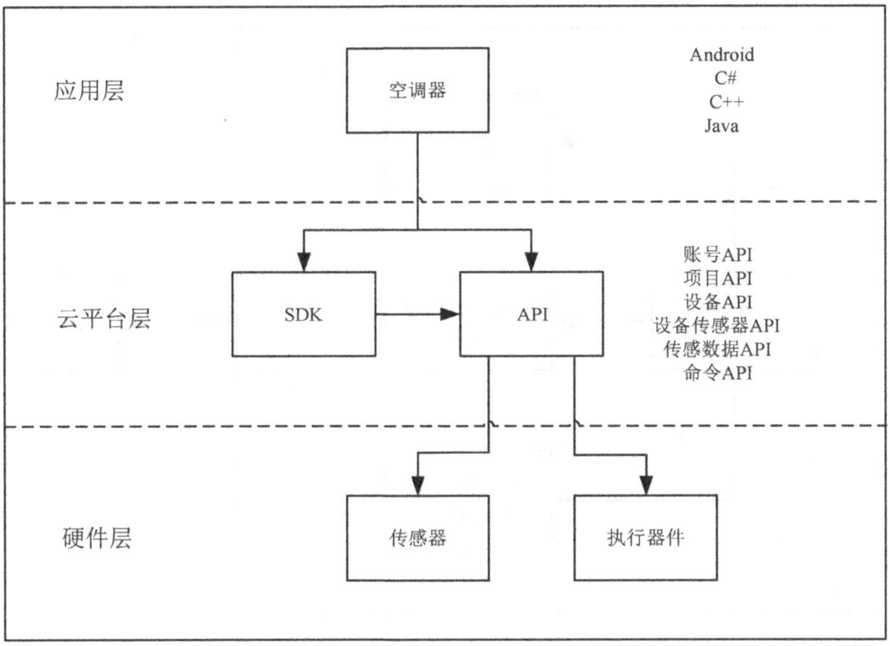

图 2.4 空调控制系统整体架构

2) 手机 App 功能说明

作为 Android 应用端，提供基本信息配置，获取远程传感器状态信息以及远程控制执行器动作。手机 App 主要实现如下功能。

- 获取当前室内温度值。
- 获取温度上限值。
- 获取温度下限值。
- 显示空调开/关运行状态。
- 手动设置温度上限/下限值。
- 手动控制空调开启与关停。

说明：如果当前温度高于系统默认最大值 30℃，启动报警；如果当前室内温度高于设定上限温度值，开启风扇(模拟空调制冷降温)；如果当前室内温度低于设定下限值，开启加热指示灯(模拟空调加热升温)。

3) Android 端一层架构

Android 端一层架构如图 2.5 所示。

4) 系统主体任务

系统初始化后，先连接云平台，然后进入主体任务。主体任务说明如下。

- 网络通信进程。检查网络连通状况，判断串口是否接收完数据，若接收完数据则进行数据解析，并执行相应任务。系统每隔 3 秒左右向服务器发送系统当前状态信息，这些信息包括当前室温温度值 T、设定的温度上限值(T_{high})/下限值(T_{low})，以及空调“开启”“关停”状态和报警状态。

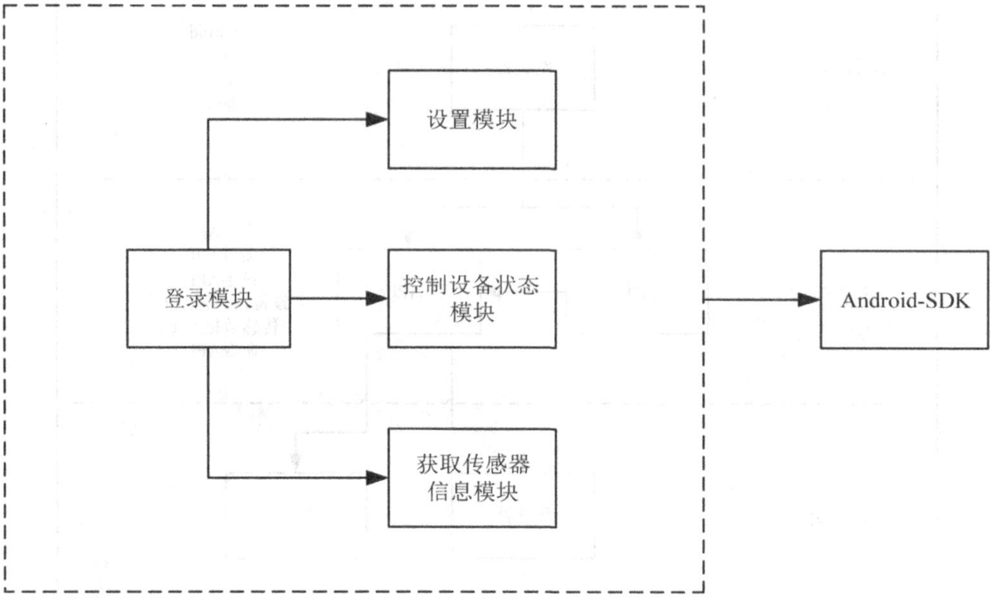

图 2.5　Android 端一层架构

- 红外遥控进程。采集当前红外光数据，并对红外光数据进行解析判断，最后根据红外遥控器键值执行相应的任务。
- 显示进程。根据系统任务与数据，定时刷新显示内容。
- 温度采集进程。实时采集室内温度值。
- 空调控制进程。根据当前设定的温度上限/下限值和室内温度值，控制直流风扇与指示灯动作。
- 按键扫描进程。对按键扫描识别，并按照键值执行相应任务。

系统主体任务逻辑流程图如图 2.6 所示。

5) 手机 App 软件设计

手机 App 业务流程图如图 2.7 所示。

6) 嵌入式端软件设计

嵌入式端逻辑流程图如图 2.8 所示。

3. 空调调控系统手机 App 界面设计

(1) 手机 App 安装成功后，用户可直接点击应用图标运行该应用。

(2) 点击应用图标后，进入欢迎界面，如图 2.9 所示。

(3) 在欢迎界面，点击“开启应用”按钮直接进入登录界面。登录界面如图 2.10 所示。说明：账户信息为用户在云平台上注册的账户信息。

(4) 在登录界面中，点击右上角的“设置”按钮进入设置界面。登录界面如图 2.11(a)所示，参数设置界面如图 2.11(b)所示。

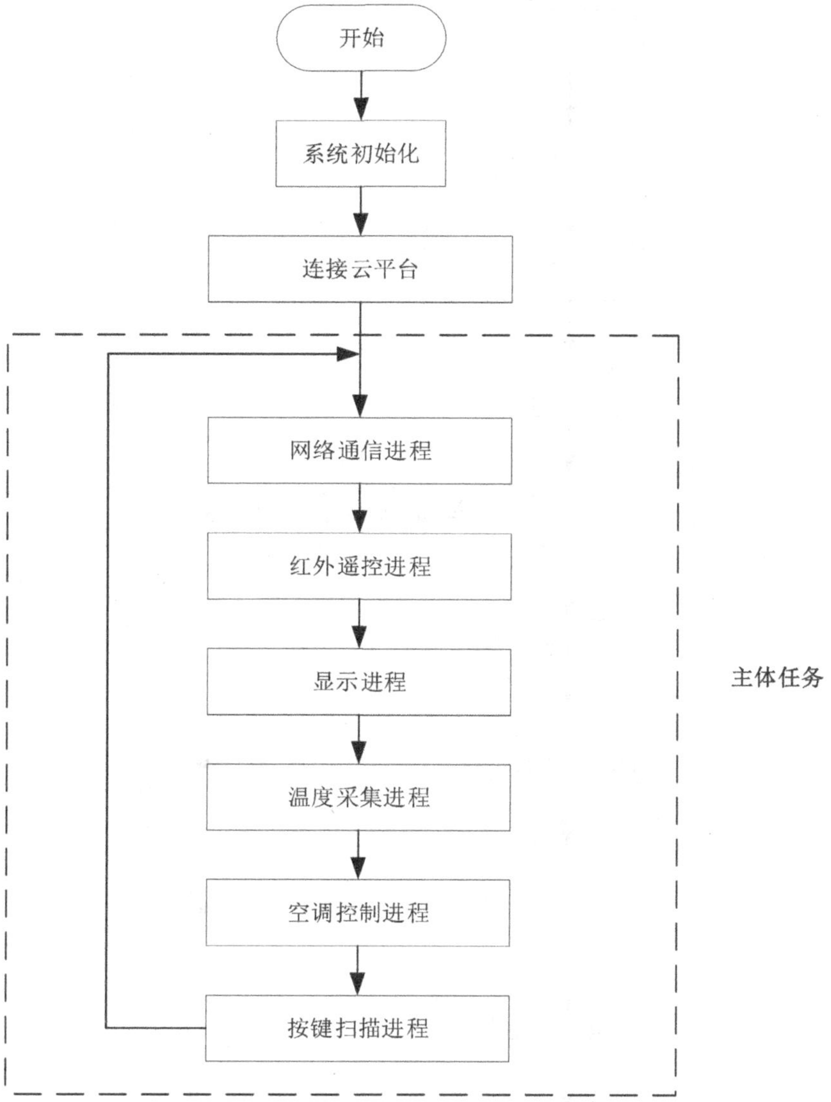

图 2.6　系统主体任务逻辑流程图

参数设置界面提供的配置信息如下。

- IP 地址：api.nlecloud.com。
- 端口号：80。
- 设备 ID：用户在云平台上注册后，自身构建项目中的设备信息。

备注：在每个项目开发过程中，设备 ID 和设备标识、软件端和云平台上构建的项目信息必须一致。

云平台设备 ID 管理查询界面如图 2.12 所示。

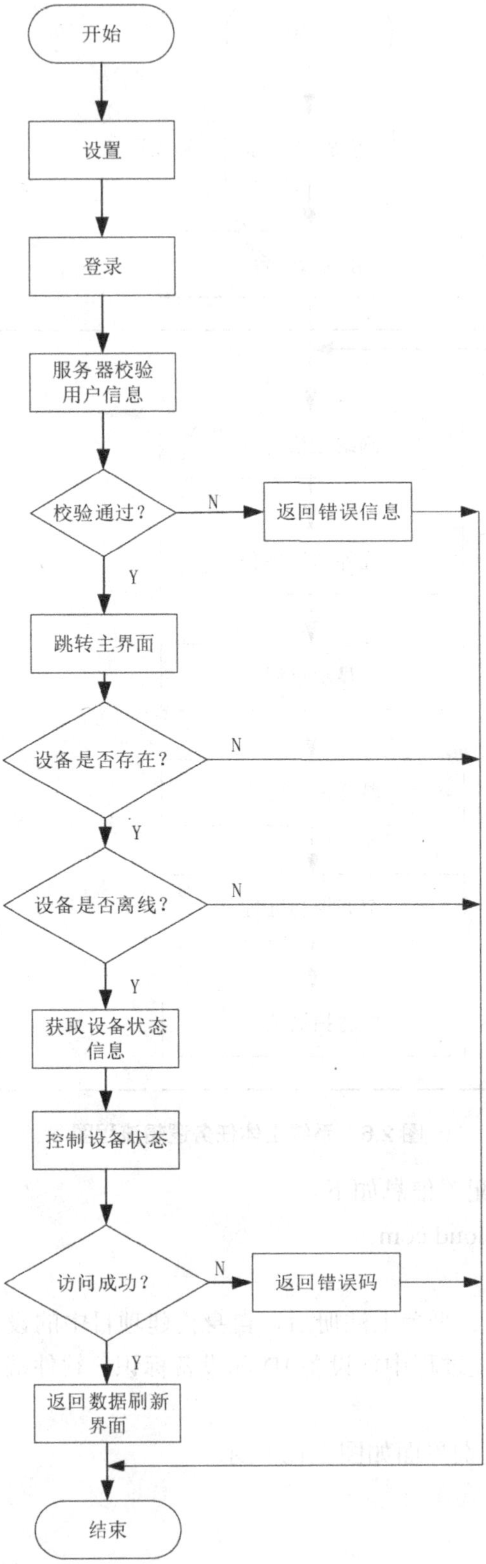

图 2.7　手机 App 业务流程图

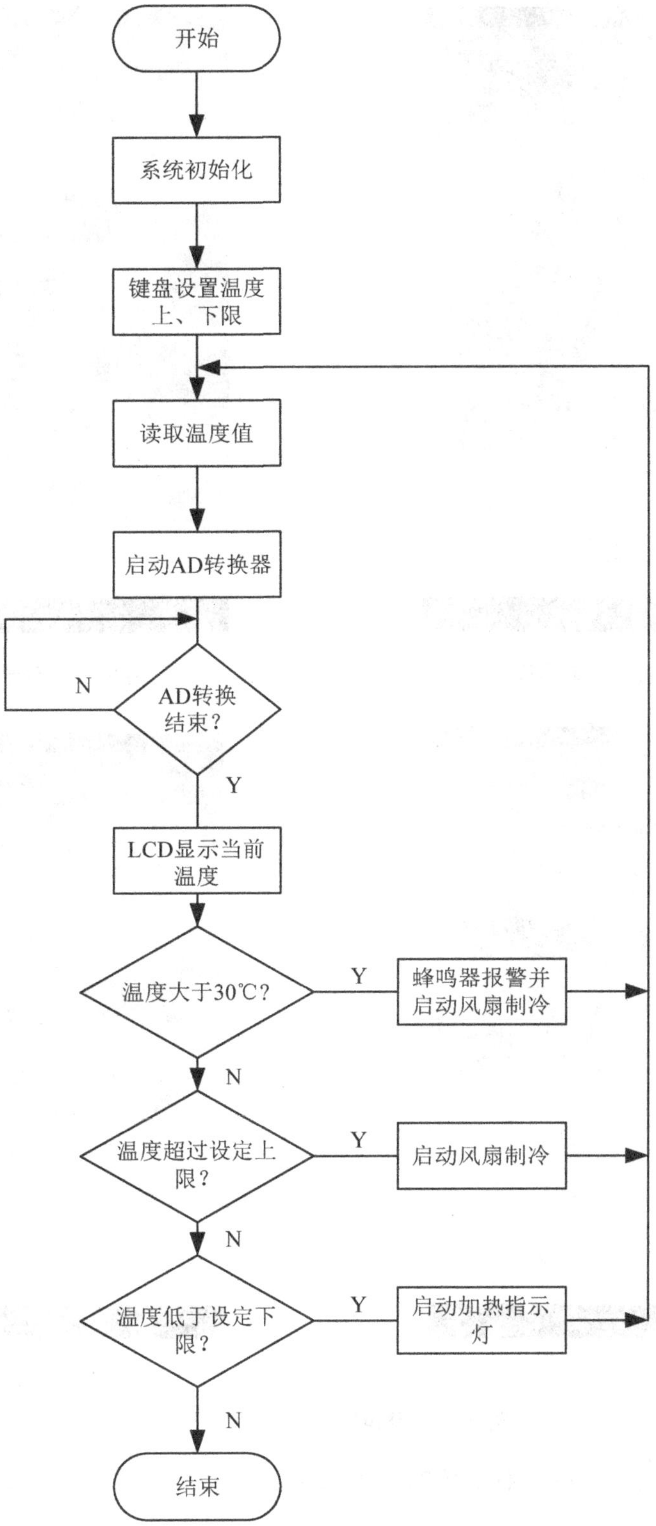

图 2.8　嵌入式端逻辑流程图

图 2.9　欢迎界面

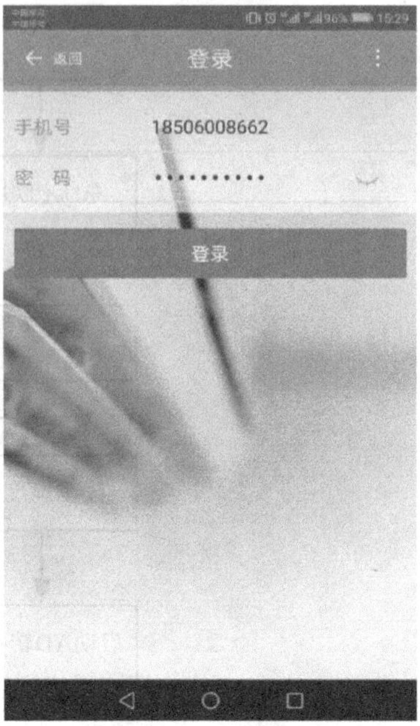

图 2.10　登录界面

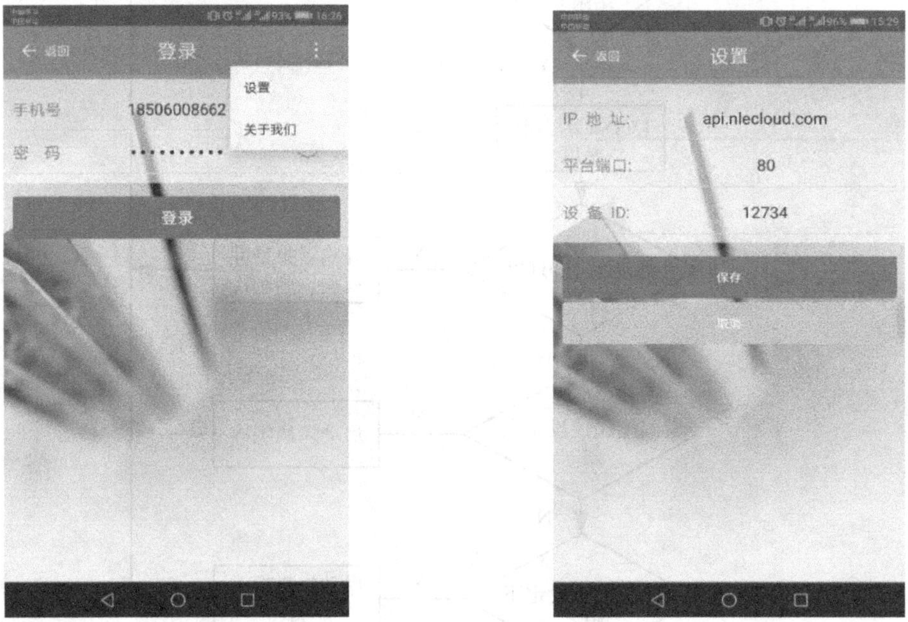

(a) 登录界面　　　　(b) 参数设置界面

图 2.11　登录界面和参数设置界面

(5) 在登录界面中，点击右上角的菜单按钮，进入“关于我们”界面。“关于我们”界面如图 2.13 所示。

(6) 登录成功后，进入应用主界面。应用主界面如图 2.14 所示。

图 2.12　云平台设备 ID 管理查询界面

图 2.13　“关于我们”界面

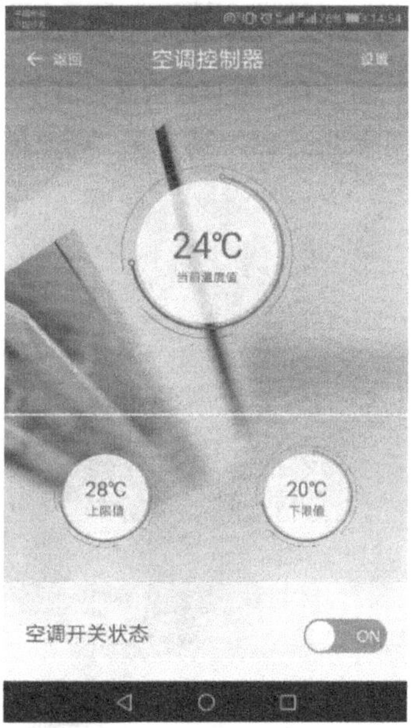

图 2.14　应用主界面

应用主界面可分为三个部分，详细说明如下。

- 显示当前温度值，以及提示报警、空调加热与制冷状态信息。
- 显示上限/下限值。
- 用户可手动控制空调的开/关状态。

空调控制器界面 1 如图 2.15 所示，空调控制器界面 2 如图 2.16 所示，空调控制器界面 3 如图 2.17 所示。

设备有两种异常状态：设备不存在及设备离线。设备不存在界面如图 2.18 所示，设备离线界面如图 2.19 所示。

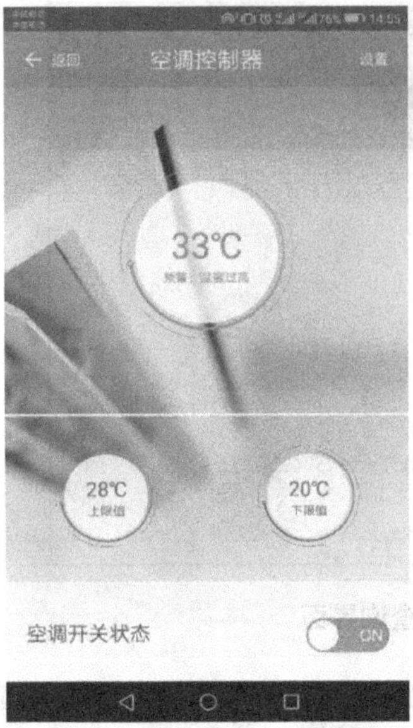

图 2.15　空调控制器界面 1

图 2.16　空调控制器界面 2

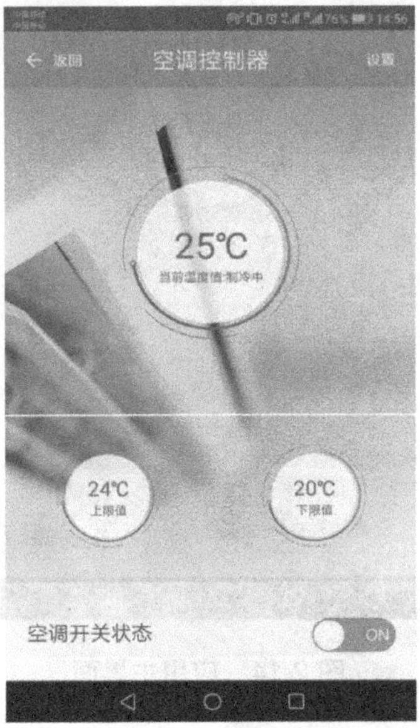

图 2.17　空调控制器界面 3

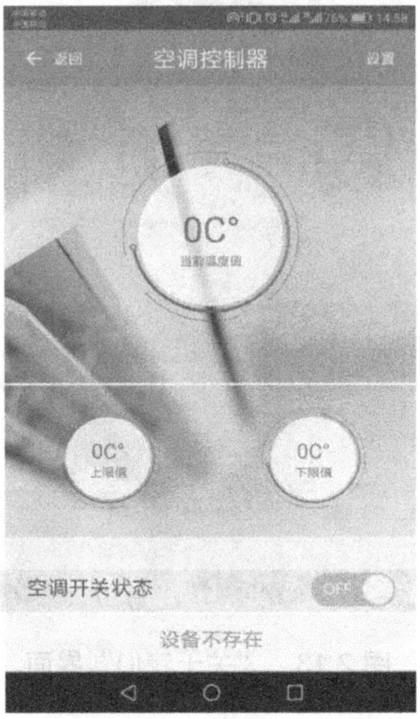

图 2.18　设备不存在界面

(7) 温度上限/下限设置界面。温度上限/下限设置界面如图 2.20 所示。

点击右上角的“设置”按钮，进入温度上限/下限设置界面。在该界面，用户可手动输入温度参数，点击“保存”按钮，即可保存空调控制系统的温度上限/下限值。

注意：设定温度上限/下限值时，遵守上限值大于等于下限值的原则。

4. 空调控制系统云平台关键宏定义说明

打开文件“stm32f103_config.h”后，显示界面如图 2.21 所示。

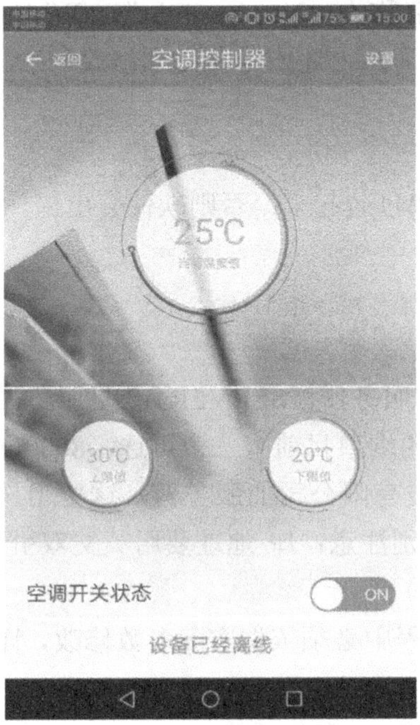

图 2.19 设备离线界面

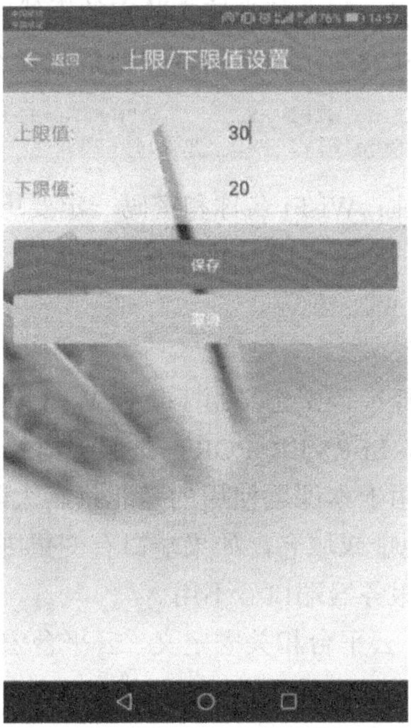

图 2.20 温度上限/下限设置界面

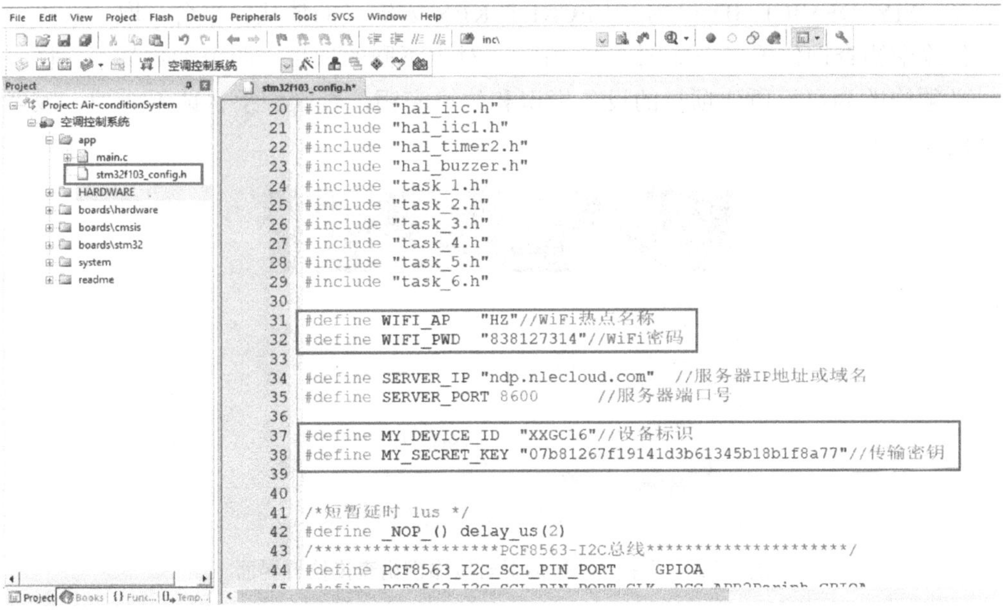

图 2.21 打开文件“stm32f103_config.h”后显示界面

(1) 热点名称和密码宏定义如下。

```
#define WIFI_AP         "HZ"          //Wi-Fi 热点名称
#define WIFI_PWD    "838127314"       //Wi-Fi 密码
```

解释：该宏定义 Wi-Fi 通信模块连接手机端的热点名称为“HZ”，密码为“838127314”。

举例说明：假设某学校实验室的无线路由器 Wi-Fi 名称为“NewlandEdu”，Wi-Fi 密码为“12345678”，如果空调控制系统要连接此 Wi-Fi，那么上述宏定义必须修改如下。

```
#define WIFI_AP         "NewlandEdu"  //Wi-Fi 名称
#define WIFI_PWD    "12345678"        //Wi-Fi 密码
```

备注：Wi-Fi 名称和密码一定要用英文双引号("")包装起来，否则软件会出错。

(2) 服务器 IP 地址和端口号宏定义说明如下。

```
#define SERVER_IP       "ndp.nlecloud.com"     //服务器 IP 地址或域名
#define SERVER_PORT     8600                   //服务器端口号
```

解释：该宏定义用于设置 Wi-Fi 通信模块连接的服务器。SERVER_IP 是服务器的地址或域名，SERVER_PORT 是服务器的端口，服务器的端口目前有三个可选：8600、8700、8800，由于本课题使用的是北京新大陆时代教育科技有限公司的服务器，这里用户无须修改 IP 地址或域名，如果端口有变更则需要修改。特别注意：IP 地址要用英文双引号("")包装，但服务器端口号不用。

(3) 云平台相关宏定义。云平台宏定义在开发过程中必须依据实际参数修改，详细说明如下。

```
#define MY_DEVICE_ID "XXGC16"//设备标识
#define MA_SECRET_KEY  "07b81267f19141d3b61345b18b1f8a77"//传输密钥
```

解释：MY_DEVICE_ID 和 MA_SECRET_KEY 宏定义的值从云平台获取。云平台设备标识与传输密钥查询位置界面如图 2.22 所示，对于不同的项目这两个参数都不一样，用户使用时必须修改为自己所建项目的设备标识和传输密钥，否则握手认证不成功，或者会认证到其他项目中去。

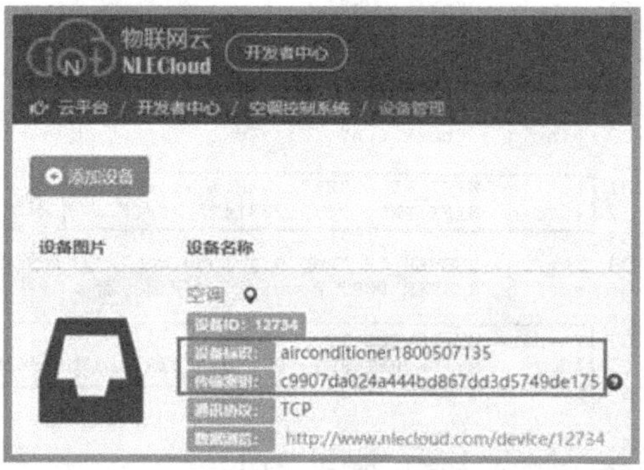

图 2.22　云平台设备标识与传输密钥查询位置界面

2.2.3　课题任务拆分及计划学时安排

由于空调控制系统涉及的知识点较多，增加了课题设计的复杂性，因此要结合系统实现的各个功能对设计任务进行拆分。该控制系统可拆分成若干个功能模块，如键盘温度设定模块、温度采集模块、AD 转换模块、LCD 参数显示模块、LED 数码管显示模块、红外遥控空调启/停模块、Wi-Fi 通信接口模块、手机 App 应用模块等。建议对每个模块功能进行单独调试，待各个模块功能实现之后，再根据总的工作流程把各个模块连接起来，并结合空调控制系统的工作时序最终实现系统功能。

为保证学生按时完成课题设计任务，达到实战演练的目的，指导教师可根据课题总体设计任务，按系统功能将设计任务拆分成多个子任务。指导教师可根据学生专业特点分配设计子任务。空调控制系统设计任务拆分及计划学时安排如表 2.10 所示。

表 2.10 空调控制系统设计任务拆分及计划学时安排

项目编号	项目名称	计划学时
任务一	键盘温度设定	6 学时
任务二	热敏电阻温度采集	6 学时
任务三	LCD 参数显示	6 学时
任务四	LED 数码管时钟显示	6 学时
任务五	红外遥控设计	6 学时
任务六	Wi-Fi 通信接口与驱动程序设计	10 学时
任务七	手机 App 应用程序设计——登录模块开发	5 学时
任务八	手机 App 应用程序设计——数据获取及显示模块开发	5 学时
任务九	手机 App 应用程序设计——命令控制及状态更新模块开发	5 学时

2.3 课题任务设计

2.3.1 任务一 键盘温度设定

1. 键盘温度设定硬件电路设计

矩阵键盘硬件结构如图 2.23 所示。

温度设定键盘与 M3 接口电路如图 2.24 所示。

按键功能说明如下。

(1) “上”键 S106 为温度加“1”按键。

(2) “下”键 S116 为温度减“1”按键。

(3) “功能”键 S121 为“功能设置”按键。长按“功能”键进入设置功能状态，之后每按一下“功能”键，可切换不同项目操作。当“功能”键按至第 8 次时，系统退出“功能设置”状态。

(4) 矩阵键盘列线 COL4 端接+3.3V。

2. 键盘温度设定软件设计思路

(1) 配置 M3 内部 GPIO 口 PA3、PA2、PA1，设置为下拉输入模式。

(2) 根据各按键功能编写程序。

键盘温度设定软件流程图如图 2.25 所示。

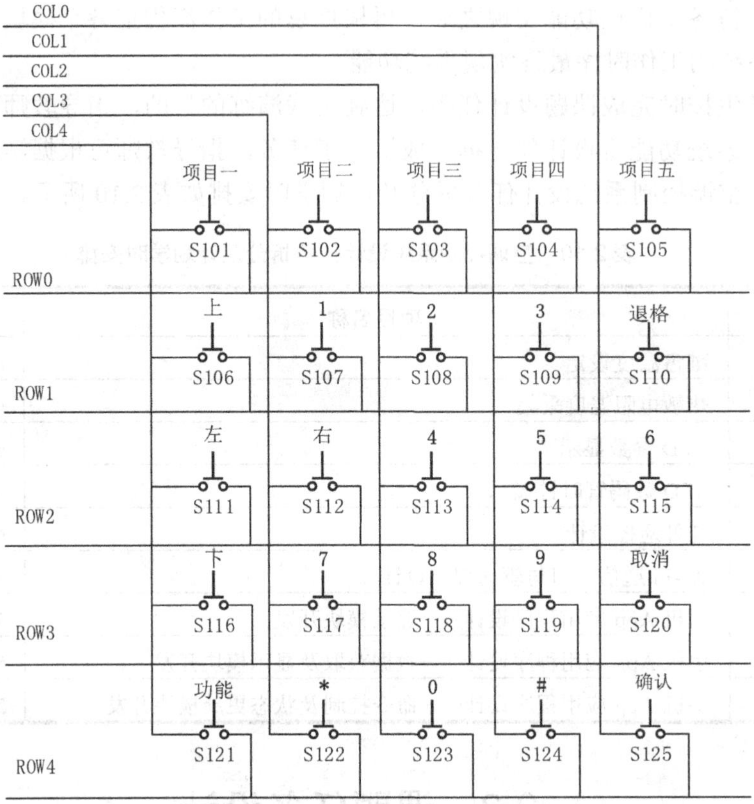

图 2.23　矩阵键盘硬件结构

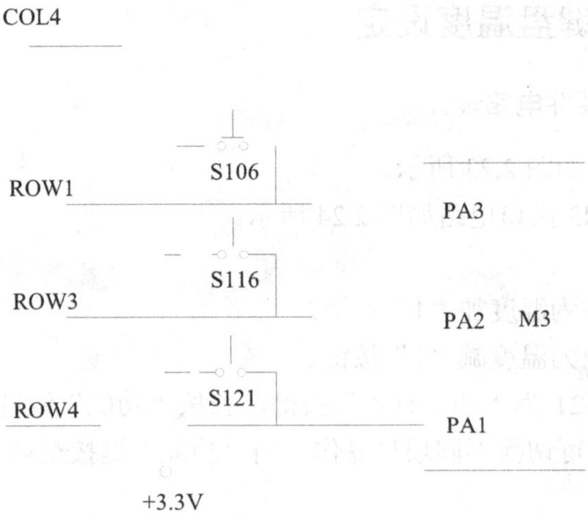

图 2.24　温度设定键盘与 M3 接口电路

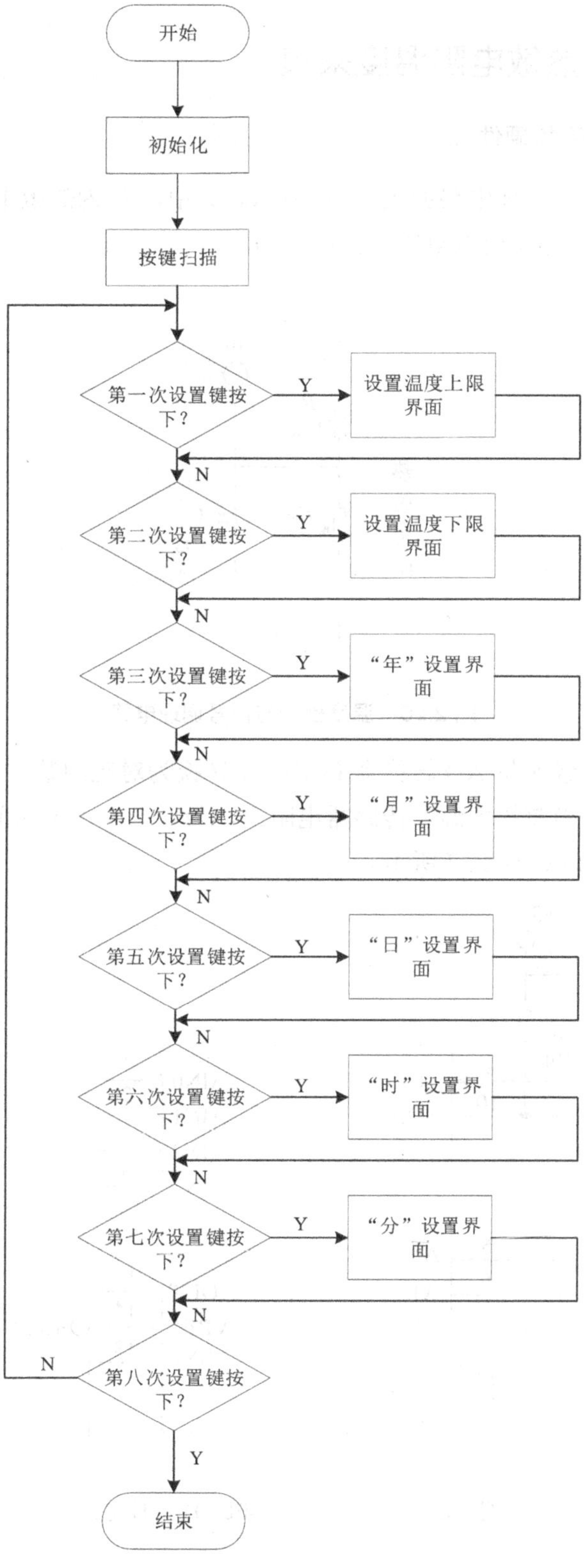

图 2.25　键盘温度设定软件流程图

2.3.2 任务二 热敏电阻温度采集

1. 热敏电阻温度采集硬件设计

(1) 温度检测与信号调理电路如图 2.26 所示。其中，R_7 为热敏电阻传感器，用于检测环境温度，J6 为温度传感器模拟电压输出信号端。

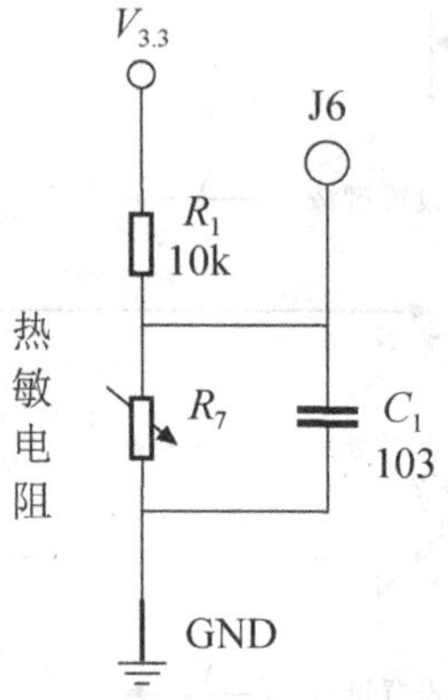

图 2.26 温度检测与信号调理电路

(2) 温度采集信号经 8 位 AD 转换器 PCF8591 转换为对应的数字量，通过 I^2C 总线读入 M3，再通过 M3 计算当前热敏温度传感器电阻值，最后查表求出当前环境温度值。AD 转换器 PCF8591 硬件电路如图 2.27 所示。

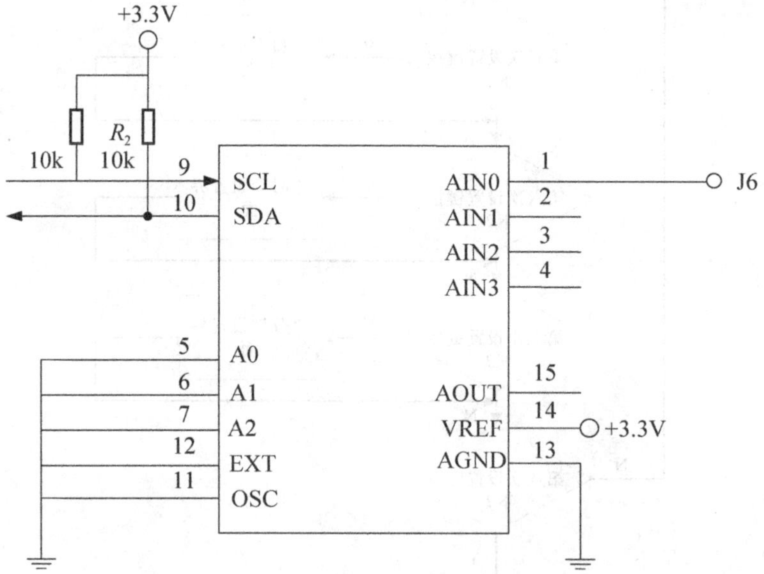

图 2.27 AD 转换器 PCF8591 硬件电路

2. 热敏电阻温度采集软件设计思路

(1) 配置 M3 内部对应 PA4、PA5 引脚，分别设置为 I^2C 总线的时钟输入和数据输出。

(2) 热敏电阻计算方法参考图 2.26、图 2.27。

① 根据公式(2-1)计算 AD 转换器 PCF8591 输入端电压 V_{AIN0}

$$V_{AIN0}=(ADC\_Value/255)\times V_{REF} \tag{2-1}$$

其中：

V_{AIN0} 为 ADC 转换器 PCF8591 模拟通道 AIN0 端输入电压。

ADC_Value 为 AD 转换器 PCF8591 模拟通道 AIN0 端输入电压对应转换的数字量。

V_{REF} 为 AD 转换器 PCF8591 的参考电压，V_{REF}=3.3V。

② 根据公式(2-2)计算通过热敏电阻的电流 I_{R_7}。

$$I_{R_7}=(V_{3.3}-V_{AIN0})/R_1 \tag{2-2}$$

其中：

I_{R_7} 为流过热敏电阻 R_7 的电流。

V_{AIN0} 为 AD 转换器 PCF8591 模拟通道 AIN0 端输入端电压。R_1=10k，$V_{3.3}$=3.3V。

③ 根据公式(2-3)计算热敏电阻 R_7。

$$R_7 = V_{AIN0} / I_{R_7} \tag{2-3}$$

其中：

R_7 为热敏电阻阻值。

V_{AIN0} 为 AD 转换器 PCF8591 模拟通道 AIN0 端输入电压。

I_{R_7} 为流过热敏电阻的电流。

④ 根据热敏电阻值与温度关系表求出当前温度值。NTC 型热敏电阻(25℃-10K)电阻值与温度关系如表 2.11 所示。

表 2.11 NTC 型热敏电阻(25℃-10K)电阻值与温度关系

温度(℃)	阻值(Ω)	温度(℃)	阻值(Ω)	温度(℃)	阻值(Ω)	温度(℃)	阻值(Ω)
20	12520	28	8768	36	6243	44	4514
21	11960	29	8396	37	5990	45	4339
22	114300	30	8042	38	5749	46	4172
23	109300	31	7705	39	5519	47	4012
24	104500	32	7384	40	5299	48	3860
25	10000	33	7078	41	5089	49	3713
26	9569	34	6786	42	4889	50	3574
27	9158	35	6508	43	4697	51	3440

温度采集程序流程图如图 2.28 所示。

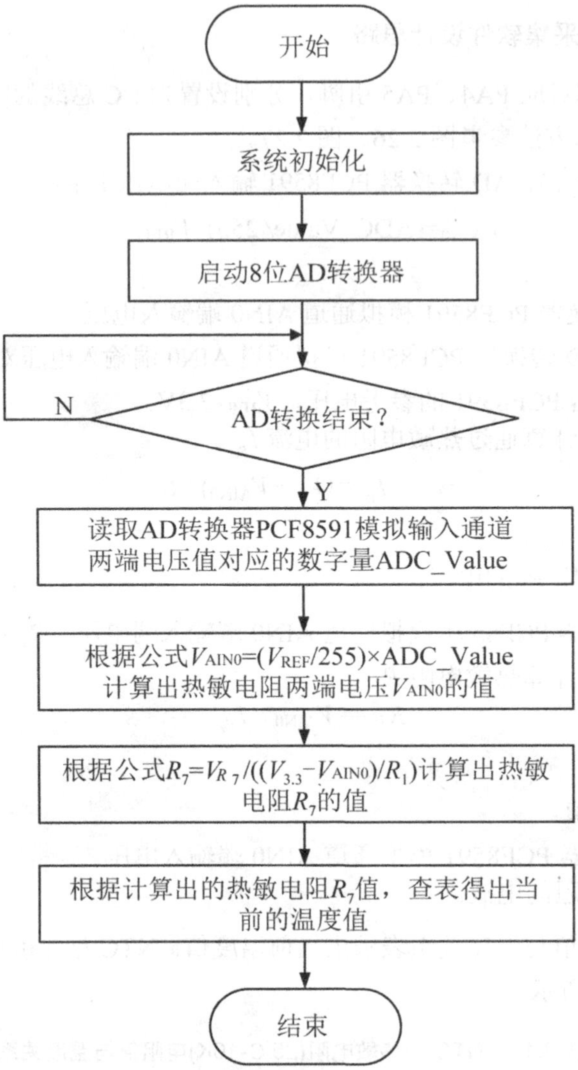

图 2.28　温度采集程序流程图

2.3.3　任务三　LCD 参数显示

1. LCD 参数显示硬件设计

温度上限值、下限值以及环境实际温度等参数用 LCD 液晶显示屏(CH12864)显示。LCD 液晶显示屏驱动电路如图 2.29 所示。

液晶显示屏 LCD12864 引脚与 M3 引脚连接定义如表 2.12 所示。

2. LCD 参数显示软件设计思路

初始化时，首先应对液晶显示屏连接 M3 的相关引脚进行配置，然后设计 LCD 参数显示函数。LCD12864 参数显示软件流程图如图 2.30 所示。

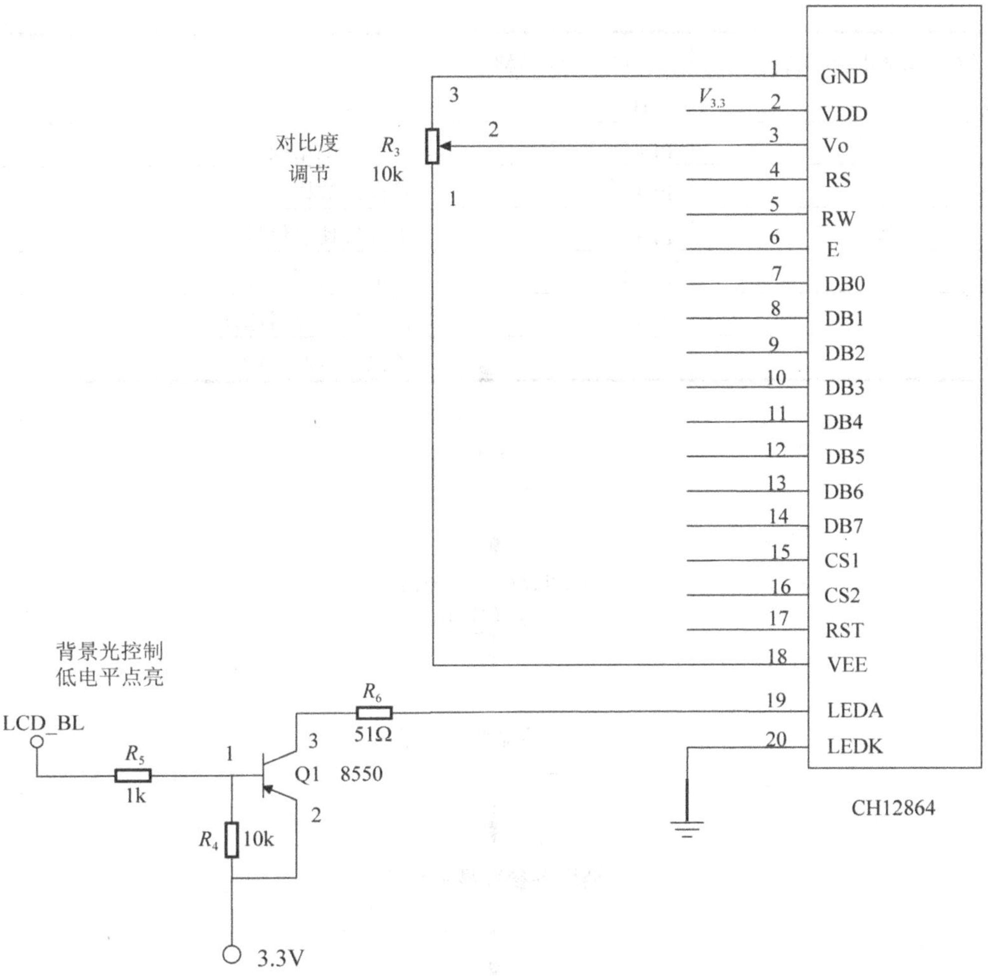

图 2.29 LCD 液晶显示器(CH12864)驱动电路

表 2.12 液晶显示屏 LCD12864 引脚与 M3 引脚连接定义

LCD12864 引脚名称	M3 引脚名称	备 注
LCD_BL	PD14	液晶背景光控制，低电平有效
RST	PD0	液晶屏复位信号
CS2	PE7	液晶屏片选信号 1
CS1	PE9	液晶屏片选信号 2
DB7	PE11	液晶屏数据线
DB6	PE13	液晶屏数据线
DB5	PE15	液晶屏数据线
DB4	PD9	液晶屏数据线
DB3	PD15	液晶屏数据线

续表

LCD12864 引脚名称	M3 引脚名称	备注
DB2	PD1	液晶屏数据线
DB1	PE8	液晶屏数据线
DB0	PE10	液晶屏数据线
EN	PE12	液晶屏使能信号
RW	PE14	液晶屏读写信号
RS	PD8	液晶屏寄存器选择
VDD	—	液晶屏电源(+3.3V)

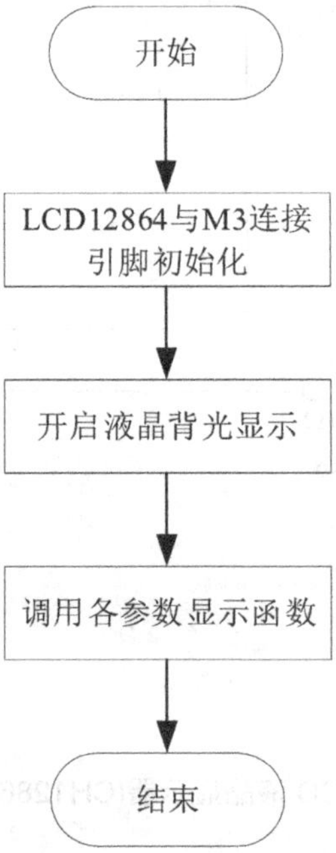

图 2.30 LCD12864 参数显示软件流程图

2.3.4 任务四 LED 数码管时钟显示

1. LED 数码管时钟显示硬件电路设计

(1) 系统采用实时时钟/日历芯片 PCF8563。该芯片是低功耗的 CMOS 实时时钟/日历芯片，地址和数据通过 I^2C 总线接口传递，最大总线速度为 400Kb/S。

时钟芯片 PCF8563 接口电路如图 2.31 所示。

时钟芯片 PCF8563 的串行时钟线 SCL 与串行数据线 SDA，分别与 M3 主控模块的 I/O 口 PA7 和 PA6 引脚连接。

(2) 74HC595 是一颗高速 CMOS 8 位三态移位寄存器/输出锁存器芯片，采用 CMOS 硅栅工艺。该芯片包含一个 8 位串行输入与并行输出移位寄存器，并提供一个 8 位 D 型存储寄存器，该寄存器具有 8 位三态输出，且分别提供独立的时钟信号给移位寄存器和存储寄存器。移位寄存器具有直接清零、串行输入/输出以及级联功能。移位寄存器和存储寄存器均采用正边沿触发。

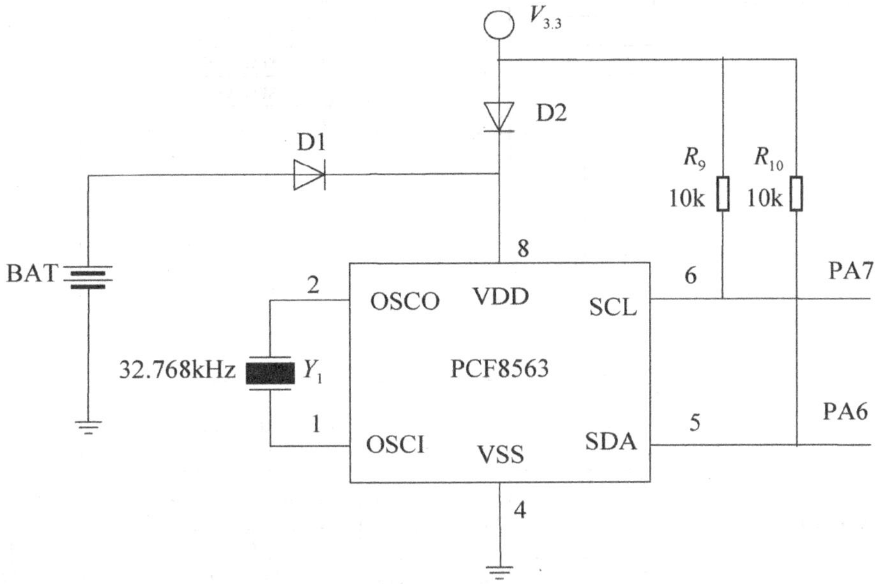

图 2.31 时钟芯片 PCF8563 接口电路

时钟显示采用两片 74HC595 级联驱动 8 位 LED 数码管动态显示时钟(月、日、时、分)，LED 数码管显示驱动电路如图 2.32 所示。

(3) 8 位 LED 动态显示电路原理图如图 2.33 所示。

(4) LED 时钟显示电路与 M3 连接引脚定义如表 2.13 所示。

表 2.13 LED 时钟显示电路与 M3 连接引脚定义

74HC595 引脚名称	M3 引脚名称	备 注
SEG_DATA	PB0	串行数据输入
SEG_SCK	PC5	移位寄存器时钟输入
SEG_RCK	PC4	存储寄存器时钟输入

2. LED 时钟显示软件设计思路

(1) 时钟芯片 PCF8563 和 LED 数码管动态显示驱动芯片 74HC595(1)、74HC595(2)分别对相应的 M3 引脚进行初始化配置。

(2) 从时钟芯片 PCF8563 读取月、日、时、分参数。

(3) 分别给位驱动芯片 74HC595(1)、74HC595(2)送段选码和位选码，将时钟参数(月、日、时、分)分别在数码管上显示。LED 时钟显示采用动态显示方式，因此需要定时刷新。

LED 数码管时钟显示程序流程图如图 2.34 所示。

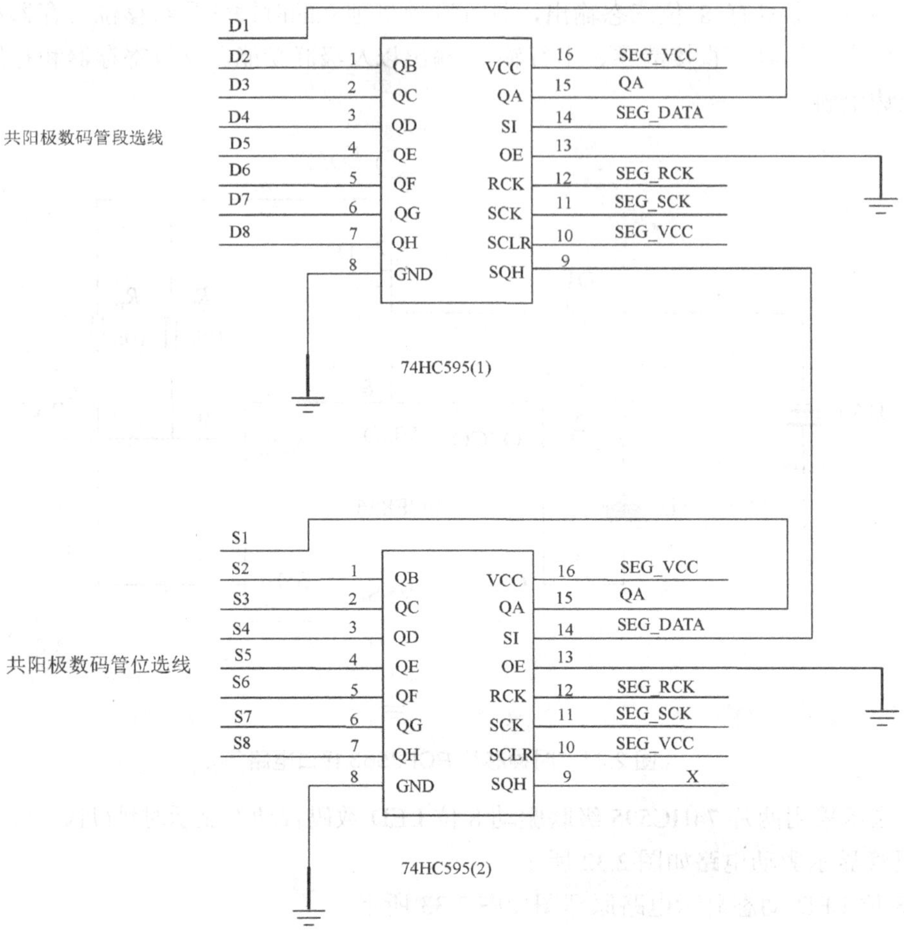

图 2.32 LED 数码管显示驱动电路

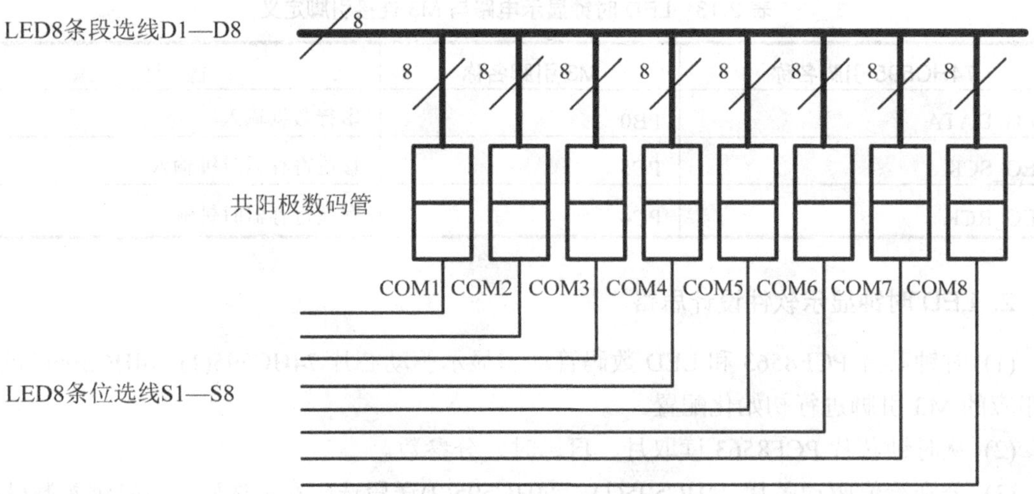

图 2.33 8 位 LED 动态显示电路原理

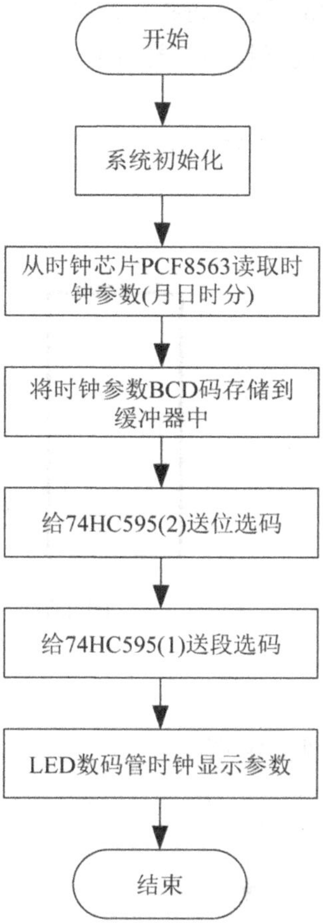

图 2.34 LED 数码管时钟显示程序流程图

2.3.5 任务五 红外遥控设计

1. 红外遥控器硬件接口电路设计

红外遥控器通过功能扩展模块红外通信单元与 M3 端进行数据交互，实现空调“开启”“关停”等操作。

红外遥控器由红外接收及发射电路、信号调理电路、中央控制器(CPU)、程序及数据存储器、键盘及状态指示电路组成。

红外遥控器有两种状态：学习状态和控制状态。当红外遥控器处于学习状态时，使用者每按一个控制键，红外线接收电路就会接收外来红外信号，同时将其转换成电信号，然后经过检波、整形、放大，再由 CPU 定时对其采样，将每个采样点的二进制数据以 8 位为一个单位，分别存放到指定的存储单元中，供以后对该设备控制使用。

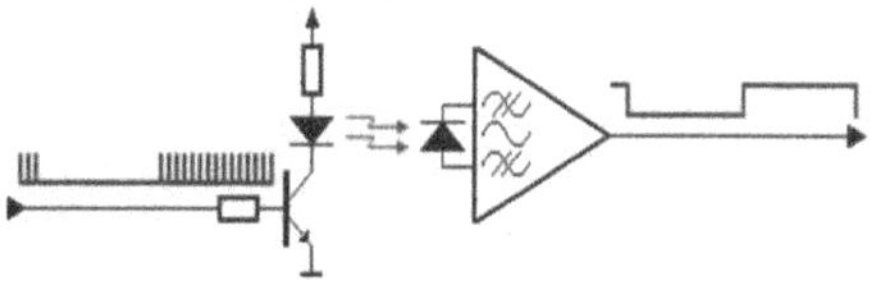

图 2.35 红外遥控器发送和接收原理

红外遥控器发送和接收原理如图 2.35 所示。

红外遥控器按键功能如图 2.36 所示。每按一次“设置”键，即可切换设置项目。若“设置”键按到第 9 次，系统将退出设置状态。若按下“退出”键，则系统直接退出“设置”状态。

红外遥控器与 M3 接口电路如图 2.37 所示。

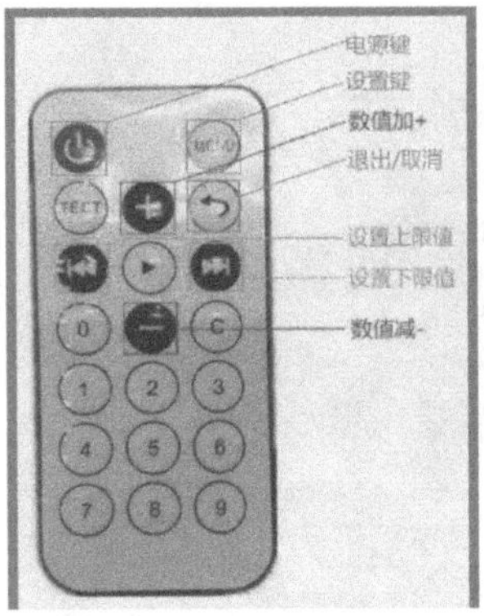

图 2.36　红外遥控器按键功能

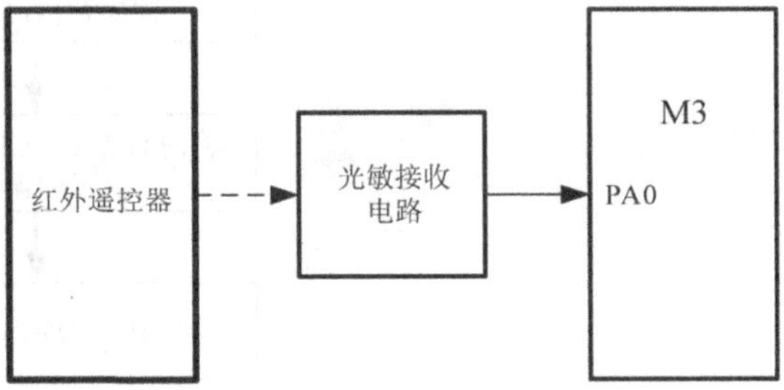

图 2.37　红外遥控器与 M3 接口电路

2. 红外遥控软件设计

红外遥控软件设计流程图如图 2.38 所示。

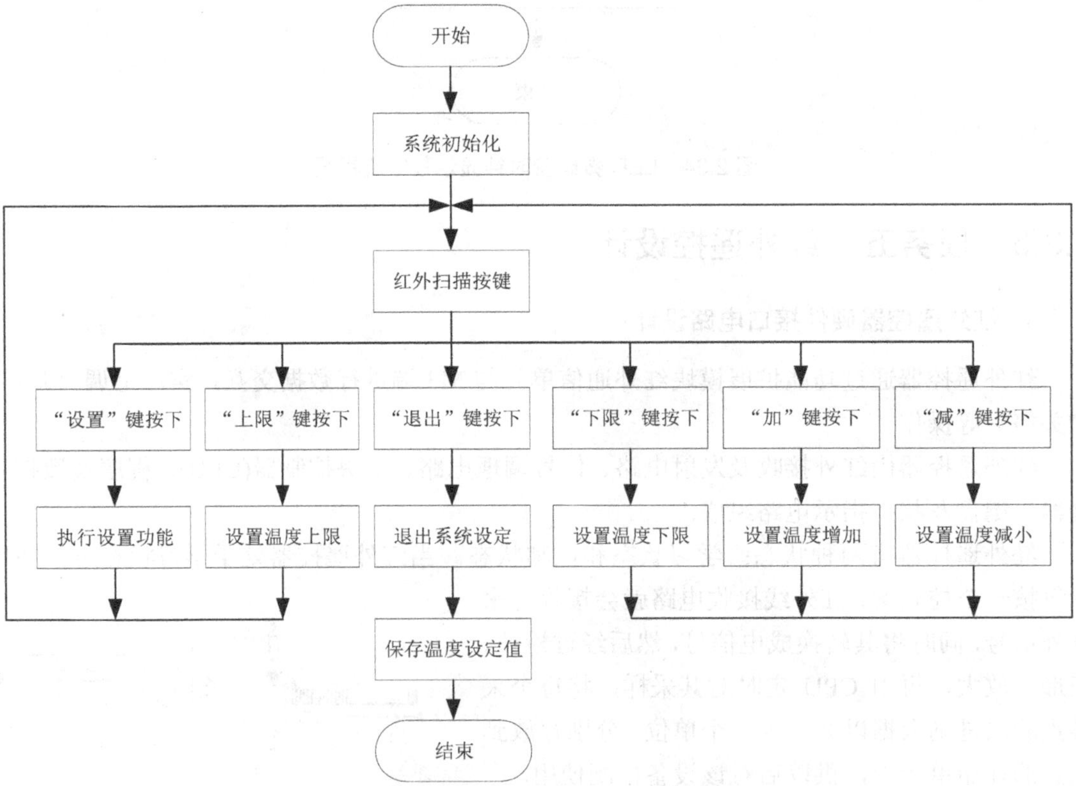

图 2.38　红外遥控软件设计流程图

2.3.6 任务六 Wi-Fi 通信接口与驱动程序设计

1. Wi-Fi 通信接口硬件接口电路设计

1) Wi-Fi 模块简介

系统通信采用的 ESP-12F Wi-Fi 通信模块由深圳安信可科技有限公司开发(详细资料可查阅其官方网站)。该模块核心处理器 ESP8266 在较小尺寸封装中集成了业界领先的 Tensilica L106 超低功耗 32 位微型 MCU，带有 16 位精简模式，主频支持 80MHz 和 160 MHz，支持 RTOS，集成 Wi-Fi MAC/ BB/RF/PA/LNA，板载天线。

该模块支持标准的 IEEE 802.11b/g/n 协议，完整的 TCP/IP 协议栈。用户可以使用该模块为现有的设备添加联网功能，也可以构建独立的网络控制器。

ESP8266 是高性能无线 SOC，以最低成本提供最大实用性，为 Wi-Fi 功能嵌入其他系统提供无限可能。

ESP8266EX 内部结构如图 2.39 所示。

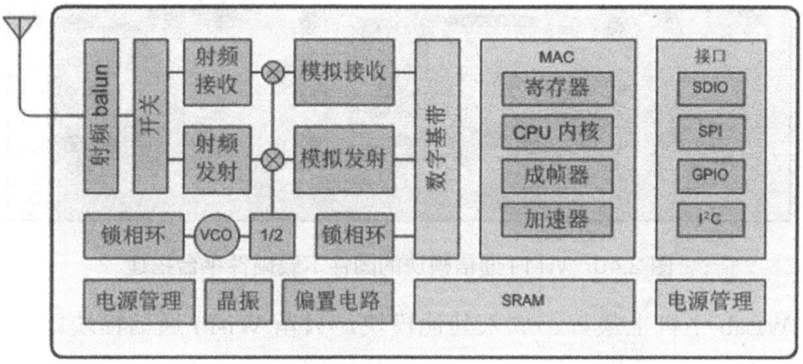

图 2.39 ESP8266EX 内部结构

2) ESP8266EX 模块的主要特点

- 内置 Tensilica L106 超低功耗 32 位微型 MCU，主频支持 80 MHz 和 160 MHz，支持 RTOS。
- 内置 10 位高精度 ADC。
- 内置 TCP/IP 协议栈。
- 内置 TR 开关、balun、LNA、功率放大器和匹配网络。
- 内置 PLL、稳压器和电源管理组件，802.11b 模式下+20dBm 的输出功率。
- MPDU、A-MSDU 的聚合和 0.4s 的保护间隔。
- Wi-Fi@2.4GHz，支持 WPA/WPA2 安全模式。
- 支持 AT 远程升级及云端 OTA 升级。
- 支持 STA/AP/STA+AP 工作模式。
- 支持 Smart Config 功能(包括 Android 和 iOS 设备)。
- HSPI、UART、I^2C、I^2S、IR Remote Control、PWM、GPIO。

- 深度睡眠保持电流为 10μA，关断电流小于 5μA。
- 2ms 内唤醒、连接并传递数据包。
- 待机状态消耗功率小于 1.0mW(DTIM3)。
- 工作温度范围：−40～125℃。

3) Wi-Fi 通信模块的固件下载说明

① Wi-Fi 通信模块的固件下载硬件平台搭建如图 2.40 所示。

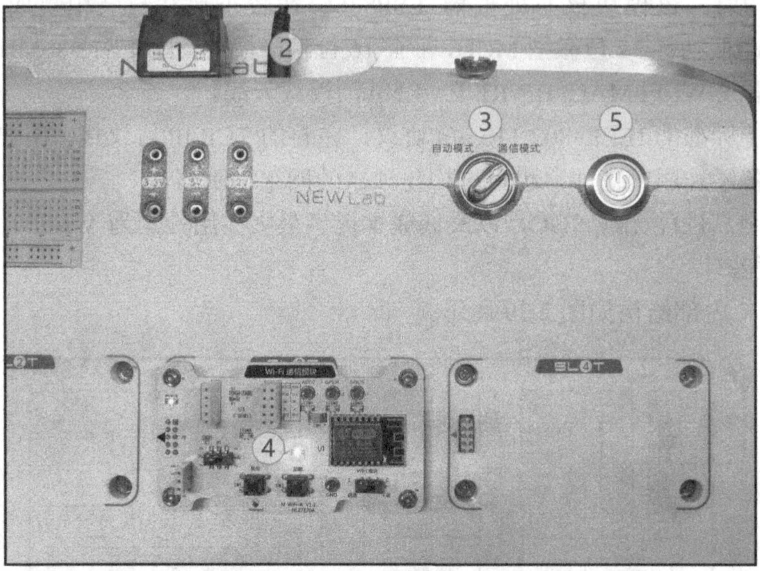

图 2.40　Wi-Fi 通信模块的固件下载硬件平台搭建

说明：NEWLab 主机上最好不放入其他模块，只留 Wi-Fi 通信模块即可。

② 打开 Wi-Fi 模块下载工具文件夹，打开烧写工具。Wi-Fi 烧写工具界面如图 2.41 所示。

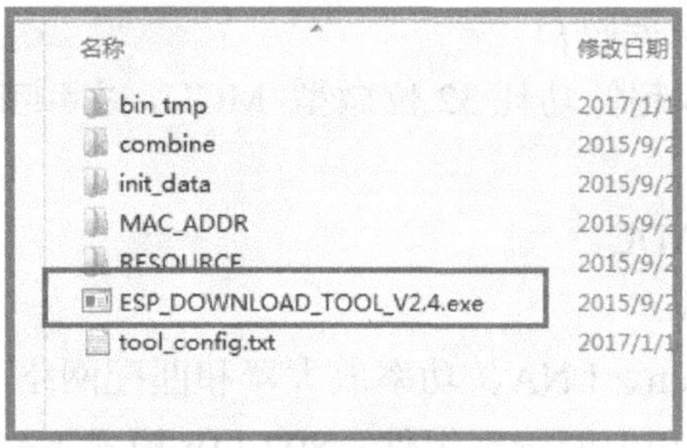

图 2.41　Wi-Fi 烧写工具界面

③ Wi-Fi 通信模块下载固件前相关设置如图 2.42 所示。

④ 设置烧写工具和烧写程序路径，并将三个 BIN 文件下载到 Wi-Fi 通信模块中。下载到 Wi-Fi 通信模块中的三个 BIN 文件如图 2.43 所示。

按上述步骤①～④设置后，先按下 Wi-Fi 模块复位键，然后点击“烧写”按键。调入烧写文件界面如图 2.44 所示，文件烧写界面如图 2.45 所示。

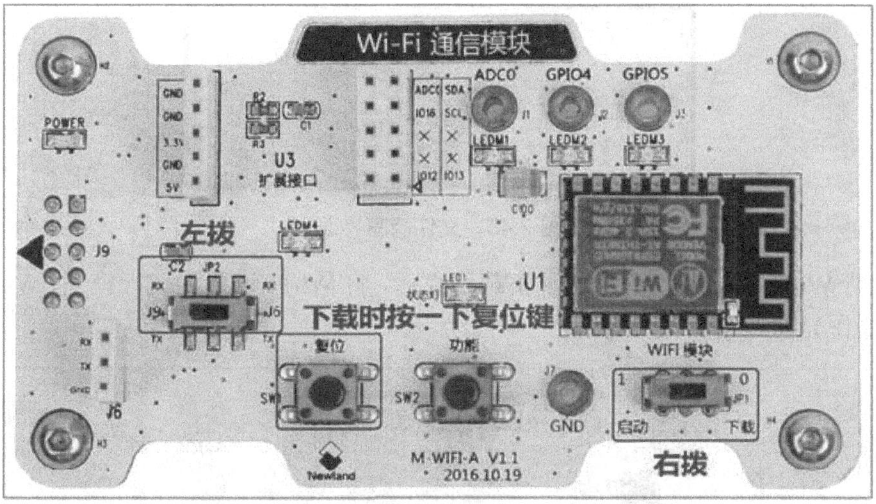

图 2.42　Wi-Fi 通信模块下载固件前相关设置

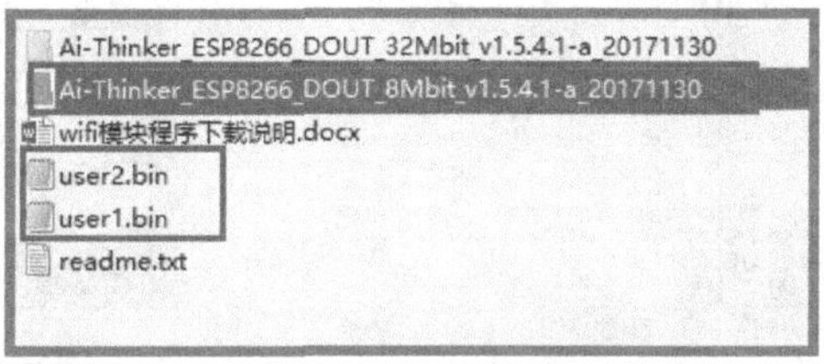

图 2.43　下载到 Wi-Fi 通信模块中三个 BIN 文件

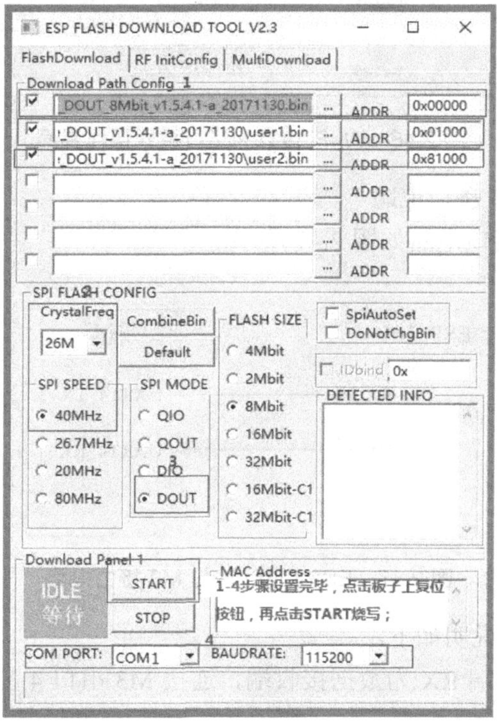

图 2.44　调入烧写文件界面

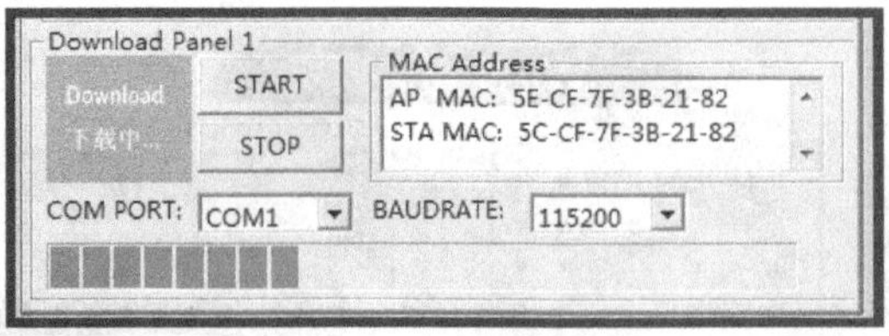

图 2.45　文件烧写界面

⑤ 等待 Wi-Fi 通信模块程序固件下载结束后，将 Wi-Fi 设置为运行模式。Wi-Fi 设置为运行模式操作界面如图 2.46 所示。

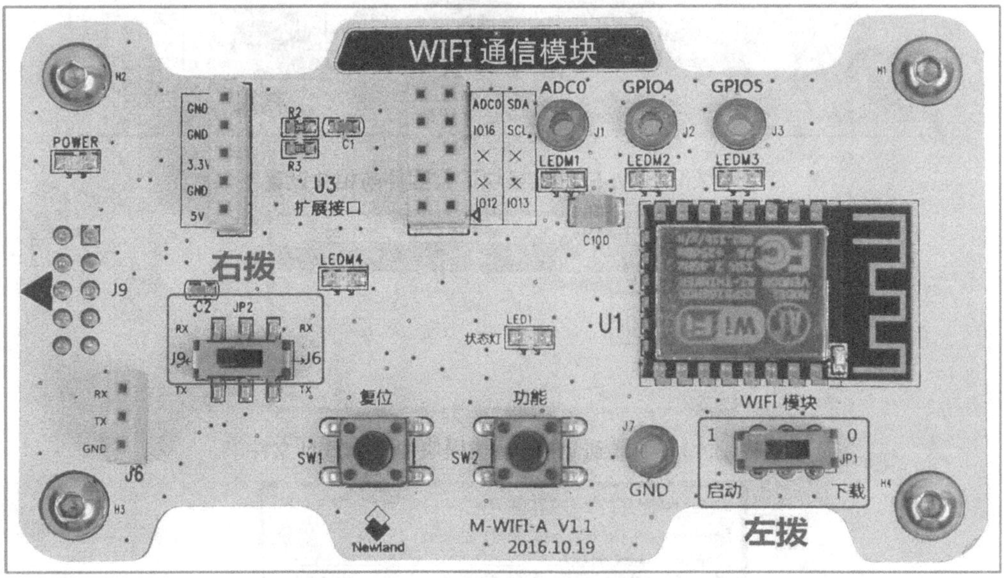

图 2.46　Wi-Fi 设置为运行模式操作界面

4) ESP8266EX 与 M3 接口电路

ESP8266EX 与 M3 接口电路如图 2.47 所示。

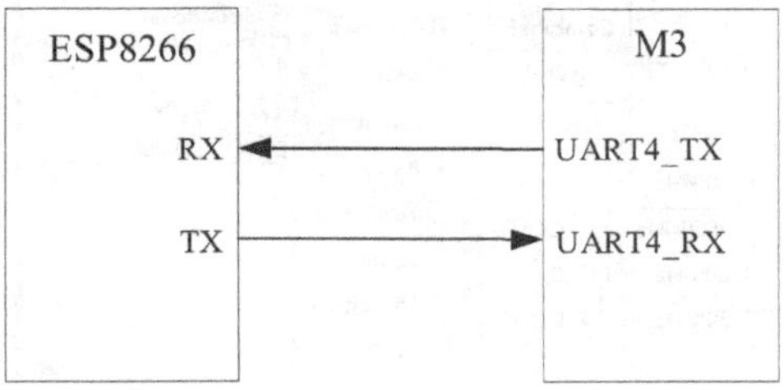

图 2.47　ESP8266EX 与 M3 接口电路

ESP8266 与 M3 接线说明如下。

- ESP8266 引脚 1 端 RX 为数据接收端，连接 M3 串口 4 的 PC10 引脚，即数据发送端 UART4_TX。
- ESP8266 引脚 2 端 TX 为数据发送端，连接 M3 串口 4 的 PC11 引脚，即数据接收端 UART4_RX。

2. Wi-Fi 通信程序设计

Wi-Fi 通信程序流程图如图 2.48 所示。

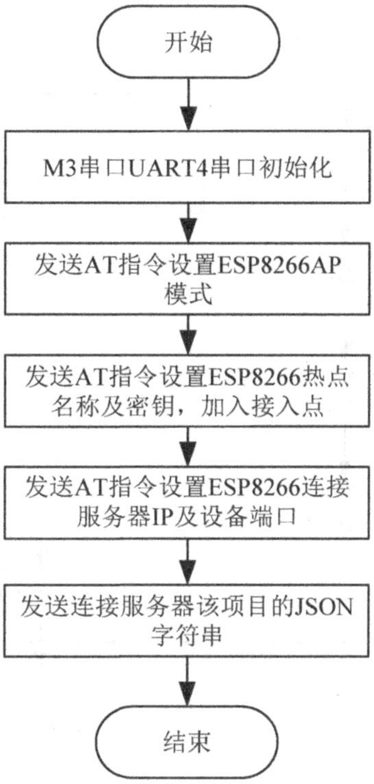

图 2.48 Wi-Fi 通信程序流程图

2.3.7 任务七 手机 App 应用程序设计——登录模块开发

1. 功能描述

基于任务七代码工程，在界面 Job1Activity.java 完成新大陆物联网云平台登录，实现函数 doLogin()的逻辑功能。

(1) 在登录成功后，需要本地保存 AccessToken 值，并跳转到主界面 MainActivity.java。

(2) 具体配置参数可参考工程代码 SettingActivity.java 中所配置变量信息。三个配置项说明如下。

- IP 地址。
- 云平台端口。
- 用户所要访问项目的设备 ID 值。

2. 结果描述

用户登录成功后，跳转到界面 MainActivity.java，实时获取当前项目设备传感器与执行器状态值信息。

3. 任务七程序逻辑流程图

任务七程序逻辑流程图如图 2.49 所示。

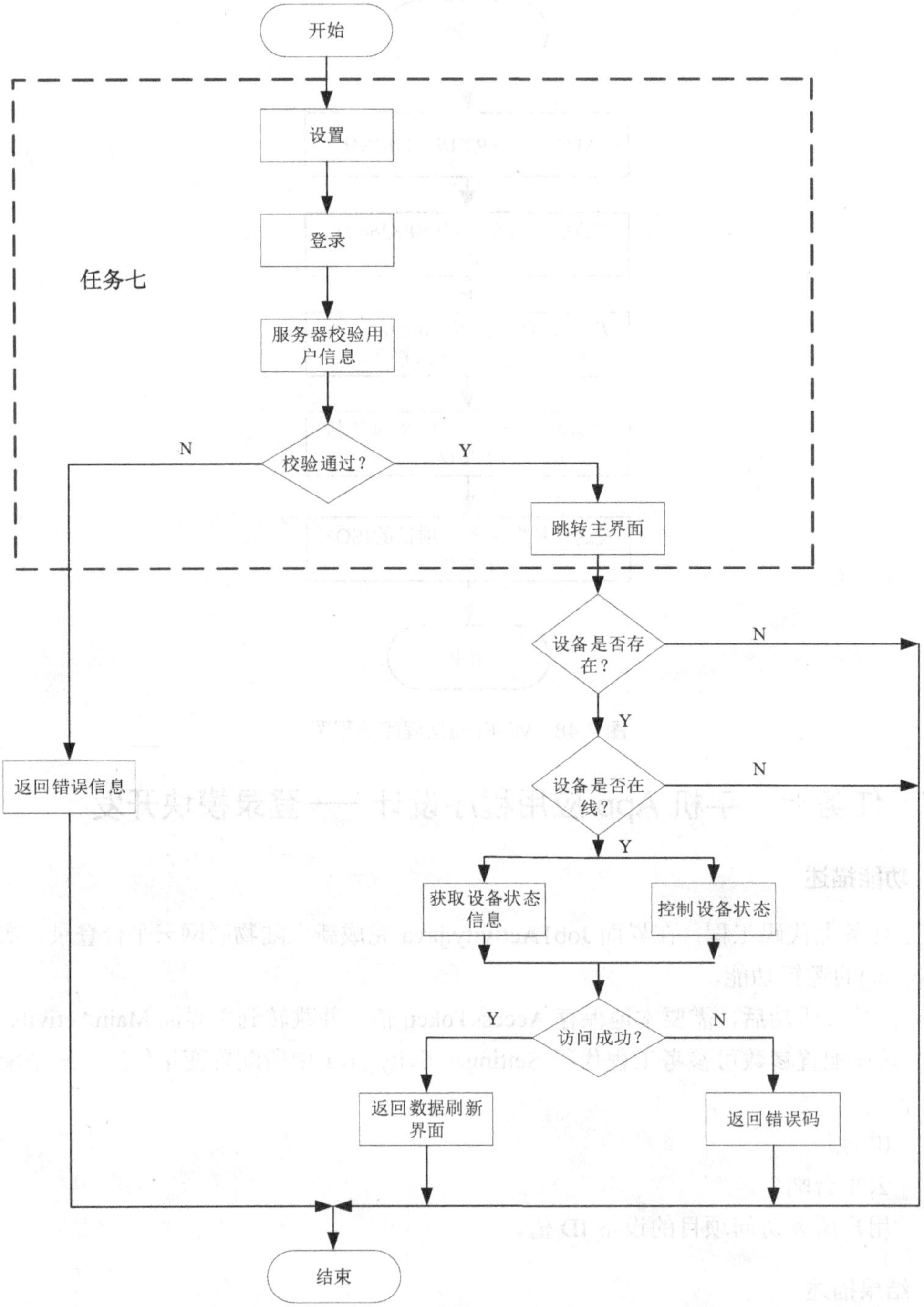

图 2.49　任务七程序逻辑流程图

2.3.8 任务八 手机 App 应用程序设计——数据获取及显示模块开发

1. 功能描述

(1) 基于任务八代码工程，在界面 Job2Activity.java 中，完成四个数据获取与展示，实现函数 getSensorsData()的逻辑功能。获取的四个数据说明如下。

- 数据 1：当前室内温度。
- 数据 2：温度上限值。
- 数据 3：温度下限值。
- 数据 4：空调开关状态。

(2) 基于任务八代码工程，在界面 Job2Activity.java 中，完成当前室内温度和上限/下限温度显示功能，并能够动态显示空调器“报警状态”“加热状态”以及“制冷状态”。

2. 结果描述

(1) 实时获取四个数据，并将获取数据在 Android 界面实时刷新显示。

(2) 手动操作空调器加热或者制冷，并动态显示空调器“报警状态”“加热状态”以及“制冷状态”。

3. 任务八程序逻辑流程图

任务八程序逻辑流程图如图 2.50 所示。

2.3.9 任务九 手机 App 应用程序设计——命令控制及状态更新模块开发

1. 功能描述

(1) 基于任务九代码工程，在界面 MainActivity.java 中，完成 Android 端对空调开/关控制，实现函数 controlAirSwitch()的逻辑功能。

(2) 基于任务九代码工程，在界面 Job3Activity.java 中，完成上限值/下限值参数设置并保存，实现函数 controlUperLimit()和函数 controlLowerLimit()的逻辑功能。

2. 结果描述

(1) 在主界面 MainActivity.java 中，实时控制空调开/关运行状态。

(2) 在界面 Job3Activity.java 中，设置温度上限/下限值，并在主界面实时展示温度上限/下限值。

3. 任务九程序逻辑流程图

任务九程序逻辑流程图如图 2.51 所示。

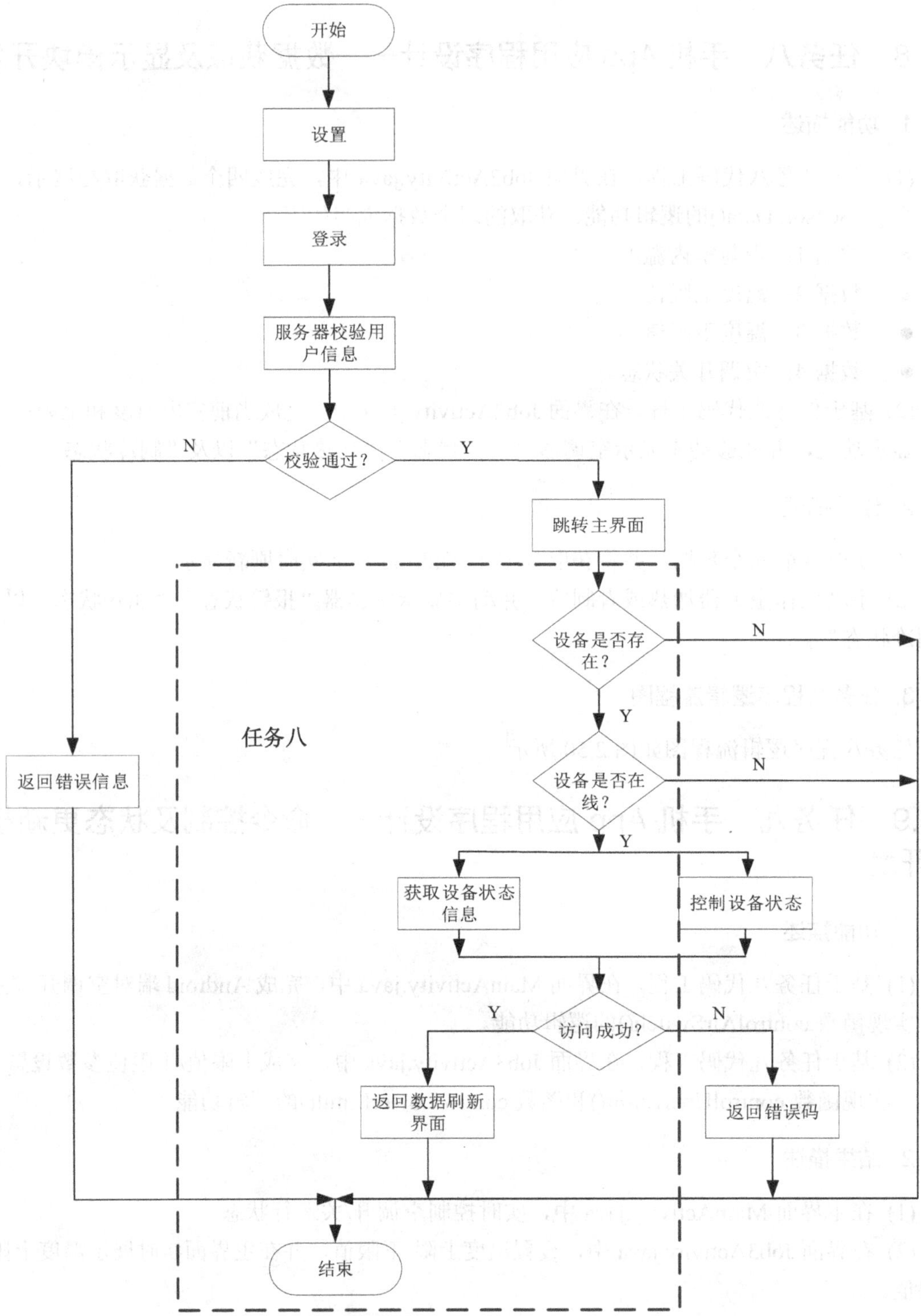

图 2.50　任务八程序逻辑流程图

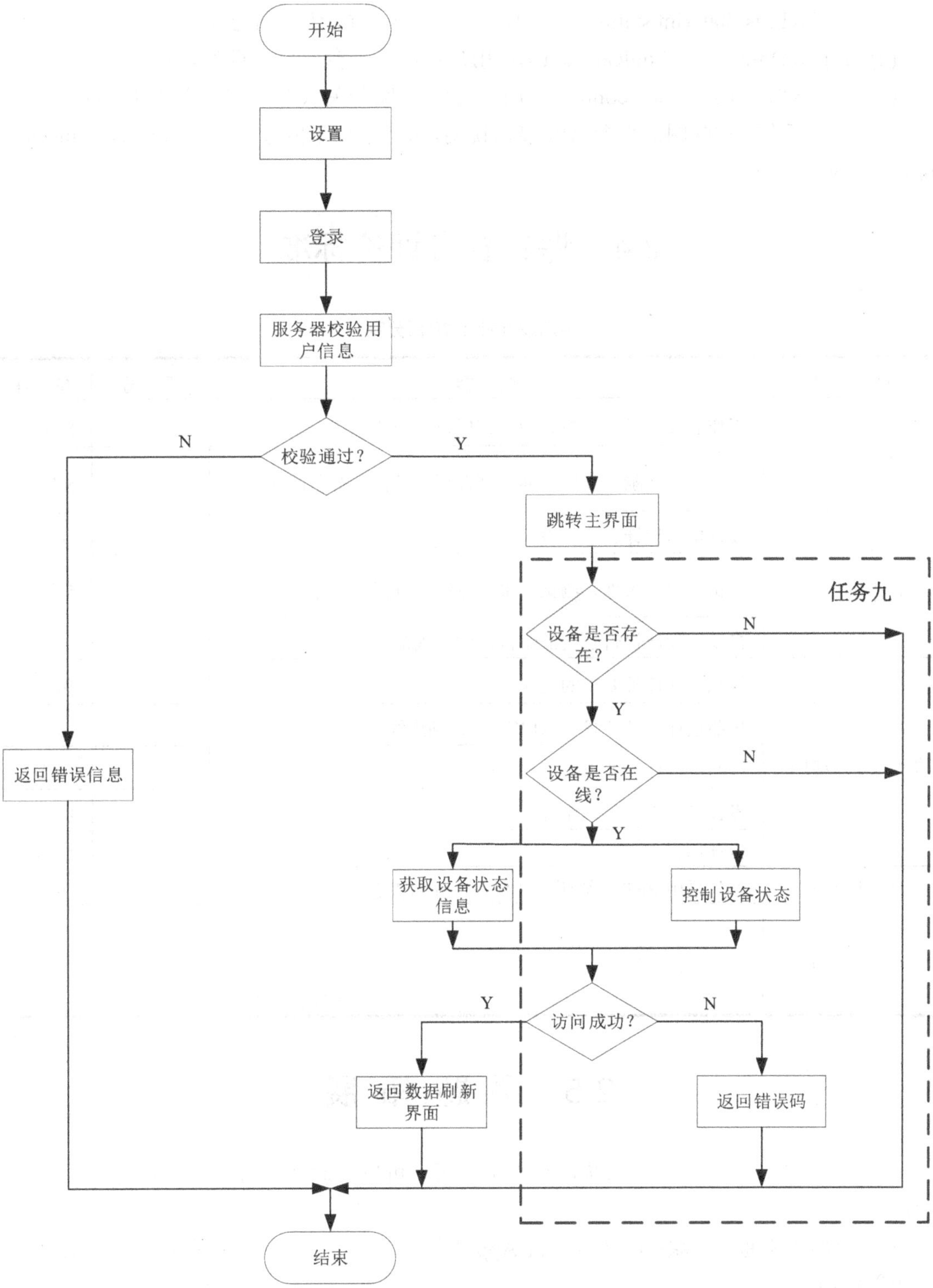

图 2.51 任务九程序逻辑流程图

备注：函数说明以及新大陆物联网云平台 API 接口说明如下。

(1) displayExistState(int status)：用户访问云平台，显示设备是否存在。

(2) displayOnlineState(boolean status)：用户访问云平台，显示设备是否离线。

(3) displayPowerStatus(int control)：用户访问空调开/关状态，显示空调开启或关闭。

(4) 关于新大陆物联网云平台 API 接口说明，可登录以下网址查询：http://www.nlecloud.com/doc/api。

2.4 课题参考评价标准

实训成绩评定表(百分制)

设计项目	内　容	得　分	备　注
平时表现	工作态度、遵守纪律、独立完成设计任务		5 分
	独立查阅文献、收集资料、制订项目设计方案和日程安排		5 分
设计报告	硬件电路设计、软件设计		10 分
	测试方案及条件、测试结果完整性、测试结果分析		5 分
	摘要、设计报告正文的结构、图表规范性		10 分
仿真与实物制作	按照设计任务要求的功能仿真		10 分
	按照设计任务要求在 NEWLab 正确连线		10 分
	按照设计任务要求实现的功能		10 分
	设计任务工作量、难度		10 分
	设计创新点		10 分
实训项目答辩	学生采用 PPT 讲解所设计任务，并回答老师提出的问题		15 分
综合成绩评定	指导教师签名：		

2.5 课 题 拓 展

本课题设计了空调器控制系统，有兴趣的同学可以对此课题进行功能拓展。拓展功能说明如下。

(1) 增加蓝牙通信模块：可通过手机 App 进行局域网的无线联动控制，充分体现智能家居的便捷应用。

(2) 增加 NB-IoT 通信模块：通过手机 App 实现空调系统远程监控。

(3) 采用 PC 端控制空调系统，并能显示当前空调运行状态。

2.6 课题资源包

为方便学生及时查阅与本课题相关的参考资料，教材提供了本课题资源包。课题资源包索引如图 2.52 所示。读者实战演练时，可根据资源包索引查阅相关资料。

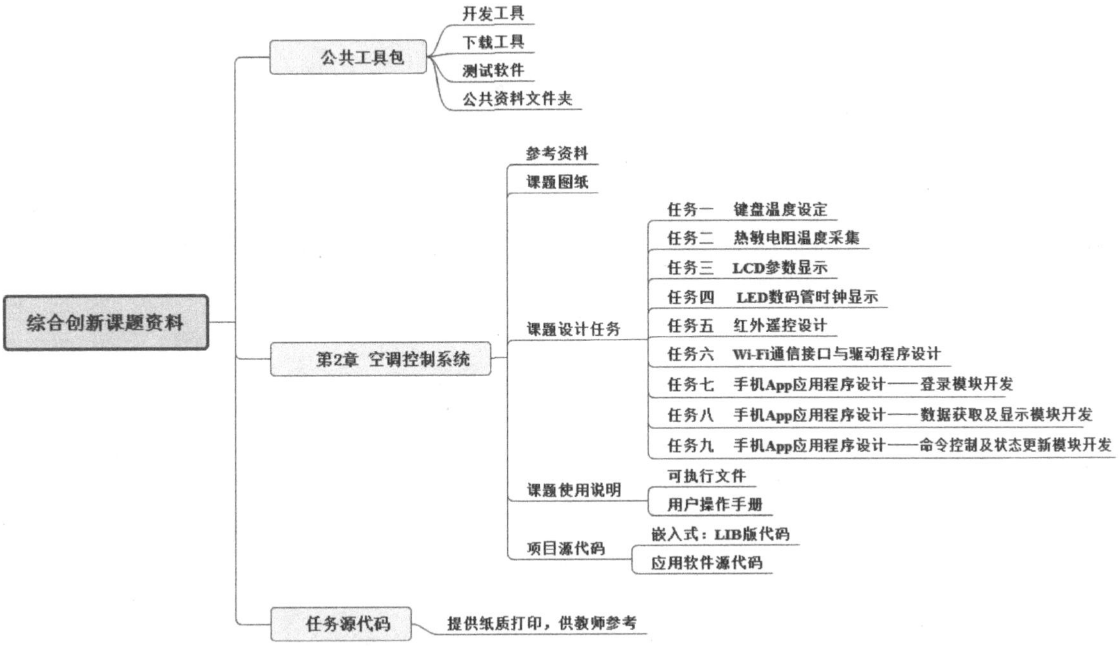

图 2.52 课题资源包内容索引

(扫一扫，获取精美课件及相关课题资源)

第 3 章 太阳能智能逐日系统

【课题概要】

太阳能是一种可再生能源。它资源丰富，既可免费使用，又无须运输，对环境无任何污染，为人类创造了一种新的生活形态，使社会及人类进入一个节约能源、减少污染的时代。太阳能作为新能源建设的重要部分，已经被越来越多地应用到国计民生的各个方面，新能源的引入及应用也越来越广泛。太阳能应用技术的拓展，为今后新能源技术的应用提供了新的思路，并有助于科学研究、实践教学及创新创业教育。

太阳能智能逐日系统课题定位于本科院校以及高等职业院校的教学、综合实验、创新科研、课程设计、创客教育、竞赛培训、综合专业实训等领域，依托 NEWLab 基础教学设备，形成课堂内外有益的补充。本课题主要涉及传感器技术、嵌入式系统开发、机电一体化控制、Wi-Fi 通信技术、云服务器数据实时传输、手机 App 远程控制软件开发等专业知识。

【课题难度】

★★★★

3.1 课 题 描 述

太阳能智能逐日系统是新能源技术应用的一个经典案例。它的基本原理是系统根据采集的光敏传感器数值，实时控制太阳能光伏板云台二维舵机的方位角度，使电池板能实时跟踪太阳，从而使其获得最大的光照能量。

本课题可拓展应用于太阳能光伏并网发电、太阳能路灯控制等领域。比如太阳能智能逐日系统通过太阳能电池板在白天获得能量，并存储在蓄电池中；晚上或者白天光线暗淡时，通过蓄电池给路灯系统供电。

课题融合了应用电子技术、嵌入式系统、计算机技术与应用、物联网技术与应用等多项技术，贴近市场实际，具有典型的代表性，能加强学生综合应用知识能力及创新能力的培养。

课题设计重点在于物联网技术与应用，以及通过 Wi-Fi 模块实现客户端(手机端)数据和后台服务器的实时交互。可根据不同的专业方向和实际教学情况，选择不同的课题硬件配置进行实战演练。

3.2 课 题 分 析

3.2.1 太阳能智能逐日系统硬件设计方案

1. 太阳能智能逐日系统总体方案设计

太阳能智能逐日系统课题采用 STM32 作为主控芯片，主要包括 Cortex M3 模块、按键模块、光照强度检测模块、太阳能电池板(舵机)模块、LCD 参数显示模块、LED 时钟显示模块、Wi-Fi 通信模块、继电器控制模块、模拟路灯模块、手机客户端等。太阳能智能逐日系统硬件总体框图如图 3.1 所示。

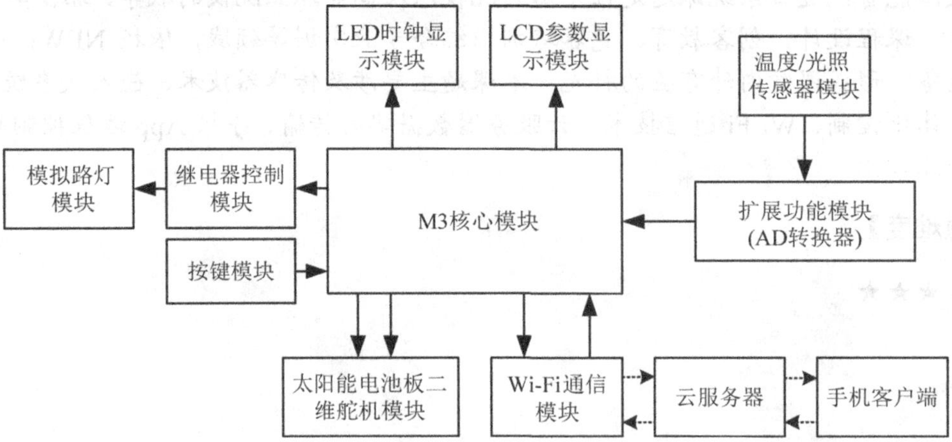

图 3.1　太阳能智能逐日系统硬件总体框图

2. 太阳能智能逐日系统硬件拓扑结构图

太阳能智能逐日系统硬件拓扑结构如图 3.2 所示。

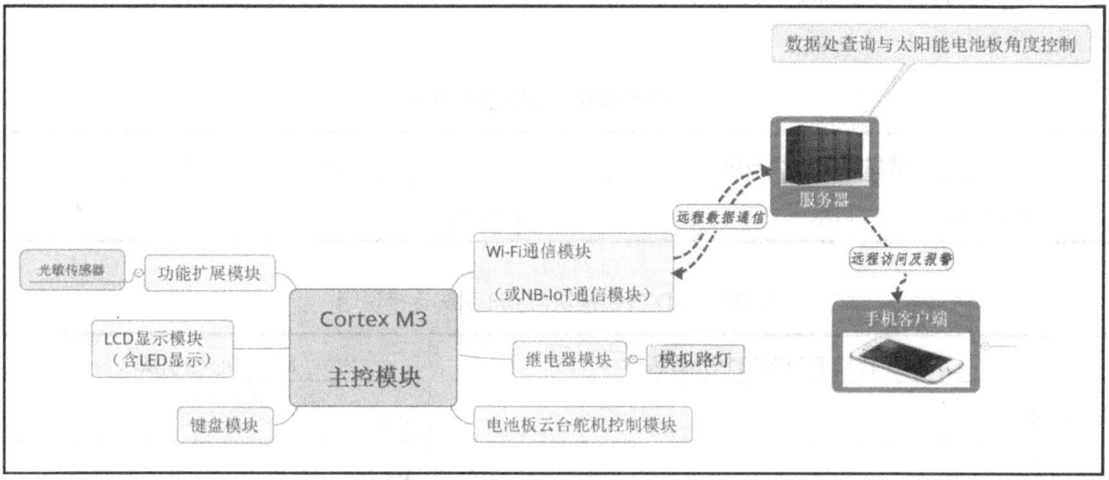

图 3.2　太阳能智能逐日系统拓扑结构

3. 太阳能智能逐日系统硬件模块接线示意图

太阳能智能逐日系统硬件模块接线示意图如图 3.3 所示。

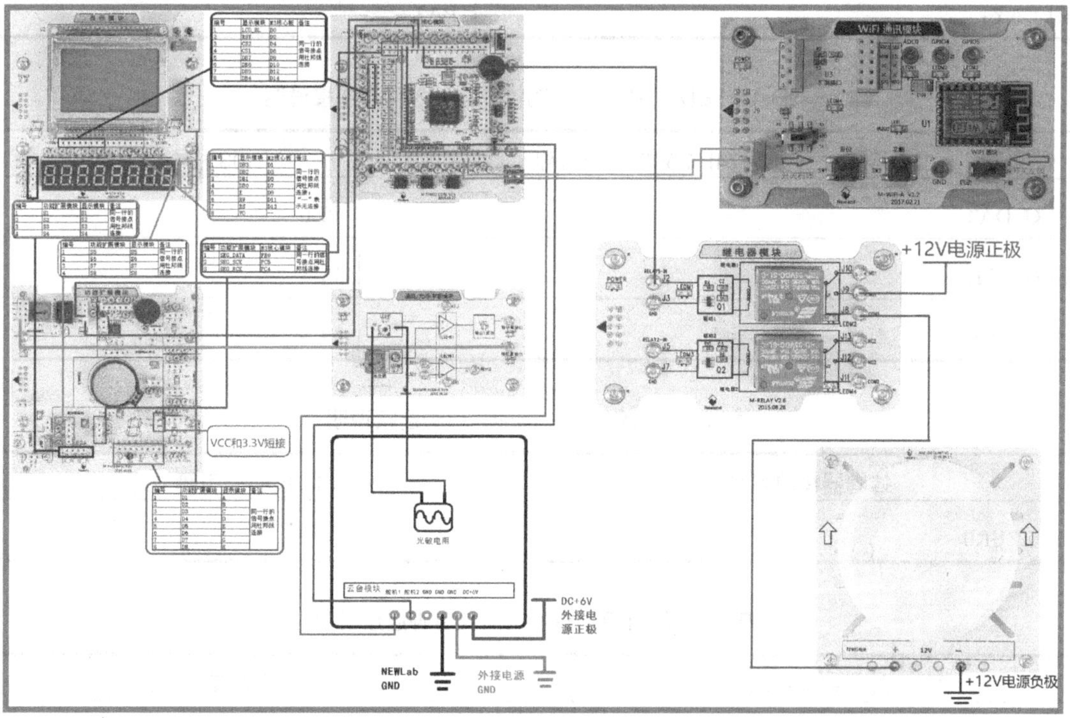

图 3.3　太阳能智能逐日系统硬件模块接线示意图

4. 太阳能智能逐日系统模块与 M3 引脚接线定义说明

键盘模块、AD 转换模块、继电器模块、LED 时钟显示驱动模块、蜂鸣器模块、舵机驱动模块、LCD12864 液晶显示器模块、Wi-Fi 模块与 M3 引脚连接详细说明如表 3.1～表 3.8 所示。

表 3.1　键盘模块与 M3 引脚连接说明

键盘模块引脚名称	M3 核心板引脚
KEY1(寻光按键)	PC13

表 3.2　AD 转换模块与 M3 引脚连接说明

AD 转换 PCF8591 引脚名称	M3 核心板引脚
I^2C_SDA	PA5
I^2C_SCL	PA4

表 3.3　继电器模块与 M3 引脚连接说明

继电器模块引脚名称	M3 核心板引脚
RELAY1	PA3

表 3.4　LED 时钟显示驱动模块与 M3 引脚连接说明

串行移位寄存器 74HC595 引脚名称	M3 核心板引脚
SEG_DAT	PB0
SEG_SCK	PC5
SEG_RCK	PC4

表 3.5　蜂鸣器模块与 M3 引脚连接说明

蜂鸣器模块名称	M3 核心板引脚
BUZZER0	PA8

表 3.6　舵机驱动模块与 M3 引脚连接说明

舵机驱动模块名称	M3 核心板引脚
舵机Ⅰ(PWM0)	PA6
舵机Ⅱ(PWM1)	PA7

表 3.7 LCD12864 液晶显示器模块与 M3 引脚连接说明

LCD12864 引脚名称	M3 引脚名称	备 注
LCD_BL	PD14	液晶背景光控制，低电平有效
RST	PD0	液晶屏复位信号
CS2	PE7	液晶屏片选信号 1
CS1	PE9	液晶屏片选信号 2
DB7	PE11	液晶屏数据线
DB6	PE13	液晶屏数据线
DB5	PE15	液晶屏数据线
DB4	PD9	液晶屏数据线
DB3	PD15	液晶屏数据线
DB2	PD1	液晶屏数据线
DB1	PE8	液晶屏数据线
DB0	PE10	液晶屏数据线
EN	PE12	液晶屏使能信号
RW	PE14	液晶屏读写信号
RS	PD8	液晶屏寄存器选择
VDD	—	液晶屏电源(+3.3V)

表 3.8 Wi-Fi 模块与 M3 引脚连接说明

Wi-Fi(ESP8266)模块引脚名称	M3 核心板引脚
wifi_TX	PC11
wifi_RX	PC10

3.2.2 太阳能智能逐日系统软件设计方案

1. 太阳能智能逐日系统实现的功能

(1) LCD12864 液晶显示屏实时显示太阳能电池板光敏传感器所采集的光照强度。

(2) LED 数码管显示 RTC 时间和日期信息。

(3) CPU 根据光敏传感器数值，实时控制二维舵机的方位角度，使太阳能电池板始终跟踪光源，从而使系统获得的光照强度始终处于最大值。

(4) 太阳能电池板能根据光源移动实时跟踪，并且记录前一次光源位置(从当前位置跟踪，而不是从初始位置开始扫描)。

(5) 扩展功能——根据白天光线强度、冬夏时制，实现 LED 灯(路灯)的节能控制。

(6) 手机客户端远程监控。Android 端通过云平台接收光敏传感器数值及太阳能电池板角度值，并能手动控制 LED 灯开启与关闭、手动控制太阳能电池板的转动方向。

(7) 系统通过云平台可远程控制舵机转动角度、控制路灯的开关，还可以查询当前系统的光照强度、舵机角度位置等参数。云平台显示界面如图 3.4 所示。

图 3.4　云平台显示界面

2. 太阳能智能逐日系统程序流程图

1) 太阳能智能逐日系统的整体架构分为三层(见图 3.5)

- 应用层：作为移动端，可开发 Android 端应用及 PC 端应用，提供用户操作界面并展示系统状态信息。
- 云平台层：为应用层提供 SDK 及 API 接口，支持 Android、C#等语言平台。
- 硬件层：可添加各种设备，如传感器、执行器等物联网设备硬件。

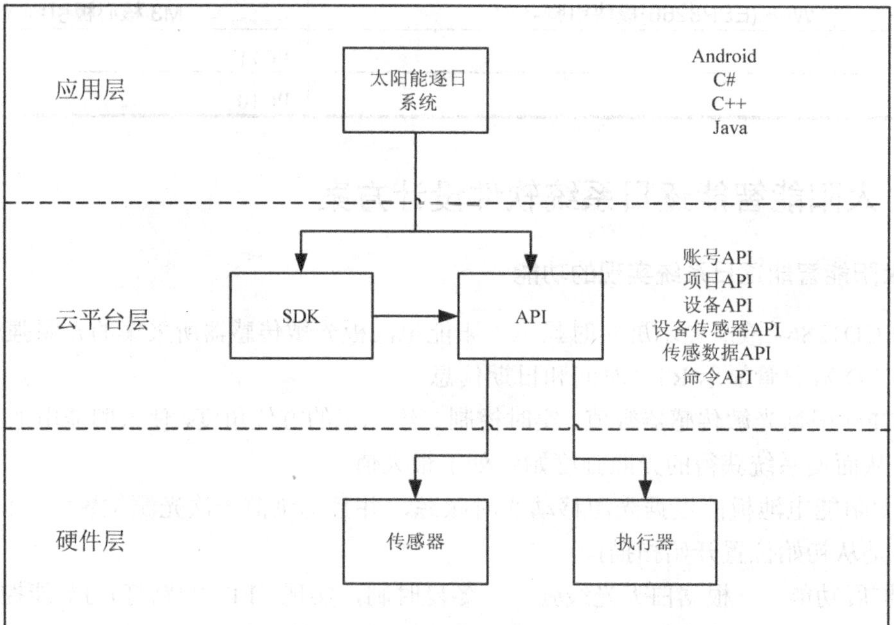

图 3.5　太阳能智能逐日系统整体架构

2) 手机 App 端功能说明

作为 Android 应用端，提供基本信息配置，获取远程传感器状态信息以及控制远程执行器动作。手机 App 实现的主要功能说明如下。

① 打开主界面时，能够远程获取如下信息。

- 当前光照强度值(LUX)。
- 太阳能电池板位置坐标 X 和 Y 及角度值。
- 系统开关状态。

② Android 端可手动控制模拟路灯开启与关闭。

③ Android 端可手动控制舵机 X(云台底部舵机 II)由初始值 0° 旋转至 180°，舵机 Y(云台顶部舵机 I)由初始值 15° 旋转至 60°。

3) Android 端一层架构图

Android 端一层架构如图 3.6 所示。

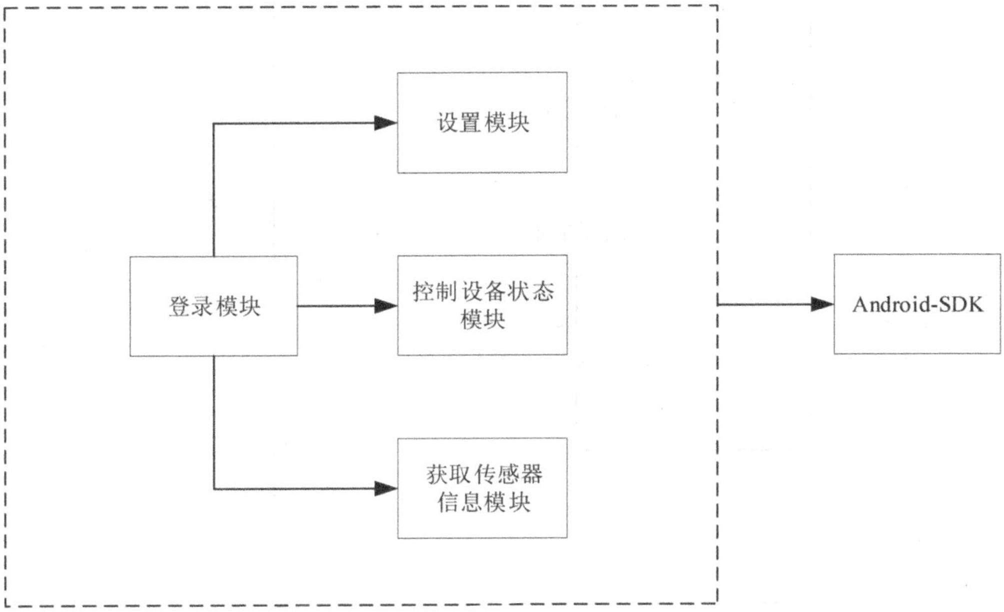

图 3.6 Android 端一层架构

4) 系统主体任务

系统初始化后，先连接云平台，然后进入主体任务。主体任务说明如下。

- 网络通信进程。检查网络连通状况，判断串口是否已接收完数据。若接收完数据则执行数据解析，并执行相应任务。系统每隔 3 秒左右向服务器发送系统当前状态信息，这些信息包括当前光照强度参数、舵机 X 坐标和 Y 坐标以及开/关状态等信息。
- 显示进程。定时根据任务和数据刷新显示内容。
- 光源采集进程。实时采集光敏传感器数值并记录。
- 太阳能光伏板控制进程。根据当前光源强度，控制太阳能电池板舵机转动角度，以跟踪光源。

5) 系统主体任务逻辑流程

主体任务逻辑流程图如图 3.7 所示。

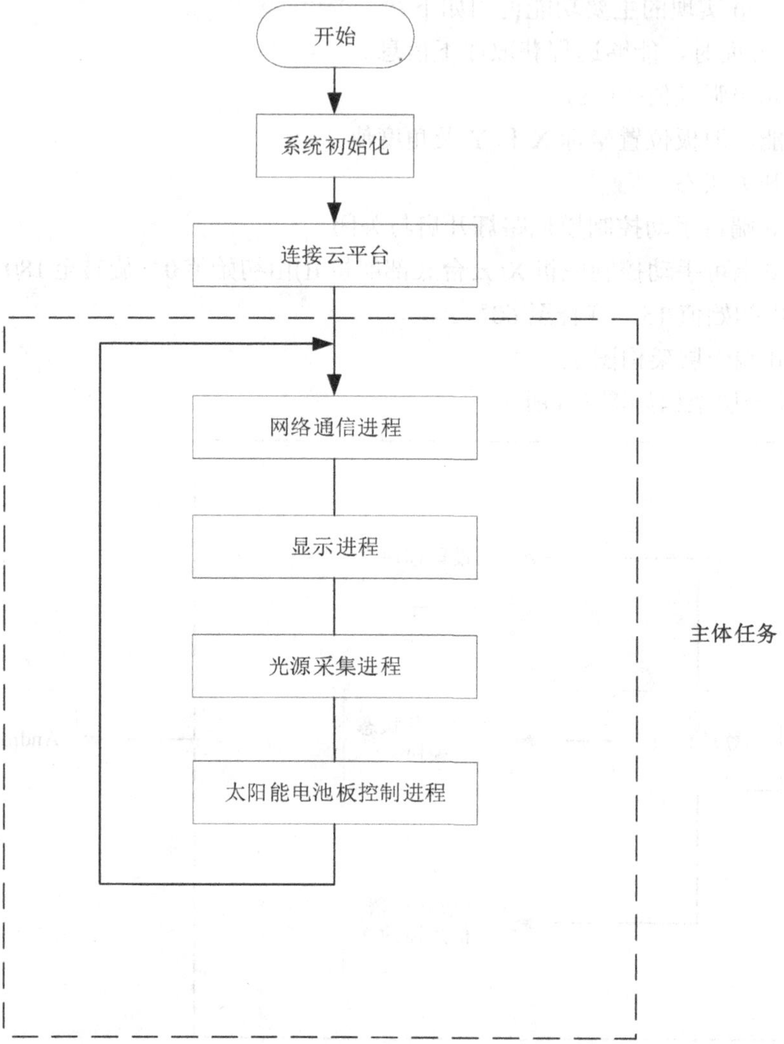

图 3.7　主题任务逻辑流程图

6) 手机 App 业务逻辑流程

手机 App 业务逻辑流程图如图 3.8 所示。

7) 嵌入式系统业务流程

嵌入式系统业务流程图如图 3.9 所示。

3. 太阳能智能逐日系统手机 App 界面设计

(1) 手机 App 安装成功后，用户可点击应用图标运行该应用。

(2) 用户点击应用图标后，进入欢迎界面。欢迎界面如图 3.10 所示。

(3) 在欢迎界面点击“开启应用”按钮，进入登录界面。登录界面如图 3.11 所示。

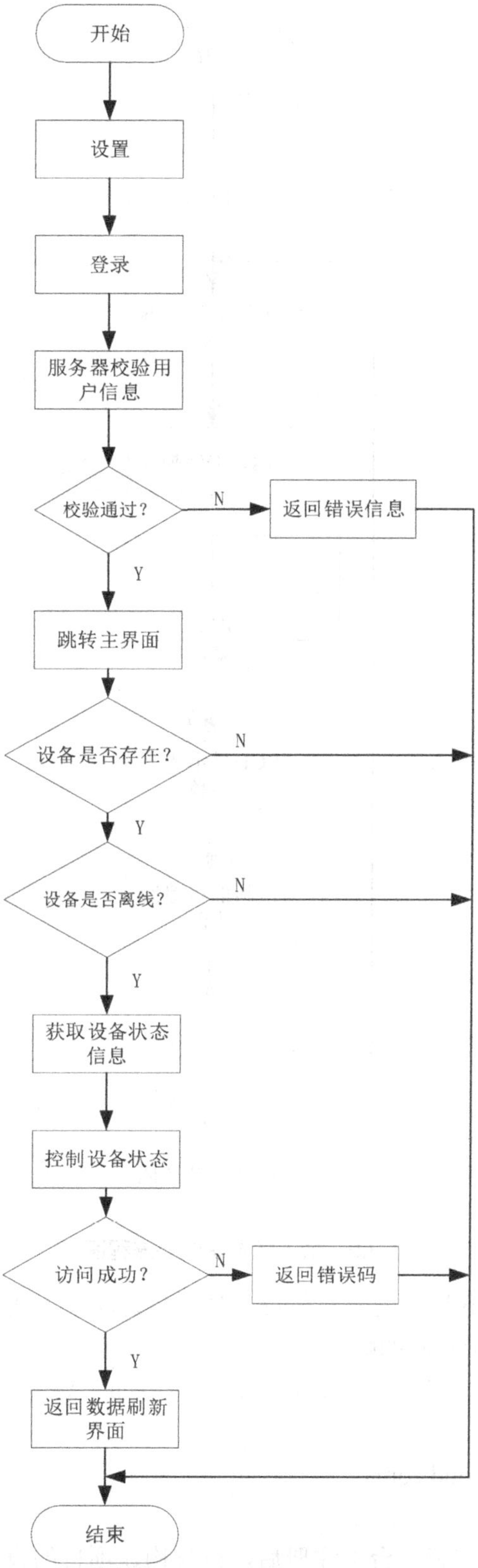

图 3.8 手机 App 业务逻辑流程图

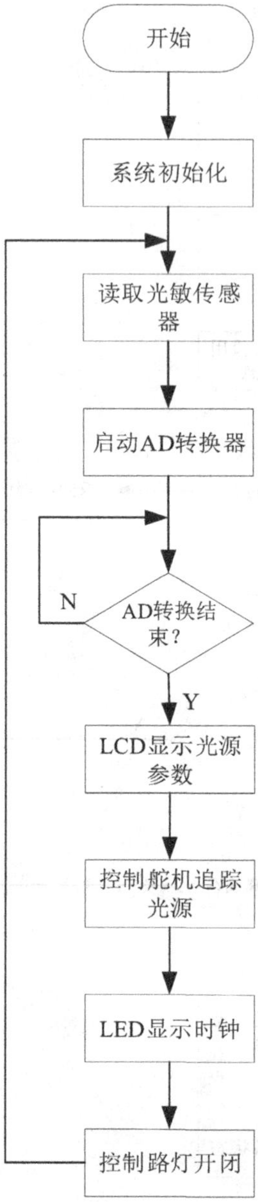

图 3.9　嵌入式系统业务流程图

说明：客户端手机 App 登录的账户信息，是用户访问新大陆物联网云平台(http://www.nlecloud.com/)后构建对应项目时的账户信息。

(4) 在登录界面，点击“设置”按钮，进入设置界面，如图 3.12 所示。

说明：

- IP 地址：api.nlecloud.com。
- 端口号：80。
- 设备 ID：由用户在云平台上注册后，自身构建项目的设备信息。
- 设置舵机 X(水平方向)与舵机 Y(垂直方向)旋转角度范围。

图 3.10 欢迎界面

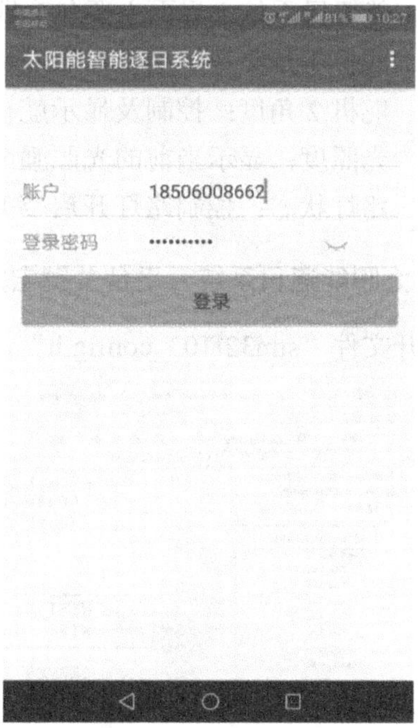

图 3.11 登录界面

备注：

舵机 X(水平旋转角度)设置范围为 0°～180°，舵机 Y(垂直旋转角度)设置范围为 15°～60°。

(5) 太阳能逐日系统主界面如图 3.13 所示。

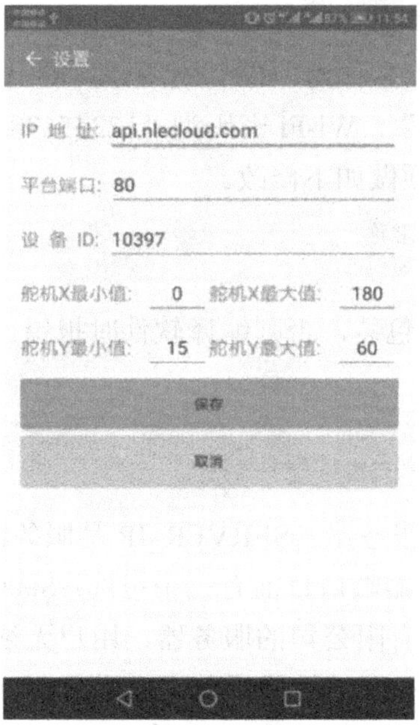

图 3.12 设置界面

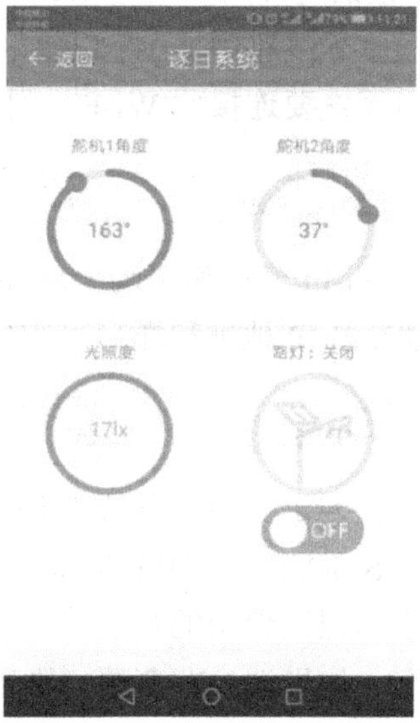

图 3.13 太阳能逐日系统主界面

太阳能逐日系统主界面主要包含四部分，详细说明如下。

- 舵机 1 角度：控制及显示舵机 X 的角度信息(通过滑动圆圈角度控制舵机)。
- 舵机 2 角度：控制及显示舵机 Y 的角度信息(通过滑动圆圈角度控制舵机)。
- 光照度：显示当前的光照强度值。
- 路灯状态：控制路灯开启/关闭，并显示路灯开启/关闭状态。

4. 太阳能逐日系统云平台关键宏定义说明

打开文件“stm32f103_config.h”，显示界面如图 3.14 所示。

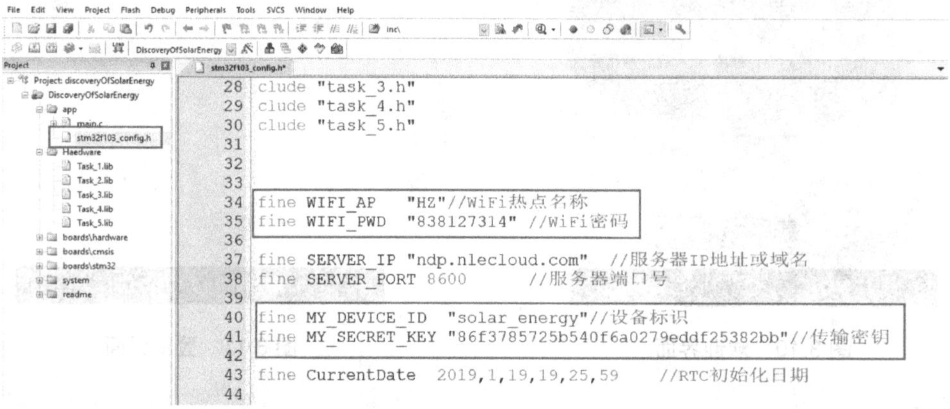

图 3.14　打开文件“stm32f103_config.h”显示界面

(1) Wi-Fi 热点名称和密码宏定义说明如下。

```
#define WIFI_AP         "HZ"                //Wi-Fi 热点名称
#define WIFI_PWD        "838127314"         //Wi-Fi 密码
```

解释：该宏定义用于指定 Wi-Fi 通信模块连接热点名称为“HZ”，密码为“838127314”。如果某实验室无线路由器 Wi-Fi 名称为“NewlandEdu”，Wi-Fi 密码为“12345678”，太阳能智能逐日系统要连接此 Wi-Fi，那么上述宏定义必须做如下修改。

```
#define WIFI_AP         "NewlandEdu"        //Wi-Fi 名称
#define WIFI_PWD        "12345678"          //Wi-Fi 密码
```

备注：Wi-Fi 名称和密码一定要用英文双引号("")包装，否则编译软件时报错。

(2) 服务器 IP 地址和端口号宏定义说明如下。

```
#define SERVER_IP       "ndp.nlecloud.com"//服务器 IP 地址
#define SERVER_PORT     8600                //服务器端口号
```

解释：该宏定义用于设置 Wi-Fi 通信模块连接的服务器。SERVER_IP 是服务器的地址或域名，而 SERVER_PORT 是服务器的端口号，服务器端口目前有三个可选：8600、8700、8800。由于本课题使用的是北京新大陆时代教育科技有限公司的服务器，用户无须修改 IP 地址或域名，如果端口有变更，则需修改。特别注意：IP 地址需用英文双引号("")包装，但服务器端口号不用。

(3) 云平台相关宏定义说明如下。

```
#define MY_DEVICE_ID  " solar_energy"                          //设备标识
#define MA_SECRET_KEY " 86f3785725b540f6a0279eddf25382bb"      //传输密钥
```

解释：MY_DEVICE_ID 和 MA_SECRET_KEY 宏定义的值从云平台获取，这两个参数可在云平台查询。因这两个参数对于每个项目都不相同，用户使用时，必须修改成自己所建项目的设备标识和传输密钥，否则握手认证不成功，或者会认证到其他项目中去。设备标识与传输密钥查询界面如图 3.15 所示。

图 3.15　设备标识与传输密钥查询界面

3.2.3　课题任务分解及计划学时安排

由于太阳能智能逐日系统涉及的知识点较多，增加了课题设计的复杂性，因此要结合系统实现的各个功能，对设计任务进行拆分。该控制系统可拆分成若干个功能模块，如光源强度采集模块、LED 数码管时钟显示模块、LCD 参数显示模块、太阳能电池板舵机控制模块、继电器控制模块、Wi-Fi 通信模块、手机 App 模块等。建议每个模块功能单独调试，待各个模块功能实现之后，再根据总的工作流程把各个模块连接起来，并结合相应的工作时序最终实现太阳能智能逐日控制系统的功能。

为保证学生按时完成课题设计任务，达到实战演练的目的，指导教师可根据课题总体设计任务，按系统功能将设计任务拆分成多个子任务，教师可根据学生专业特点分配设计子任务。太阳能智能逐日系统任务拆分及计划学时安排如表 3.9 所示。

表 3.9　太阳能智能逐日系统任务拆分及计划学时安排

项目编号	项目名称	计划学时
任务一	光敏传感器数据采集	5 学时
任务二	舵机追踪光源控制	10 学时
任务三	LCD 参数显示	5 学时
任务四	LED 数码管时钟显示	5 学时
任务五	Wi-Fi 通信接口与驱动程序设计	10 学时
任务六	手机 App 应用程序设计——数据获取及显示模块开发	5 学时
任务七	手机 App 应用程序设计——命令控制及状态更新模块开发	5 学时

3.3 课题任务设计

3.3.1 任务一 光敏传感器数据采集

1. 光敏传感器数据采集硬件设计

(1) 光敏传感器检测与信号调理电路如图 3.16 所示。其中，R_7 为光敏电阻传感器，用于感知光源的光照强度，以实现太阳能电池板定位到最佳光照角度。J6 为光敏传感器模拟量输出信号端。

(2) 光敏传感器所采集信号，经 8 位 AD 转换器 PCF8591 转换为对应的数字量，通过 I^2C 总线读入 M3。再经过 M3 计算当前光敏传感器的电阻值。利用光敏电阻与光照强度计算公式，求出当前光线的流明度(单位：Lux)。AD 转换器 PCF8591 接口电路如图 3.17 所示。

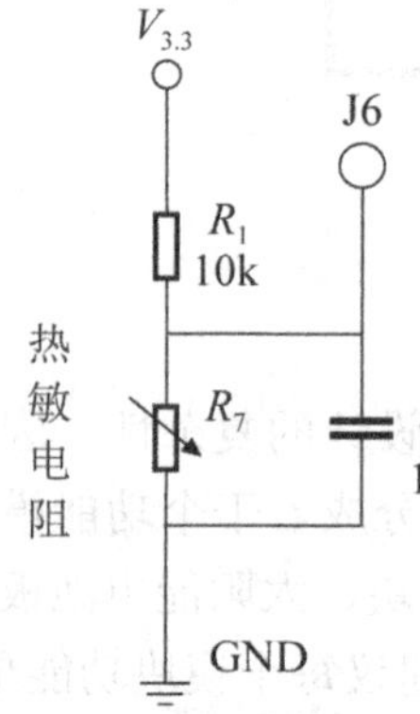

图 3.16 光敏传感器检测与信号调理电路

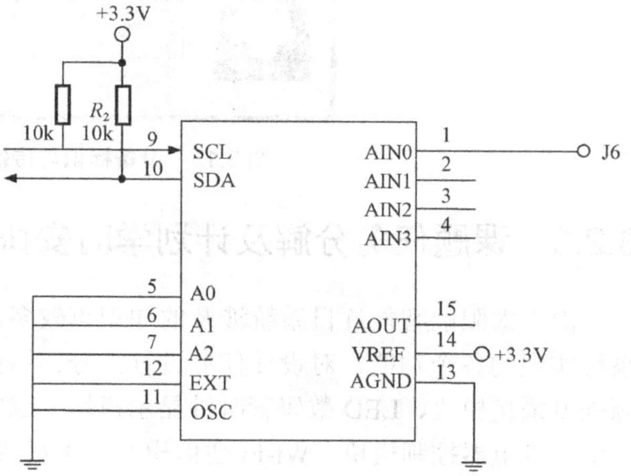

图 3.17 AD 转换器 PCF8591 接口电路

AD 转换器 PCF8591 接口电路图说明如下。

- AD 转换器 PCF8591 串行时钟输入端 SCL 连接 M3 核心模块 PA4 引脚。
- AD 转换器 PCF8591 串行数据输出端 SDA 连接 M3 核心模块 PA5 引脚。

2. 光敏传感器数据采集软件设计思路

(1) 配置 M3 内部对应 PA4、PA5 引脚，分别设置为 I^2C 总线时钟输入和数据输出。

(2) 启动 8 位 AD 转换器 PCF8591，AD 转换结束后，得到此时光敏电阻两端电压 V_{R_7} 对应的数字量 ADC_Value 值。

(3) 将 ADC_Value 值代入公式：$V_{R_7}=(V_{REF}/(256-1))\times ADC\_Value$，可求出光敏电阻的两端电压 V_{R_7} 值。

(4) 将热敏电阻的两端电压 V_{R_7} 值代入公式：$R_7=V_{R_7}/((V_{3.3}-V_{R_7})/R_1)$，可得出光敏电阻阻值。$V_{3.3}$=3.3V，电阻 R_1=10kΩ。

(5) 根据光敏电阻阻值与光照强度公式(3-1)，即可得出此时热敏电阻值对应的光照强度

LDR_Lux(单位为勒克斯)。

$$\text{LDR\_Lux}=10^{\frac{\left[\lg 15-\lg\left(\frac{R_7}{1000}+0.6\right)\right]}{0.6}} \tag{3-1}$$

公式(3-1)中，热敏电阻 R_7 单位为 kΩ。

计算光照强度程序流程如图 3.18 所示。

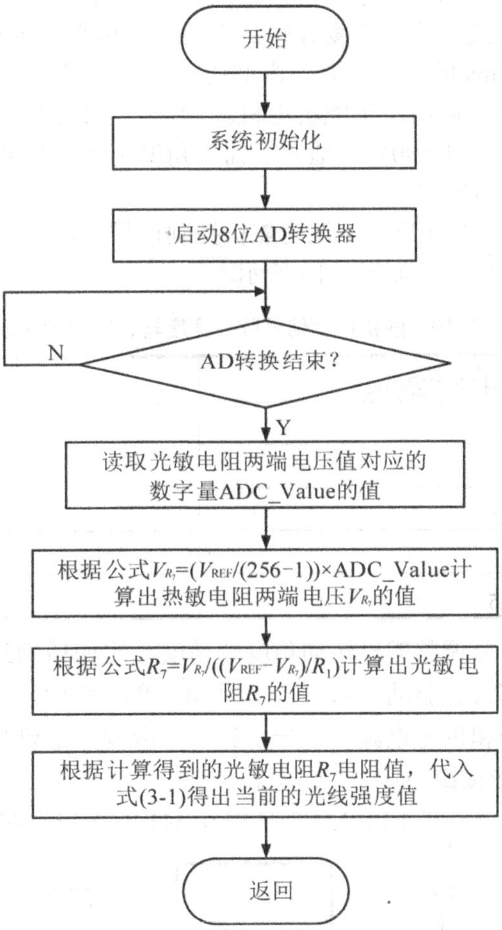

图 3.18 计算光照强度程序流程图

3.3.2 任务二 舵机追踪光源控制

1. 舵机控制追踪光源硬件设计

1) 云台舵机工作原理

太阳能智能逐日系统通过光敏传感器感知最大强光照度位置，并将太阳能电池板定位到最佳光照角度位置。舵机 I 与舵机 II 分别控制太阳能光伏板垂直转动方向及水平转动方向，从而实现太阳能光伏板实时跟踪光源功能。

系统上电时，太阳能电池板全局扫描所有方向的光线强度，并定位最大光照度位置。扫描过程中首先控制底部舵机 II 转动，然后控制顶部舵机 I 转动。舵机 II 实现 X 轴 0° ～

180° 扫描，由于云台结构限制，舵机 I 只能实现 Y 轴 15° ～60° 扫描。

两个舵机依次完成相应的转动后，定位最大的光源角度点，系统云台以此定位点跟随光源移动。

舵机控制信号为周期 20ms 的脉宽调制(PWM)信号，其中脉冲宽度范围为 0.5～2.5ms，对应舵盘的位置变化范围为 0° ～180° ，并且呈线性变化，即如果给舵机提供一定脉宽，其输出轴就会保持在相对应的角度位置，无论外界转矩怎样改变，直到给它提供一个另外宽度的脉冲信号，它才会改变输出角度并转到新的对应位置。舵机内部有一基准电路，可产生周期 20ms、宽度 1.5ms 的基准信号，内部还有一比较器，可将外加信号与基准信号相比较，判断出方向和大小，从而产生舵机电机转动信号。由此可见，舵机是一种位置伺服驱动器，但转动范围不能超过 180° ，适用于需要角度不断变化并且可以保持的驱动系统。舵机控制原理详见本课题资料包。

以 180° 转动角度范围的舵机为例说明舵机控制信号脉冲宽度与转动角度关系。舵机控制信号脉冲宽度与转动角度关系如表 3.10 所示。

表 3.10　舵机控制信号脉冲宽度与转动角度关系

舵机控制信号脉冲宽度(ms)	转动角度(°)
0.5	0
1.0	45
1.5	90
2.0	135
2.5	180

根据实际应用情况，可调整舵机转动角度的精度，比如精确到 1° 。

说明：由于舵机内部设有驱动电路，可采用 M3 单片机 I/O 口直接控制舵机。

备注：如果控制部分和供电电源部分分别独立，两者一定要共地。

2) 云台舵机以及寻光按键与 M3 接口电路

云台底部舵机 II、顶部舵机 I 以及寻光按键与 M3 的接口电路如图 3.19 所示。

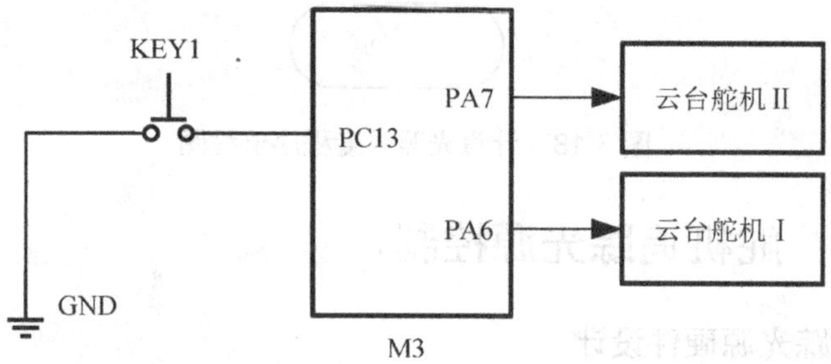

图 3.19　云台底部舵机 II 和顶部舵机 I 及寻光按键与 M3 的接口电路

云台底部舵机 II、顶部舵机 I 以及寻光按键 KEY1 与 M3 接口电路说明如下。

- KEY1 连接 M3 单片机 PC13 引脚。当按下 KEY1 键时，进入寻光进程，重新搜索光源位置，搜索结束后返回主程序。
- M3 单片机引脚 PA6 及 PA7 分别输出 PWM0 和 PWM1 控制信号，控制舵机 I 和舵机 II 动作，使云台舵机跟踪最大光源点，从而实现太阳能电池板“逐日”功能。

2. 舵机跟踪光源控制软件设计

1) 舵机跟踪光源控制软件设计思路

① 寻光进程：云台底部舵机 II 由初始值 0° 旋转至 180° ，每旋转一个角度，单片机 M3 读取并记录此时光敏电阻传感器经过 AD 转换器 PCF8591 输出的数字量值，根据所记录的数据，使舵机 II 转动至 AD 输出数字量最小值所对应的位置。AD 转换器 PCF8591 输出数字量的最小值即为光照强度的最大值。

开启云台顶部舵机 I，使之从初始值 15° 旋转至 60° 。每旋转一个角度，读取并记录此时光敏电阻经过 AD 转换器 PCF8591 输出的数字量值，根据所记录的数据，使舵机转动至 AD 转换器输出数字量的最小值所对应的位置。AD 转换器 PCF8591 输出数字量的最小值即为光照强度的最大值。

② 追光进程：当光照强度发生变化即增大或减小时，启动追光进程。为了方便控制和调试，系统设置了 KEY1 按键。当按下 KEY1 键时，即启动寻光进程。先使舵机从初始方向开始旋转一个角度，然后由 M3 单片机读取光敏电阻传感器经过 AD 转换器 PCF8591 输出的数字量值，比对与上一时刻所记录的数据。如果 AD 转换器输出的数字量值变大，舵机反方向转动；反之，如果 AD 转换器输出的数字量值变小，则继续沿着该方向使舵机转动下一个角度，从而确定 AD 转换器 PCF8591 输出最小值对应的舵机位置。AD 转换输出数字量的最小值即为光照强度的最大值。

2) 舵机跟踪光源控制软件设计

舵机追踪光源程序流程图如图 3.20 所示。

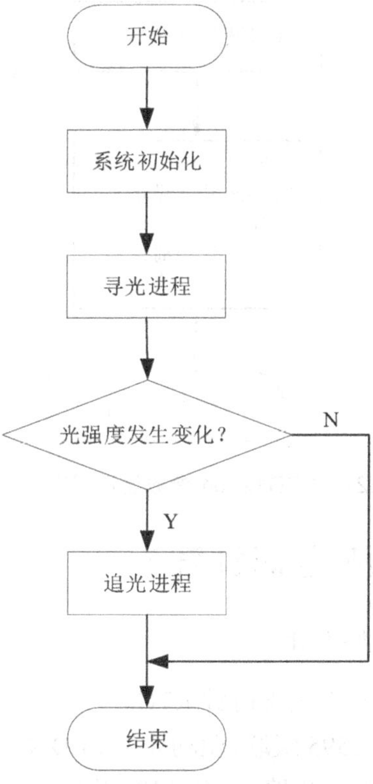

图 3.20 舵机追踪光源程序流程图

3.3.3 任务三 LCD 参数显示

1. LCD 参数显示硬件设计

系统采用液晶显示屏 CH12864 显示光照强度参数值以及云台舵机 II 和舵机 I 当前的角度值。因 CH12864 液晶显示屏驱动电路、LCD12864 与 M3 连接引脚定义与第 2 章任务三完全相同，相关内容在此省略，读者可参考相关章节。

2. LCD 参数显示软件设计思路

系统初始化时，对 M3 相关引脚进行配置，以及对液晶显示屏 LCD12864 进行初始化配置，然后调用显示函数，将光照强度、舵机 I 及舵机 II 当前的位置角度值显示在 LCD12864 屏上。LCD12864 参数显示程序流程图如图 3.21 所示。

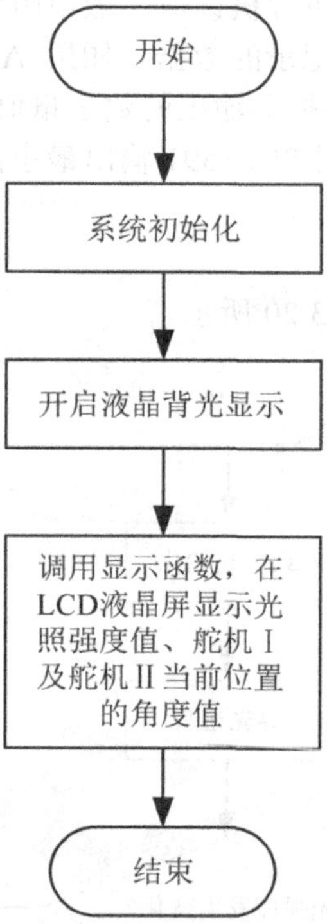

图 3.21 LCD12864 参数显示程序流程图

3.3.4 任务四 LED 数码管时钟显示

1. LED 数码管时钟显示硬件设计

(1) 系统时钟采用 M3 微处理器内部时钟 RTC。

(2) 时钟显示采用两片 74HC595 级联，驱动 8 位 LED 数码管动态显示时钟参数(月、日、时、分)。LED 数码管时钟显示驱动电路、8 位 LED 数码管时钟动态显示电路与 M3 连接引脚定义同第 2 章任务四，相关内容在此省略，读者可参考相关章节。

2. LED 数码管时钟显示软件设计思路

(1) 对 M3 核心模块中的微处理器内部时钟 RTC 进行初始化配置，同时对 8 位 LED 数码管动态显示驱动芯片 74HC595(1)、74HC595(2)与连接的 M3 引脚进行初始化配置。

(2) 从 M3 微处理器内部时钟 RTC 中读取月、日、时、分参数。

(3) 分别给驱动芯片 74HC595(1)、74HC595(2)送段选码和位选码，将时钟参数(月、日、时、分)在 LED 数码管上显示。因采用动态显示方式，因此系统需要定时刷新。

8 位 LED 数码管时钟显示程序流程图如图 3.22 所示。

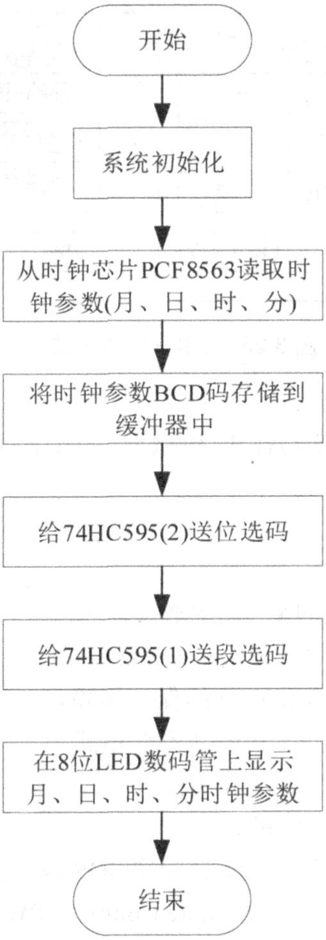

图 3.22 8 位 LED 数码管时钟显示程序流程图

3.3.5 任务五 Wi-Fi 通信接口与驱动程序设计

1. Wi-Fi 通信接口硬件接口电路设计

1) Wi-Fi 模块简介

系统无线通信采用深圳安信可科技有限公司研发的 ESP-12F 型 Wi-Fi 模块。该模块核心处理器 ESP8266 在较小尺寸封装中集成了业界领先的 Tensilica L106 超低功耗 32 位微型

MCU，并带有 16 位精简模式，主频支持 80 MHz 和 160 MHz，支持 RTOS，集成 Wi-Fi MAC/BB/RF/PA/LNA，以及搭载板载天线。

该模块支持 IEEE 802.11b/g/n 标准协议，以及完整的 TCP/IP 协议栈。用户可以使用该模块为现有的设备添加联网功能，也可以构建独立的网络控制器。

ESP8266 是高性能无线 SOC，以最低成本提供最大实用性，为 Wi-Fi 功能嵌入其他系统提供无限可能。

ESP8266EX 结构如图 3.23 所示。

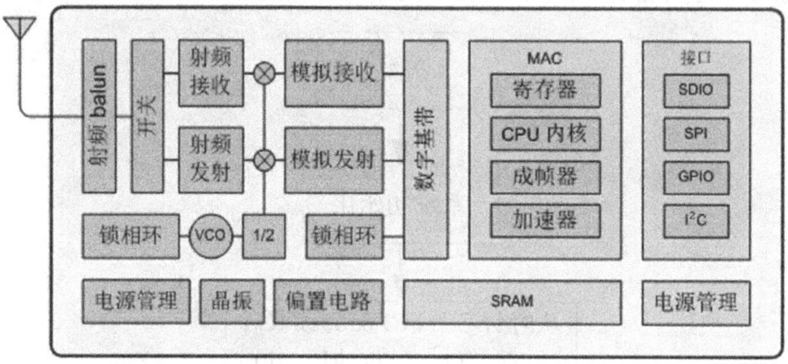

图 3.23　ESP8266EX 结构

2) ESP8266EX 模块的主要特点

- 内置 Tensilica L106 超低功耗 32 位微型 MCU，主频支持 80 MHz 和 160 MHz，支持 RTOS。
- 内置 10 位高精度 ADC。
- 内置 TCP/IP 协议栈。
- 内置 TR 开关、balun、LNA、功率放大器和匹配网络。
- 内置 PLL、稳压器和电源管理组件，802.11b 模式下+20dBm 的输出功率。
- MPDU、A-MSDU 的聚合和 0.4s 的保护间隔。
- Wi-Fi@2.4GHz，支持 WPA/WPA2 安全模式。
- 支持 AT 远程升级及云端 OTA 升级。
- 支持 STA/AP/STA+AP 工作模式。
- 支持 Smart Config 功能(包括 Android 和 iOS 设备)。
- HSPI、UART、I^2C、I^2S、IR Remote Control、PWM、GPIO。
- 深度睡眠保持电流为 10μA，关断电流小于 5μA。
- 2ms 内唤醒、连接并传递数据包。
- 待机状态消耗功率小于 1.0mW(DTIM3)。
- 工作温度范围：−40～125℃。

3) Wi-Fi 通信模块的固件下载说明

Wi-Fi 通信模块的固件下载说明与第 2 章任务六相同，相关内容在此省略，读者可查阅相关章节。

4) Wi-Fi 通信模块与 M3 接口电路

Wi-Fi 通信模块与 M3 核心模块接口电路如图 3.24 所示。

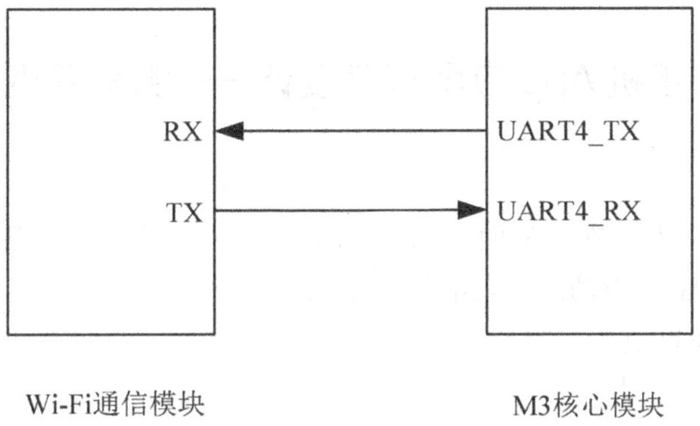

图 3.24 Wi-Fi 通信模块与 M3 核心模块接口电路

Wi-Fi 通信模块与 M3 核心模块接线说明如下。

- Wi-Fi 通信模块引脚 RX 为数据接收端，连接 M3 串口 USART4 的 PC10 引脚，即数据发送端 UART4_TX。
- Wi-Fi 通信模块引脚 TX 为数据发送端，连接 M3 串口 USART4 的 PC11 引脚，即数据接收端 UART4_RX。

2. Wi-Fi 通信驱动程序设计

Wi-Fi 通信驱动程序流程图如图 3.25 所示。

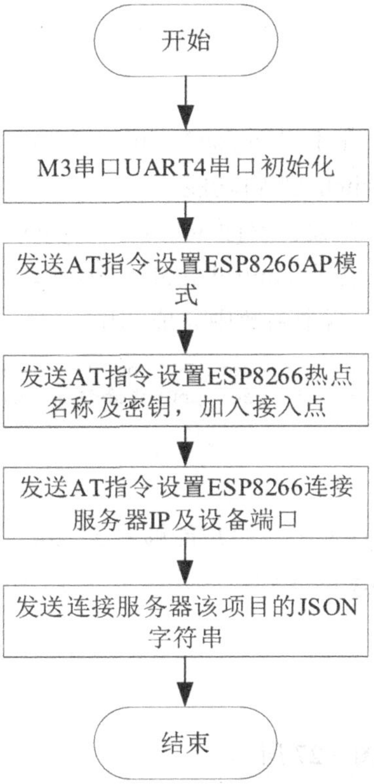

图 3.25 Wi-Fi 通信驱动程序流程图

3.3.6 任务六 手机 App 应用程序设计——数据获取及显示模块开发

1. 功能描述

基于任务六代码工程，在主界面 Job1Activity.java 中，完成四个数据的获取并展示，实现函数 getSensorsData()逻辑功能。获取的四个数据如下。

(1) 舵机 I 当前角度值。

(2) 舵机 II 当前角度值。

(3) 光照强度。

(4) 路灯状态。

2. 结果描述

在主界面 Job1Activity.java 中，界面能动态显示数值的变化。

3. 任务六程序逻辑流程图

任务六程序逻辑流程图如图 3.26 所示。

3.3.7 任务七 手机 App 应用程序设计——命令控制及状态更新模块开发

1. 功能描述

(1) 基于任务七代码工程，在主界面 Job2Activity.java 中，完成 Android 端对空调开/关控制，实现函数 controlLampSwitch()逻辑功能。

(2) 基于任务七代码工程，在设置界面 Job2Activity.java 中，完成对舵机 I 和舵机 II 控制，实现函数 controlAngleX()和函数 controlAngleY()逻辑功能。其中，对于舵机控制角度的圆环控件，其控制事件可在以下两个函数中完成调用：

```
CircleSeekBarX.OnSeekBarChangeListener.onChangedFinish()
CircleSeekBarY.OnSeekBarChangeListener.onChangedFinish()
```

2. 结果描述

(1) 在主界面 Job2Activity.java 中，用户能够基于 Android 端实时控制路灯开/关状态。

(2) 在设置界面 Job2Activity.java 中，用户能够基于 Android 端手动控制舵机 I 和舵机 II 角度值，并实时刷新 UI 界面。

3. 任务七程序逻辑流程图

任务七程序逻辑流程图如图 3.27 所示。

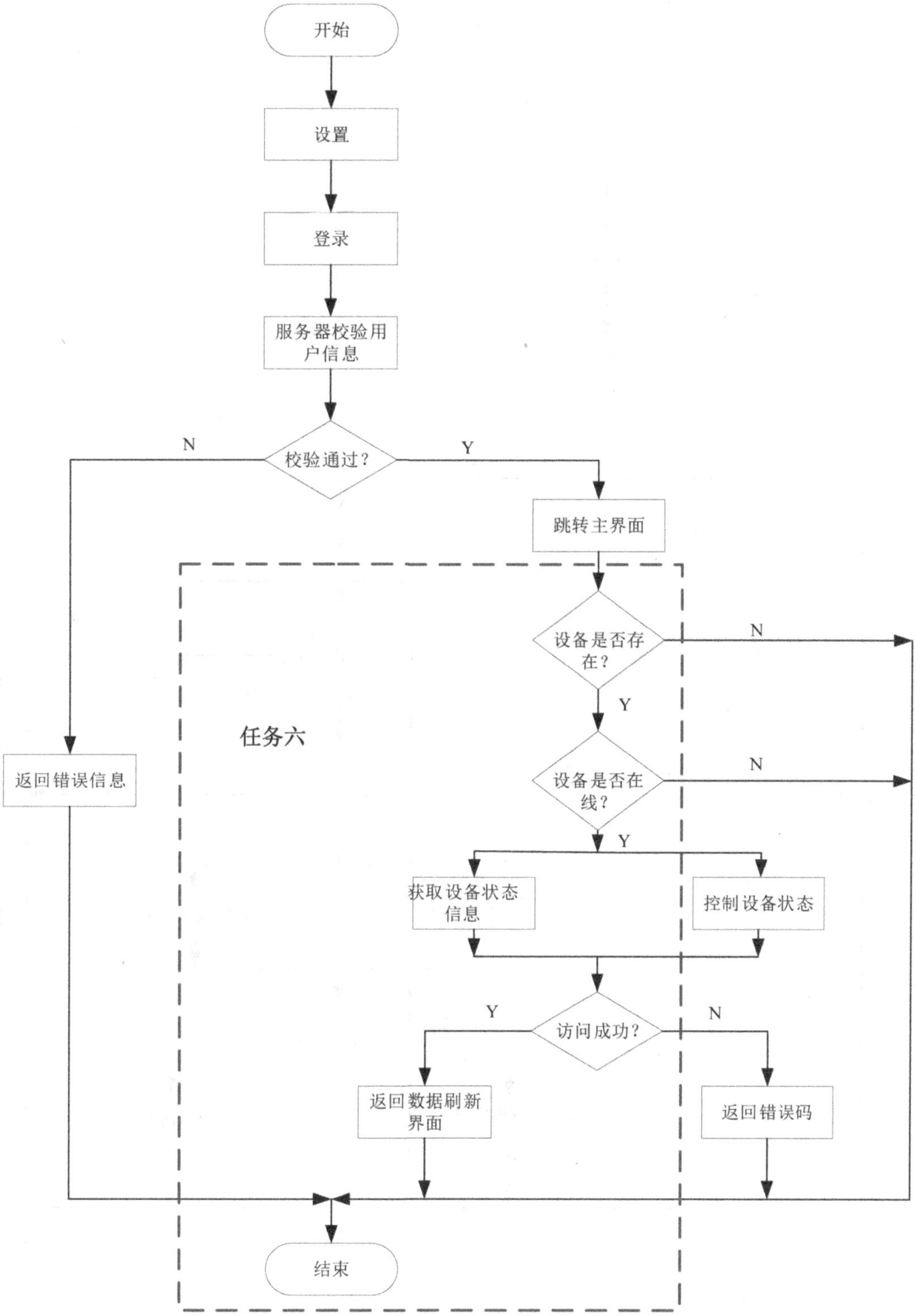

图 3.26　任务六程序逻辑流程图

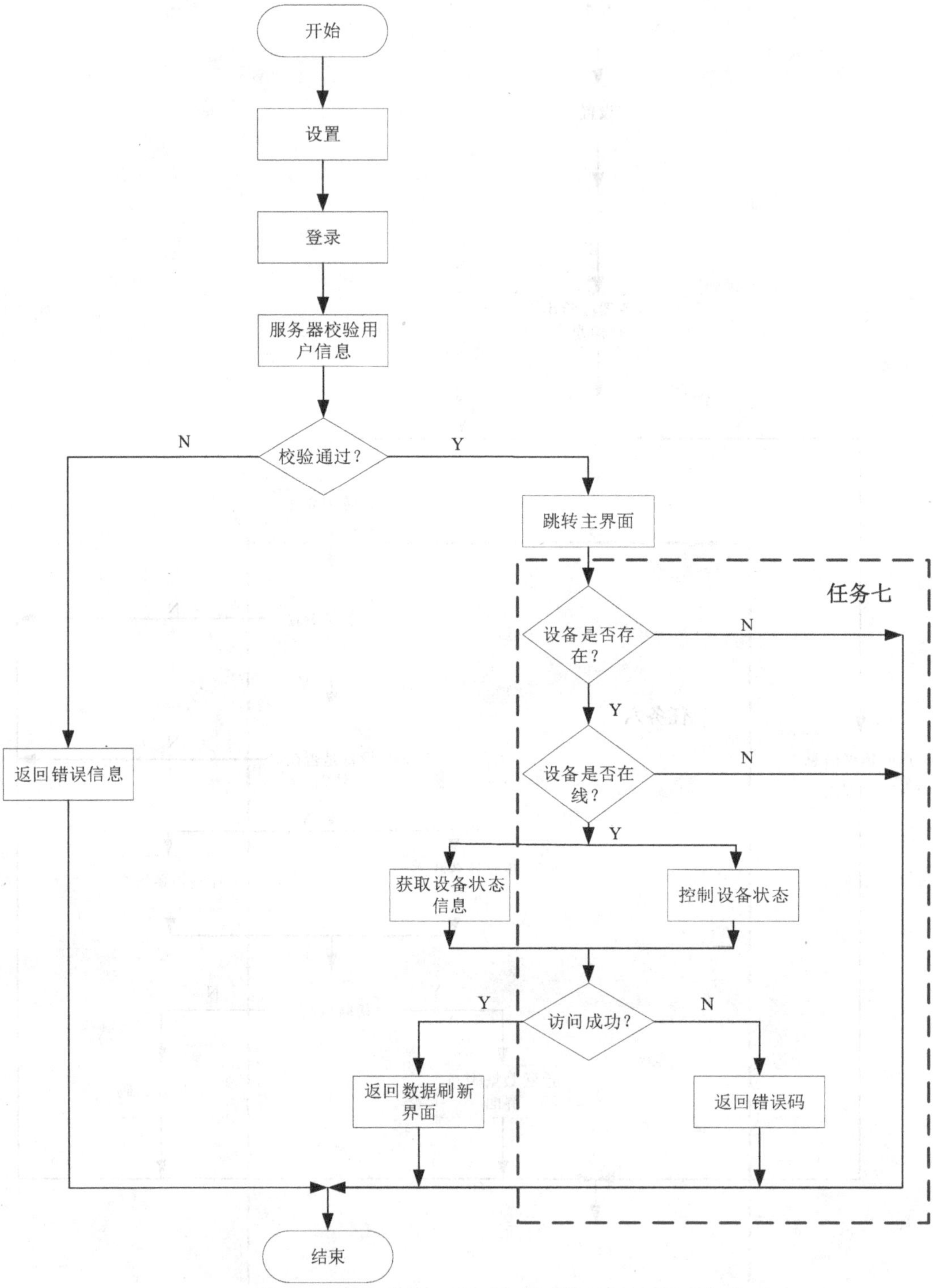

图 3.27　任务七程序逻辑流程图

函数说明以及新大陆物联网云平台 API 接口说明如下。

(1) displayAngleXText(double value)：基于舵机 I 的角度值，更新显示舵机 I 的 UI 状态。

(2) displayAngleYText(double value)：基于舵机 II 的角度值，更新显示舵机 II 的 UI 状态。

(3) displayBrightness(int value)：基于光照强度值，更新显示光照强度的 UI 状态。

(4) displayLampStatus(int control)：基于路灯状态，更新显示路灯的 UI 状态。

(5) 新大陆物联网云平台 API 接口可登录以下网址查询：http://www.nlecloud.com/doc/api。

3.4 课题参考评价标准

实训成绩评定表(百分制)

设计项目	内 容	得 分	备 注
平时表现	工作态度、遵守纪律、独立完成设计任务		5 分
	独立查阅文献、收集资料、制订项目设计方案和日程安排		5 分
设计报告	电路设计、程序设计		10 分
	测试方案及条件、测试结果完整性、测试结果分析		5 分
	摘要、设计报告正文的结构、图表规范性		10 分
仿真与系统调试	按照设计任务要求的功能仿真		10 分
	按照设计任务要求在 NEWLab 正确连线		10 分
	按照设计任务要求实现的功能		10 分
	设计任务工作量、难度		10 分
	设计创新		10 分
实训项目答辩	学生采用 PPT 对所设计任务进行讲解，指导老师提问，学生答辩		15 分
综合成绩评定	指导教师签名：		

3.5 课 题 拓 展

由于实验平台限制，太阳能电池板电量检测及电量存储等功能未能在课题中体现，学生可以根据自己的兴趣进行功能拓展。拓展功能如下。

(1) 拓展电池板电量检测功能。太阳能电池板产生的微弱电压信号通过 AD 转换结束后，将太阳能产生的电压值在 LCD 中显示。单晶硅太阳能电池板发电功率为 5V/110mA。

(2) 太阳能电池板光照强度可以根据电池板接收电能的多少判定(可替代本课题的光照度传感器)。

(3) 设计锂电池充电管理电路，把太阳能电池板接收的电能存储到锂电池(自行采购)中，模拟夜晚或者光线不足时点亮 LED 灯(模拟路灯)。

3.6 课题资源包

为方便学生及时查阅与课题有关的参考资料，本书提供了该课题资源包。课题资源包索引如图 3.28 所示。学生实战演练课题时，可根据资源包索引查阅相关资料。

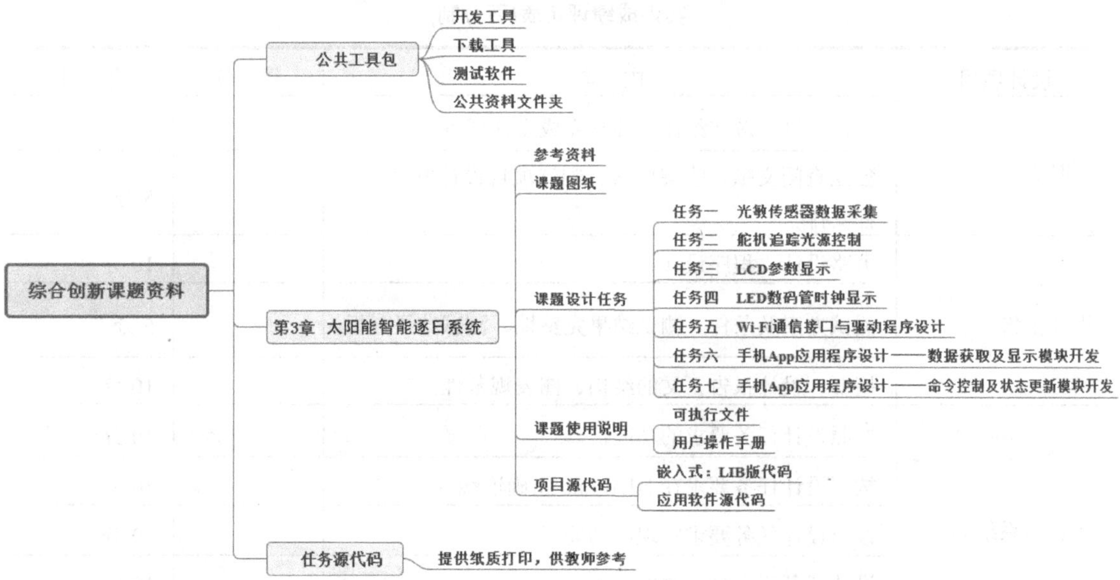

图 3.28 课题资源包索引

(扫一扫，获取精美课件及相关课题资源)

第 4 章 智能排队机

【课题概要】

智能排队机简称排队机。排队机是广泛应用于银行、医院以及政府审批大厅等窗口处的一种自主服务设备。长期以来人们在服务大厅办理各项服务业务，排队等候人数过多，造成前拥后挤的现象，有时排队会在一小时以上甚至更久，给办理业务的顾客带来了极大的不便。智能排队机是为改善服务质量、树立良好形象、创造人性化服务环境，有效解决客户在办理业务中所遇到的排队、等候、拥挤和混乱等现象，真正为创造舒适、公平、友好的等候环境而提供的服务终端。

课题依据真实的市场应用，依托嵌入式系统、计算机科学与技术、通信网络、多媒体等技术，有助于提高在校师生科研、教学的实践与创新能力，为今后从事相关的研发工作打下坚实的基础。

智能排队机定位于本科院校以及高等职业院校的教学、综合实验、创新科研、课程设计、创客教育、竞赛培训、综合技能培训等领域，配合 NEWLab 基础教学设备，形成课堂内外有益的补充。课题主要涉及 RFID 射频技术、嵌入式系统开发、语音处理、数据无线收发、Wi-Fi 通信技术、云服务器数据实时传输、手机 App 远程控制软件开发、PC 管理程序开发等专业知识点。

【课题难度】

★★★★★

4.1 课题描述

智能排队机已广泛应用于政府、金融、医院、邮政、通信、工商、税务、保险、交通等领域，可减少人们在服务大厅排队等候的时间。

智能排队机作为典型的物联网应用案例，包含感知技术、无线通信技术、嵌入式应用技术等知识点，能综合考查学生对所学专业知识的综合应用能力。

智能排队机的基本原理是在取号环节采用磁条卡刷卡取号，多张磁条卡刷卡后，后台记录卡号的先后顺序。待柜台端处理完毕后，由柜员按键，系统按顺序选择下一个卡号号码，系统将柜台信息无线传输至叫号机，叫号机根据文字信息，自动翻译成语音提示客户。系统设计分为前端和后端两部分。前端主要是嵌入式系统终端集成，面向客户；后端主要是后台控制，用于实现云平台数据传输及数据处理。

课题融合了应用电子技术、嵌入式技术、计算机应用技术、物联网应用技术，贴近市场实际应用，具有典型的代表性，能加强学生综合应用知识的能力与创新能力的培养。课题可应用于物联网综合实训、嵌入式开发综合课程设计、创新创客教育、毕业设计、校内学科竞赛等教学环节。实践教学过程中，指导老师可根据学生的专业特点，侧重选择某个知识面进行实战演练。

4.2 课题分析

4.2.1 智能排队机硬件设计方案

1. 智能排队机硬件总体方案设计

智能排队机课题采用 STM32 作为主控芯片，系统主要包括 Cortex M3 核心模块、LF 射频模块、有线/无线收发模块、LCD 参数显示模块、LED 参数显示模块、Wi-Fi 通信模块、语音播报模块、PC 端后台管理模块、手机客户端等。智能排队机硬件总体框图如图 4.1 所示。

2. 智能排队机硬件拓扑结构图

智能排队机硬件拓扑结构如图 4.2 所示。

3. 智能排队机硬件接线示意图

智能排队机硬件接线示意如图 4.3 所示。

4. 智能排队机模块与 M3 引脚连接定义

(1) 键盘与 M3 引脚连接说明如表 4.1 所示。

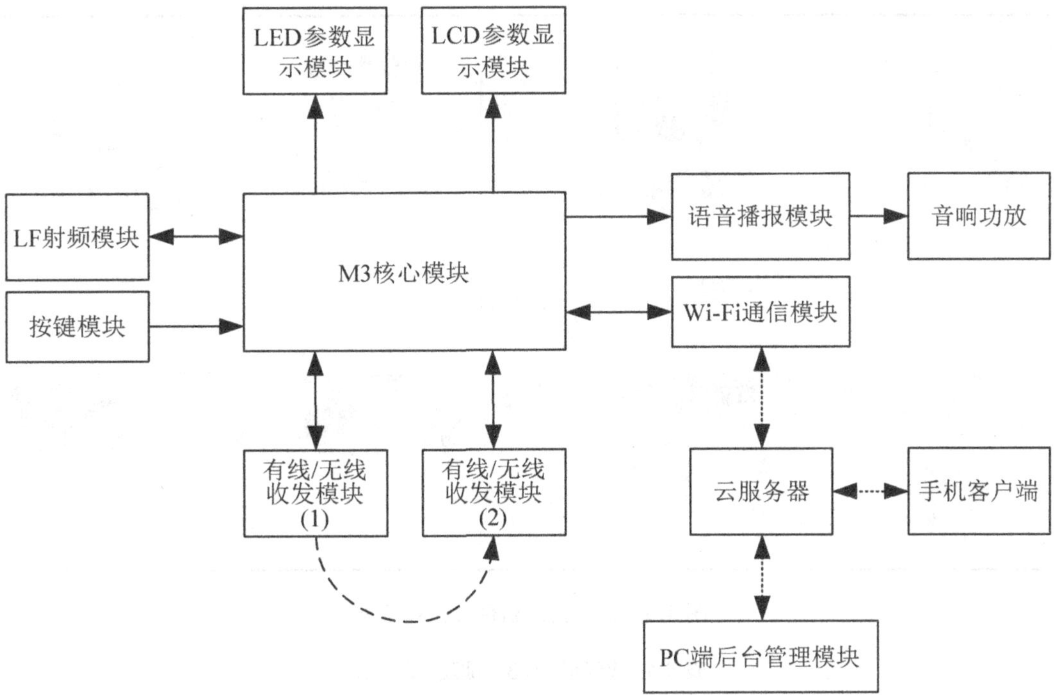

图 4.1　智能排队机硬件总体框图

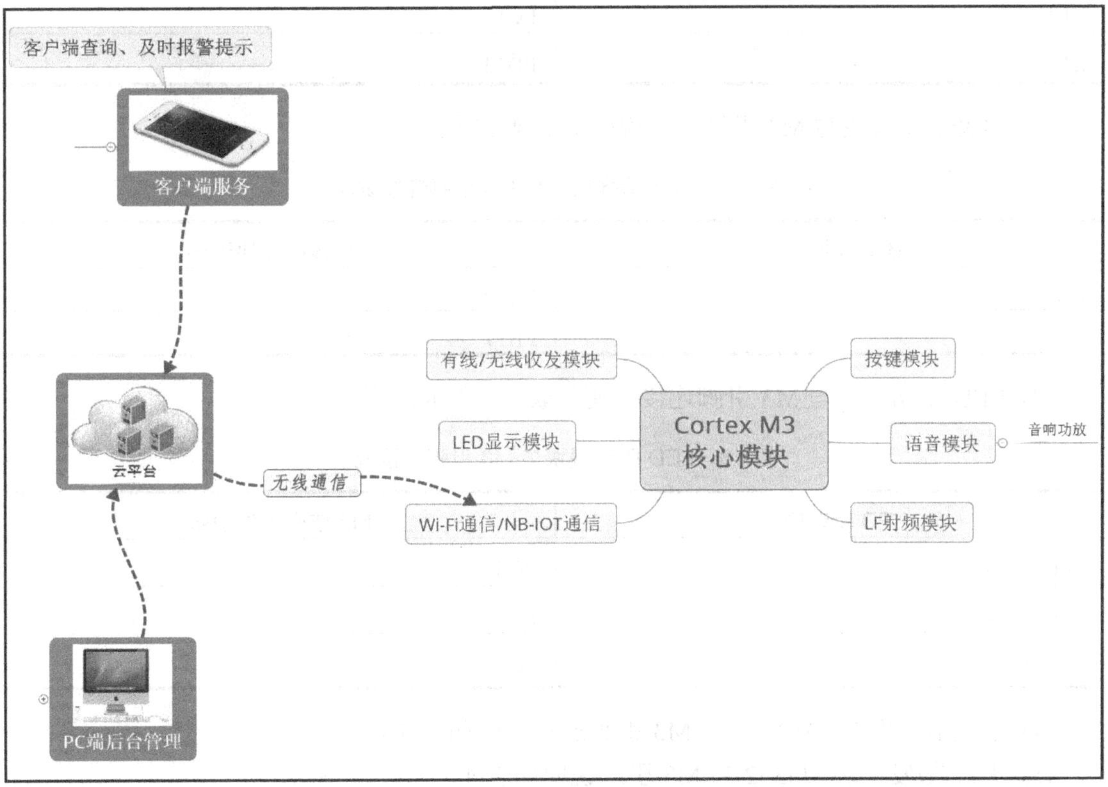

图 4.2　智能排队机硬件拓扑结构

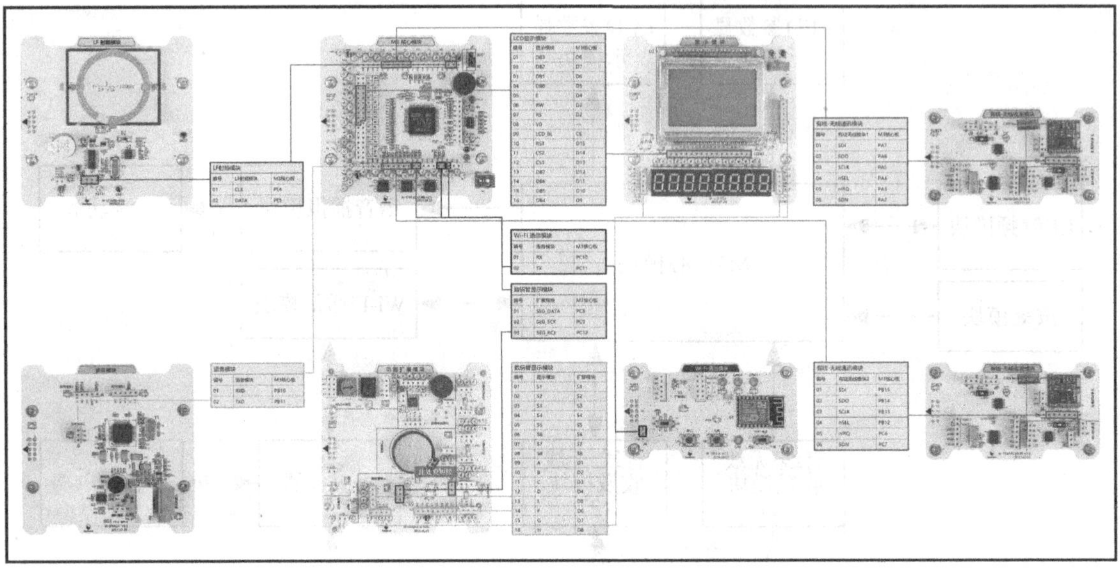

图 4.3　智能排队机硬件接线示意

表 4.1　键盘与 M3 引脚连接说明

按　键	M3 核心模块引脚
KEY_1	PC13
KEY_2	PD13

(2) 语音播报模块与 M3 引脚连接说明如表 4.2 所示。

表 4.2　语音播报模块与 M3 引脚连接说明

语音播报模块	M3 核心模块引脚
RX	PB10
TX	PB11

(3) LED 驱动模块与 M3 引脚连接说明如表 4.3 所示。

表 4.3　LED 驱动模块与 M3 引脚连接说明

LED 驱动模块	M3 核心模块引脚
SEG_DATA	PC8
SEG_SCK	PC9
SEG_RCK	PC12

(4) 液晶显示屏 LCD12864 与 M3 引脚连接说明如表 4.4 所示。

(5) 无线收/发模块 SI4332 与 M3 引脚说明如表 4.5、表 4.6 所示。

表 4.4 液晶显示屏 LCD12864 与 M3 引脚连接说明

LCD12864 引脚名称	M3 引脚	备 注
LCD_BL	CS/PD7	液晶背景光控制，低电平有效
RST	D15/PD10	液晶屏复位信号
CS2	D14/PD9	液晶屏片选信号 1
CS1	D13/PD8	液晶屏片选信号 2
DB7	D12/PE15	液晶屏数据线
DB6	D11/PE14	液晶屏数据线
DB5	D10/PE13	液晶屏数据线
DB4	D9/PE12	液晶屏数据线
DB3	D8/PE11	液晶屏数据线
DB2	D7/PE10	液晶屏数据线
DB1	D6/PE9	液晶屏数据线
DB0	D5/PE8	液晶屏数据线
EN	D4/PE7	液晶屏使能信号
RW	D3/PD1	液晶屏读写信号
RS	D2/PD0	液晶屏寄存器选择
VO	—	液晶屏对比度调节

表 4.5 1#无线收/发模块与 M3 引脚连接说明

1#无线收/发模块(发送)	M3 核心模块引脚
SDO	PA6
SDI	PA7
SCLK	PA5
nSEL	PA4
nIRQ	PA3
SDN	PA2

表 4.6 2#无线收/发模块与 M3 引脚连接说明

2#无线收/发模块(接收)	M3 核心模块引脚
SDO	PB14
SDI	PB15
SCLK	PB13
nSEL	PB12
nIRQ	PC6
SDN	PC7

(6) Wi-Fi 通信模块与 M3 引脚连接说明如表 4.7 所示。

表 4.7　Wi-Fi 通信模块与 M3 引脚连接说明

Wi-Fi 模块	M3 核心模块引脚
RX	PC10
TX	PC11

(7) LF 射频模块与 M3 引脚连接说明如表 4.8 所示。

表 4.8　LF 射频模块与 M3 引脚连接说明

LF 射频模块	M3 核心模块引脚
CLK	PE4
DATA	PE5

4.2.2　智能排队机软件设计方案

1. 智能排队实现的功能概述

1) 取号功能

该功能供顾客拿取排队号票。智能排队机取号采用低频卡(LF)模拟，目前排队机取号已经摒弃了传统的磁条卡，而是采用具有安全性能的 RFID 卡。取号时，通过刷低频卡(LF)自动启动排号。刷卡后，智能排队机将自动记录 RFID 卡 ID 号，ID 号作为后台语音播放叫号的载体。

2) 手机 App 预警提醒功能

为了不影响客户办理其他非柜台等业务，当客户获得排队等待时间过长的信息提醒后，可以先外出去办理其他业务。客户外出办理其他业务时，可通过手机 App 实时查询当前柜台办理业务进度及等待的时间。当前方排队人数不足 5 人时，智能排队机自动预警提醒当事人，及时赶到业务办理网点，避免已取得的票号过期作废。

3) PC 端预警提醒功能

PC 端能够实现如下功能。

- 实现登录功能，可登录至云平台。
- 登录成功后，可查看当前排队人数以及相应的等待时间。
- 提醒业务办理客户及时到达现场等待办理业务。

4) 语音播报功能

智能排队机经客户刷卡获得卡号信息，通过语音模块及音箱语音播报该卡号信息。

5) LCD 液晶显示屏、LED 数码管显示信息

LCD12864 液晶显示屏显示当前操作的卡片序号、等待人数等信息。

LED 数码管显示当前正在处理的排队序号信息。该信息通过无线通信模块(433MHz)实现数据传输。模拟现实场景中，这部分信息的传输不需要专门布线，直接通过无线传输数据。这样的优点是电子显示屏可以在网点任意位置布置，不需要在网点大厅内专门布线，极大地简化了布线施工的工程量，而且节省了安装成本，同时也能充分体现科技含量，即用最小的代价满足最大的任务要求。

6) 凭条打印功能

智能排队机可通过热敏打印机打印出排队小票。NEWLab 实验平台提供了热敏打印机模块，学生可根据实训实际情况自主完成该功能。

2. 智能排队机逻辑操作概述

1) 刷卡逻辑操作

系统初始化时，默认为“读卡模式”。系统连接云平台，当按 KEY1 按键时，系统进入“写卡模式”；当再按一次 KEY1 按键时，系统退出“写卡模式”，并进入“读卡模式”。此时如果卡片已被注册，刷卡时排队人数将自动增加；如果卡片未经系统注册，则系统会提示“无效卡”，即视该卡为无效卡，系统不予识别和处理。“读卡模式”“写卡模式”“无效卡”均有语音播报提示。

2) 显示控制逻辑操作

系统通电后，可显示新大陆 Logo 图片以及“智能排队机”字符，用以提示系统初始化完成。系统在“读卡模式”状态，能显示当前卡片 ID 号、当前排队等待人数等信息。

3) 添加卡片逻辑操作

将 RFID 卡置于 NEWLab 实验平台“刷卡器”上方，按 KEY1 键，进入“写卡模式”。当系统语音提示“刷卡成功”时，说明系统已完成该卡片注册。注意：在此期间禁止移动卡片。

4) 数据无线传输逻辑操作

按 KEY2 键时，系统自动通过无线模块转发剩余办理业务人数信息，同时触发语音叫号功能，语音播报按顺序通知下一位客户到柜台办理业务。

5) 手机 App 及 PC 端逻辑操作

用户可以通过手机 App 以及 PC 端查询客户排队信息。

3. 智能排队机程序设计

智能排队机系统程序设计分为嵌入式底层程序设计、手机 App 程序设计、PC 端后台管理软件开发三部分。

1) 智能排队机嵌入式底层程序设计

根据系统功能要求，智能排队机嵌入式底层程序流程图如图 4.4 所示。

2) 智能排队机手机 App 程序设计

智能排队机整体架构可分为应用层、云平台层和硬件层。智能排队机系统整体架构如图 4.5 所示。

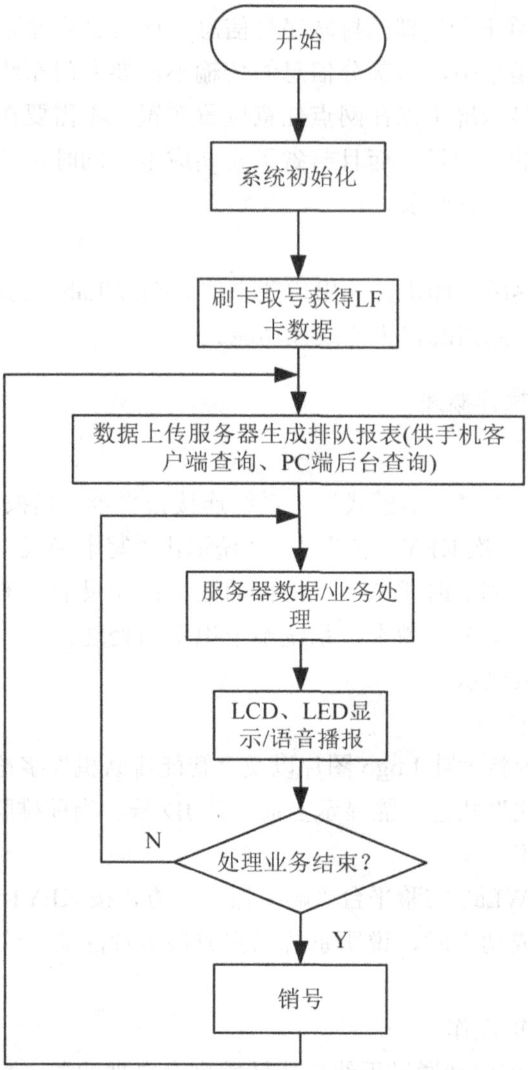

图 4.4　智能排队机嵌入式底层程序流程图

- 应用层：可开发 Android 应用及 PC 端应用，提供系统状态信息的展示及用户操作界面等功能。
- 云平台层：为应用层提供 SDK 及 API 接口，支持 Android、C#等语言平台。
- 硬件层：可添加各种设备，如传感器、执行器等物联网设备硬件。

Android 应用端，除提供基本信息配置功能之外，还能获取远程 LF 射频状态信息，并控制远程执行器。Android 应用端架构如图 4.6 所示。

手机 App 业务流程如图 4.7 所示。

3) 智能排队机 PC 端程序设计

PC 应用端的功能是实现云平台登录及对设备的操作(获取设备信息、控制设备等)。PC 端程序一层架构如图 4.8 所示。

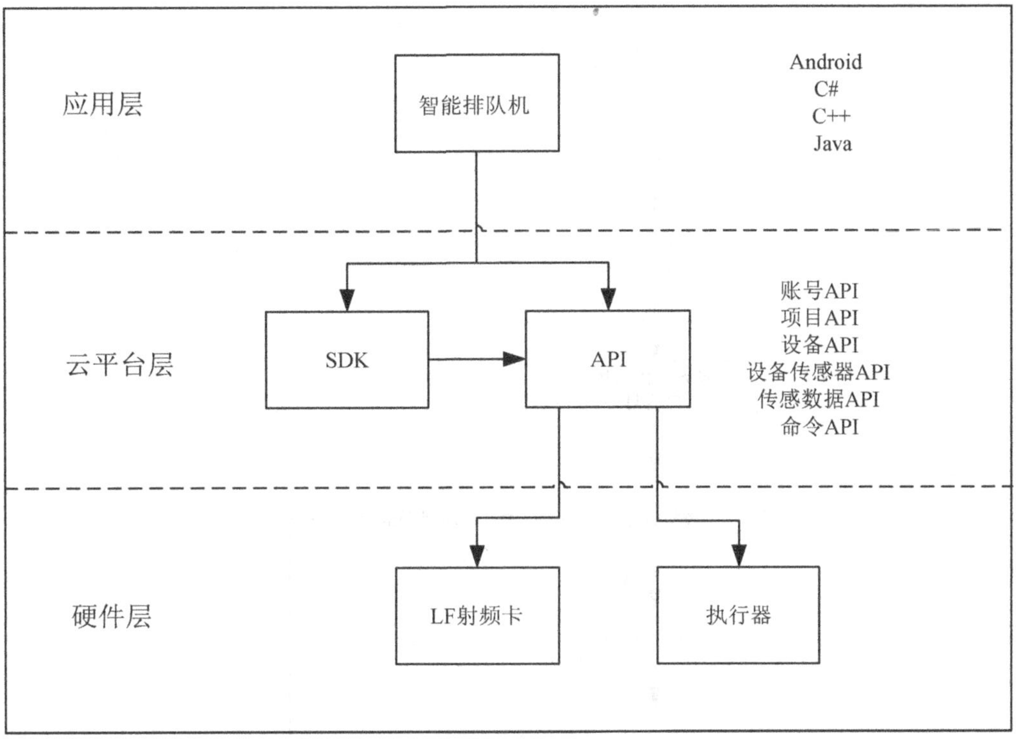

图 4.5　智能排队机系统整体架构

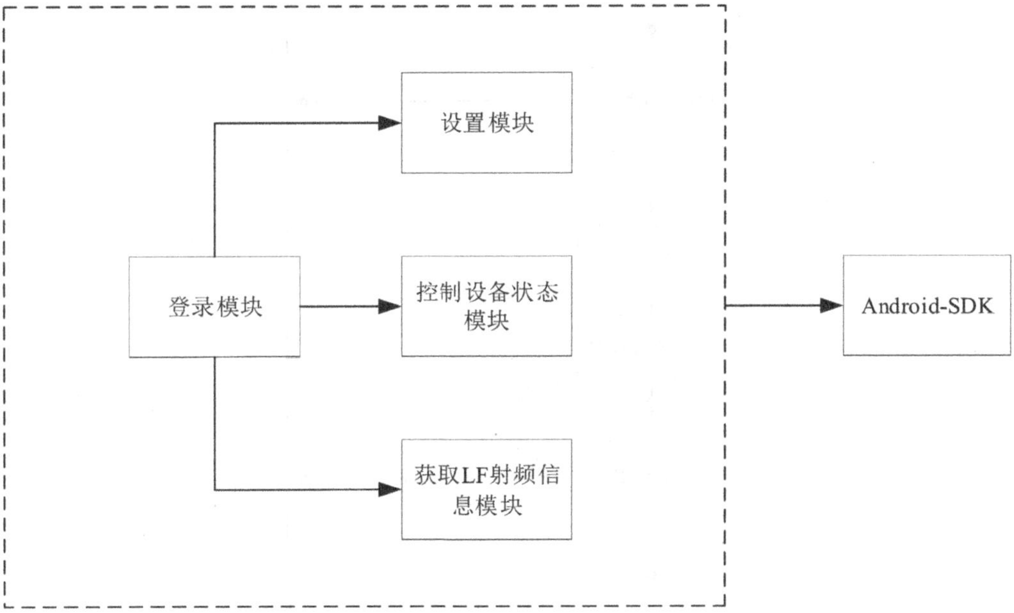

图 4.6　Android 应用端架构

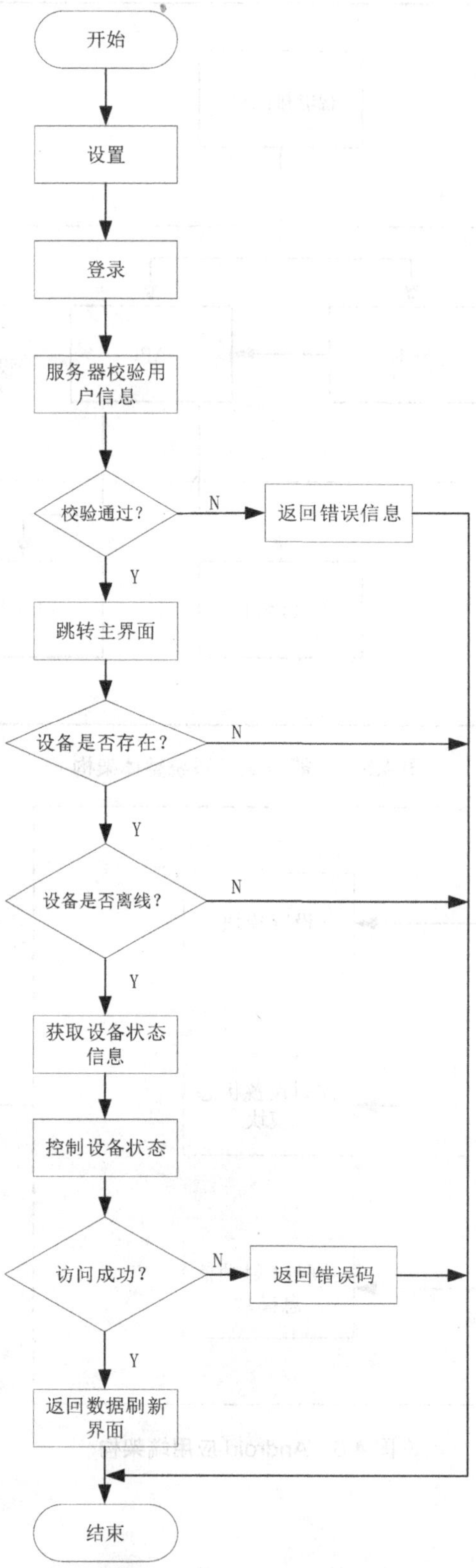

图 4.7　手机 App 业务流程

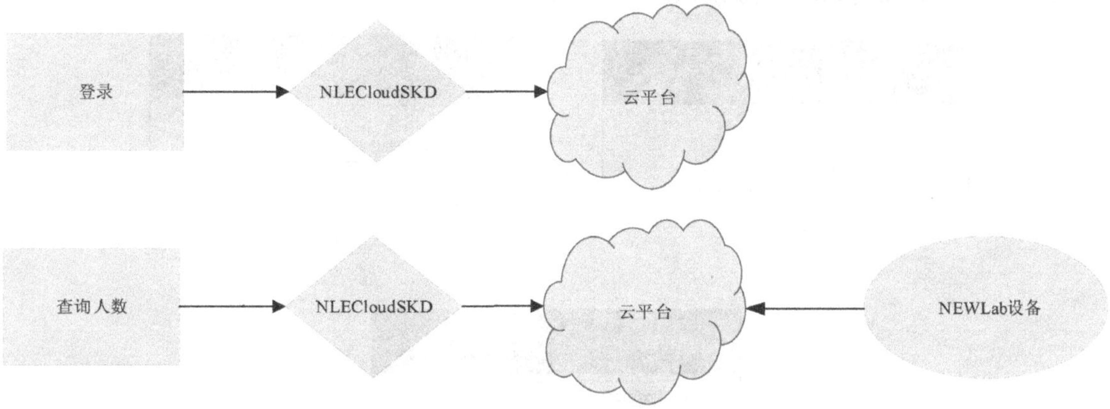

图 4.8　PC 端程序一层架构

PC 端程序源码包含两个部分，即开发者源码及平台提供的 SDK 源码。开发者在开发过程中，可登录云平台下载对应的 SDK 包，并集成到项目中。项目源码结构如图 4.9 所示。

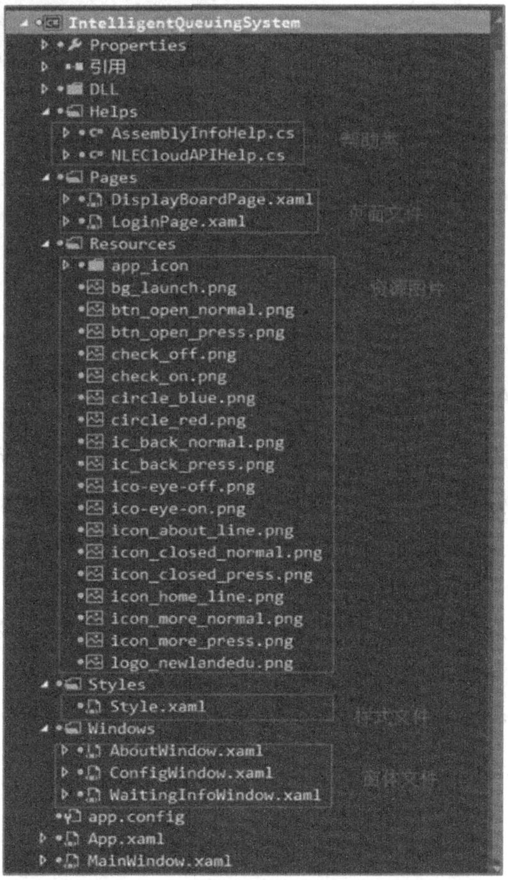

图 4.9　项目源码结构

PC 端程序界面类如图 4.10 所示。

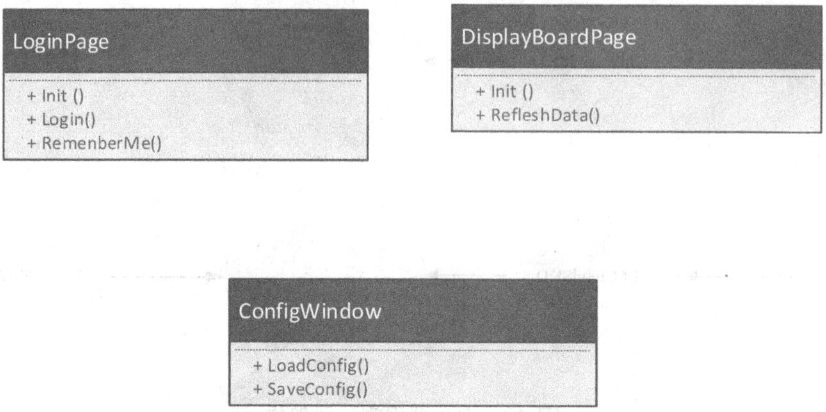

图 4.10　PC 端程序界面类

PC 端程序帮助类如图 4.11 所示。

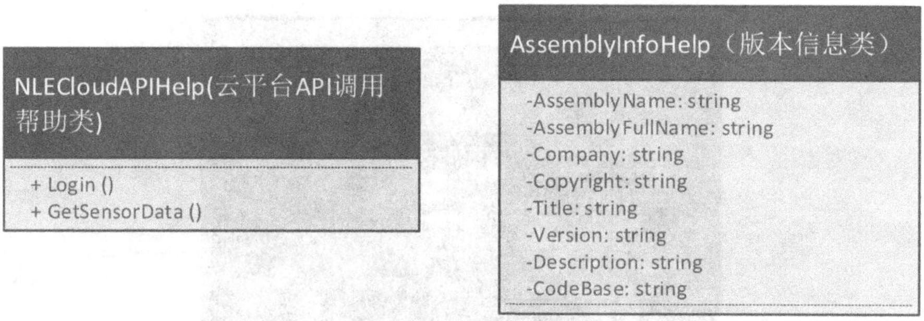

图 4.11　PC 端程序帮助类

4. 智能排队机手机 App 界面设计

(1) 手机 App 安装成功后，用户可直接点击应用图标运行该应用。

(2) 用户点击应用图标后，进入欢迎界面。欢迎界面如图 4.12 所示。

(3) 在欢迎界面，点击“开启应用”按钮进入登录界面。登录界面如图 4.13 所示。说明：账户信息为用户在云平台已注册的账户信息。

(4) 在登录界面中，点击右上角“:”按钮，进入设置界面。设置弹框界面如图 4.14 所示，设置参数界面如图 4.15 所示。

说明：在设置界面中，应用提供配置信息如下。

- IP 地址：api.nlecloud.com。
- 端口号：80。
- 设备 ID：用户在云平台上注册后，自身构建项目的设备信息。
- 人均等待时间差/min：默认值为 10min。使用者可以根据实际情况自行设置。
- 排队人数提醒阈值/人：默认值为 5 人，使用者可以根据实际情况自行设置。

备注：设备 ID 和传感器标识必须与自己在云平台上构建的项目信息相一致。

图 4.12　欢迎界面

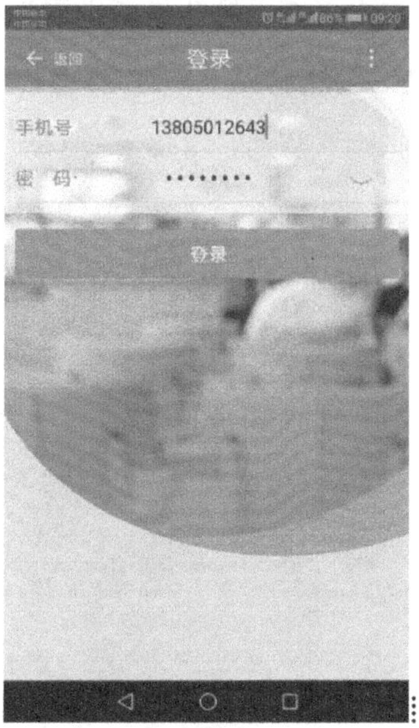

图 4.13　登录界面

图 4.14　设置弹框界面

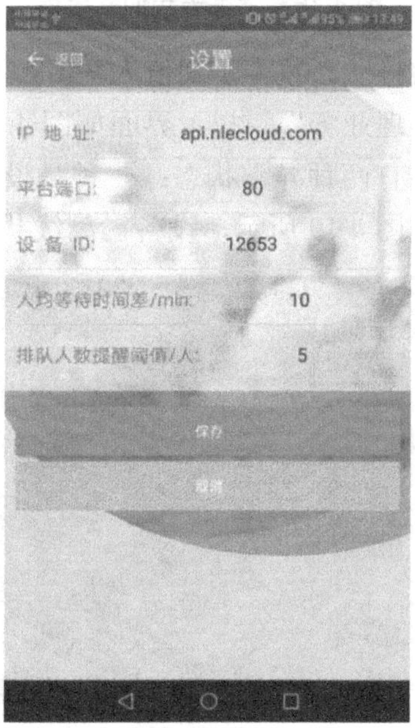

图 4.15　设置参数界面

(5) 在登录界面中，点击右上角“⋮”按钮，进入“关于我们”界面，该栏目主要介绍了版本信息及新大陆教育公司相关信息。“关于我们”界面如图 4.16 所示。

(6) 系统登录成功后，进入应用主界面，如图 4.17 所示。

应用主界面说明如下。

- 显示当前排队人数以及排队预计等待时间(可设置 5s 触发一次自动查询)。

- 点击“查看排队最新进展”按钮，即触发查询当前排队信息。

图 4.16 “关于我们”界面

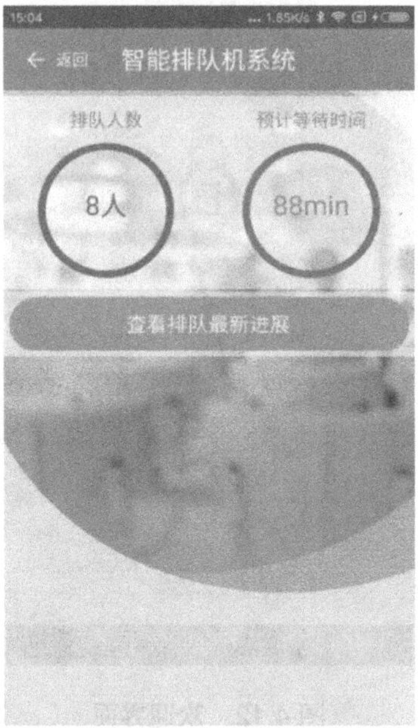

图 4.17 应用主界面

当前排队人数少于阈值人数时，Android 端弹框提示用户“前面仅剩 X 人，请立即到现场等候办理业务”。提示界面如图 4.18 所示。

设备有两种异常状态：一种是设备不存在状态，另一种是设备已离线状态。设备不存在状态如图 4.19 所示，设备已离线状态如图 4.20 所示。

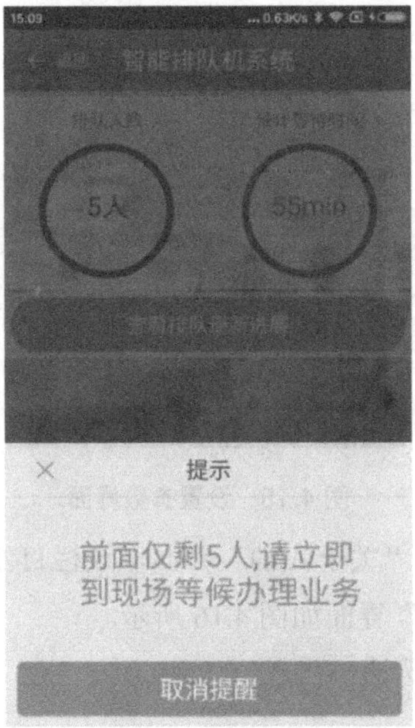

图 4.18 提示界面

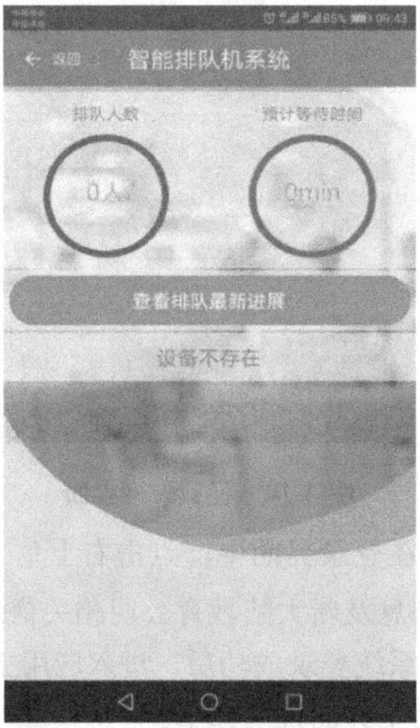

图 4.19 设备不存在状态界面

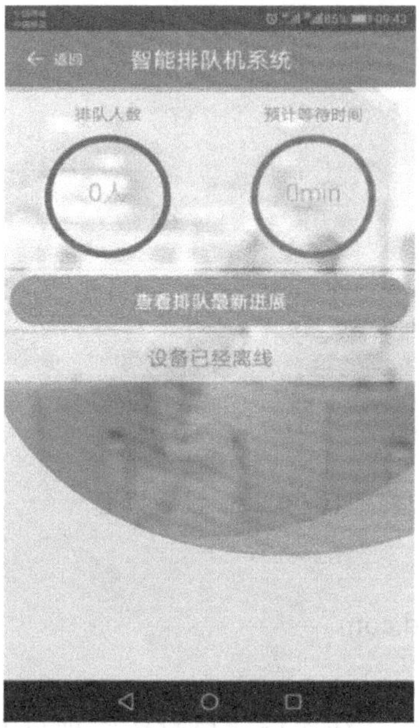

图 4.20　设备已离线状态界面

5. 智能排队机 PC 端程序界面设计

1) 登录界面设计

启动 PC 端应用，进入登录界面，如图 4.21 所示。

输入账号、密码即可登录云平台。如果没有注册云平台账号，可以先点击登录界面“注册云平台账号”按钮进行注册。注册结束后输入已注册账号、密码即可登录云平台。

图 4.21　登录界面

2) 设置界面设计

设置界面如图 4.22 所示。

图 4.22 设置界面

设置界面说明如下。

- 服务地址：api.nlecloud.com。
- 服务端口：80。
- 设备 ID：用户在云平台上注册后，自身构建项目的设备信息。
- 平均等待时间：每个用户办理业务平均等待时间。
- 排队人数提醒阈值：等待人数小于等于该值时，提醒用户准备办理业务。

3) 主界面设计

在登录界面，输入账户和登录密码，点击“登录”按钮进入主界面，如图 4.23 所示。主界面说明如下。

- 排队人数：当前等待办理业务的人数。
- 预计等待时间：预计需要等待的时间。
- 叫号提示：准备办理业务提醒。

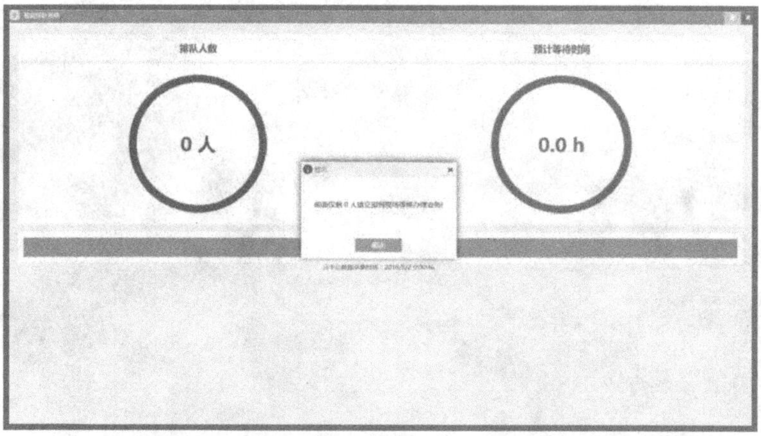

图 4.23 主界面

4) “关于我们”界面设计

点击“关于我们”按钮，进入“关于我们”界面。“关于我们”按钮如图 4.24 所示，“关于我们”主界面如图 4.25 所示。

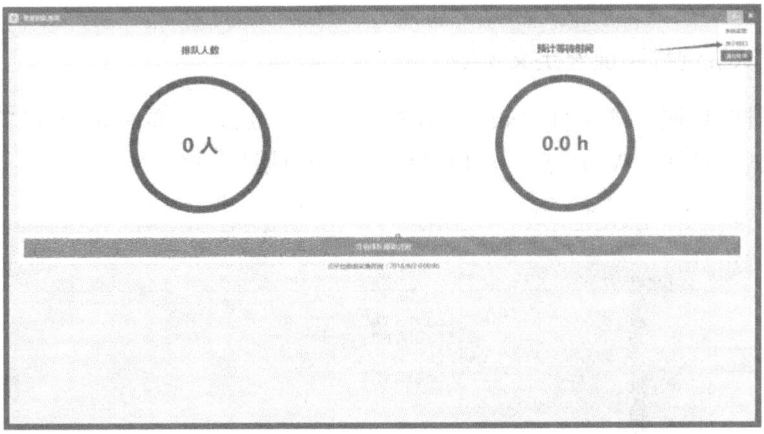

图 4.24 “关于我们”按钮

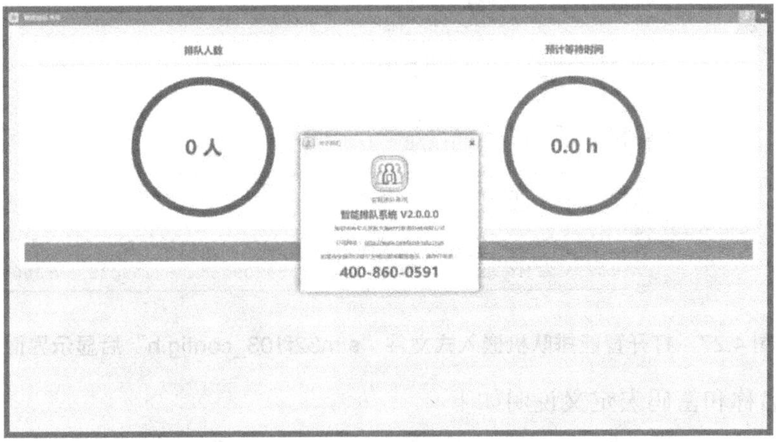

图 4.25 “关于我们”主界面

5) 退出登录界面设计

点击“退出登录”按钮，系统将退出主界面返回登录界面。“退出登录”按钮如图 4.26 所示。

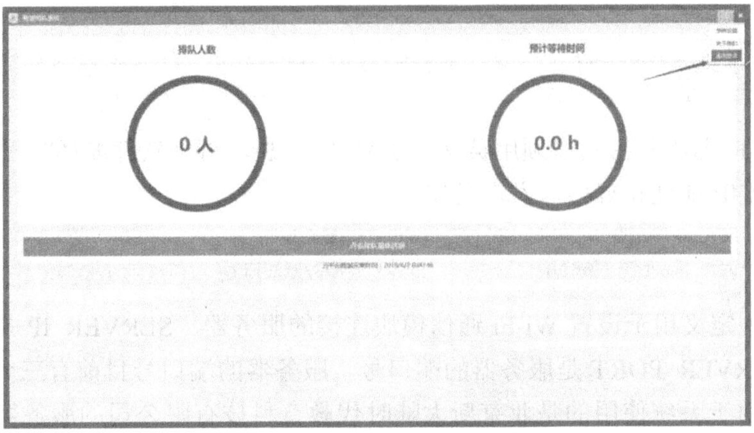

图 4.26 “退出登录”按钮

6. 智能排队机例程关键宏定义说明

打开智能排队机嵌入式文件“stm32f103_config.h”后显示界面如图 4.27 所示。在该界面设置 Wi-Fi 热点名称、Wi-Fi 密码，以及服务器 IP 地址、端口号。

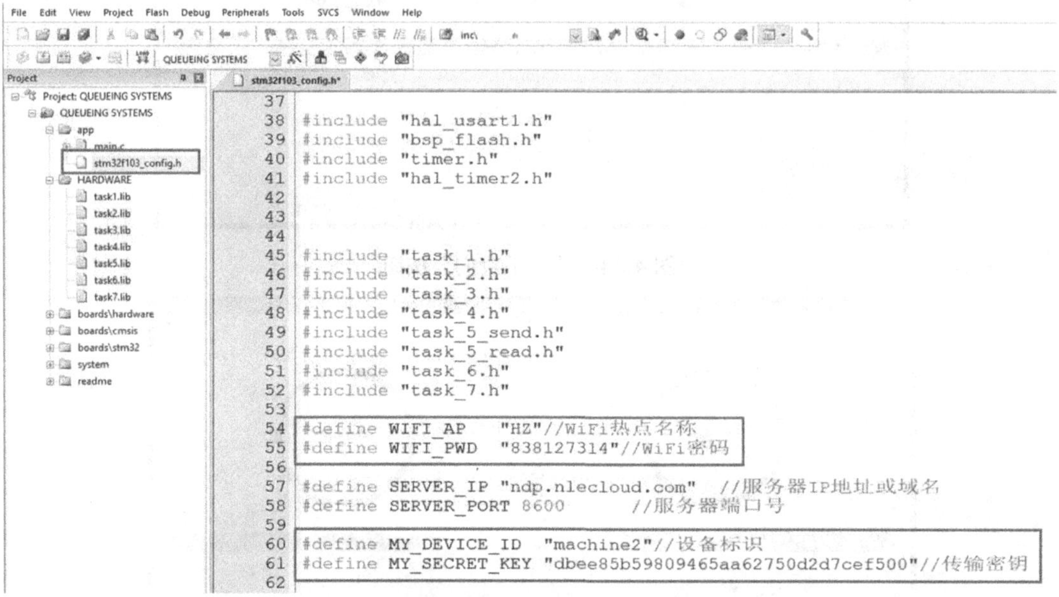

图 4.27　打开智能排队机嵌入式文件“stm32f103_config.h”后显示界面

(1) 热点名称和密码宏定义说明如下。

```
#define WIFI_AP         "HZ"                //Wi-Fi 热点名称
#define WIFI_PWD        "838127314"         //Wi-Fi 密码
```

解释：该宏定义用于设定与 Wi-Fi 通信模块连接的热点名称为“HZ”，密码为“838127314”。举例说明：假设某学校实验室无线路由器 Wi-Fi 名称为“NewlandEdu”，Wi-Fi 密码为“12345678”，若将智能排队机系统连接到此 Wi-Fi，那么上述宏定义必须做如下修改。

```
#define WIFI_AP         "NewlandEdu"        //Wi-Fi 名称
#define WIFI_PWD        "12345678"          //Wi-Fi 密码
```

备注：Wi-Fi 名称和密码必须用英文双引号("")包装，否则软件编译时报错。

(2) 服务器 IP 地址和端口号宏定义如下。

```
#define SERVER_IP       "ndp.nlecloud.com"  //服务器 IP 地址
#define SERVER_PORT     8600                //服务器端口号
```

解释：该宏定义用于设置 Wi-Fi 通信模块连接的服务器。SERVER_IP 是服务器的地址或域名，而 SERVER_PORT 是服务器的端口号。服务器的端口号目前有三个可选：8600、8700、8800，由于系统使用的是北京新大陆时代教育科技有限公司的服务器，这里用户无须修改 IP 地址或域名，如果端口号有变更则修改端口号。特别注意：IP 地址要用英文双引号("")包装，但服务器端口号不用。

(3) 云平台相关宏定义如下。

该宏定义在编程时，必须根据实际数据进行修改。

```
#define MY_DEVICE_ID  "machine2"                              //设备标识
#define MA_SECRET_KEY "dbee85b59809465aa62750d2d7cef500"      //传输密钥
```

解释：MY_DEVICE_ID 与 MA_SECRET_KEY 宏定义值由云平台获取。这两个参数可在云平台中查询。这两个参数对于每个项目都不相同，因此用户使用时，必须修改成自己所建项目的“设备标识”和“传输密钥”。否则握手认证不成功或者会认证到其他项目中去。设备标识与传输密钥查询位置界面如图 4.28 所示。

图 4.28　设备标识与传输密钥查询位置界面

4.2.3　课题任务分解及计划学时安排

由于智能排队机系统覆盖的专业知识面较为广泛，增加了课题设计的复杂性，因此，要结合系统实现的功能，对课题设计任务进行拆分。该课题可拆分成若干个功能模块，如按键模块、LCD 液晶屏参数显示模块、LED 数码管排队信息显示模块、无线收发模块、语音播报模块、Wi-Fi 通信接口与驱动程序模块、手机 App 程序设计模块、PC 端后台管理模块等。建议每个模块单独设计调试，待各个模块功能实现之后，再根据系统总的工作流程把各个模块连接起来，并结合相应的工作时序最终实现智能排队系统的功能。

为保证学生按时完成课题设计任务，达到实战演练的目的，指导教师可根据课题总体设计任务，按系统功能将设计任务拆分成多个子任务，指导教师可根据学生专业特点分配设计子任务。智能排队机系统任务拆分及计划学时安排如表 4.9 所示。

表 4.9　智能排队机系统任务拆分及计划学时安排

项目编号	项目名称	建议计划学时
任务一	按键识别	5 学时
任务二	语音播报	10 学时
任务三	LCD 参数显示	5 学时
任务四	LED 数码管排队信息显示	5 学时
任务五	系统数据无线收/发	10 学时

续表

项目编号	项目名称	建议计划学时
任务六	Wi-Fi 通信接口与驱动程序设计	10 学时
任务七	RFID 刷卡/写卡	8 学时
任务八	手机 App 程序设计	10 学时
任务九	PC 端程序设计	10 学时

4.3 课题任务设计

4.3.1 任务一　按键识别

1. 按键识别硬件设计

系统初始化完成后，默认为“读卡模式”。当按 KEY1 键时，系统进入“写卡模式”，再按下 KEY1 键时，系统进入“读卡模式”，即按键 KEY1 可实现“读卡模式”和“写卡模式”循环切换。当系统进入“写卡模式”时，将低频卡片放置在刷卡器之下，可完成低频卡片注册。注册成功后，系统语音播报“存储成功”提示音；若注册失败，系统语音播报“存储失败”提示音。如果该卡在系统 FLASH 中已存在，系统语音播报“此卡已经存在”提示音。当按下 KEY2 键时，系统自动通过无线模块发送剩余办理业务人数信息，同时触发语音叫号，通知下一位客户到柜台办理业务。

按键 KEY1 及 KEY2 与 M3 接口电路如图 4.29 所示。

KEY1、KEY2 与 M3 引脚连接说明如下。

(1) KEY1 按键连接 M3 微处理器 PC13 引脚。

(2) KEY2 按键连接 M3 微处理器 PD13 引脚。

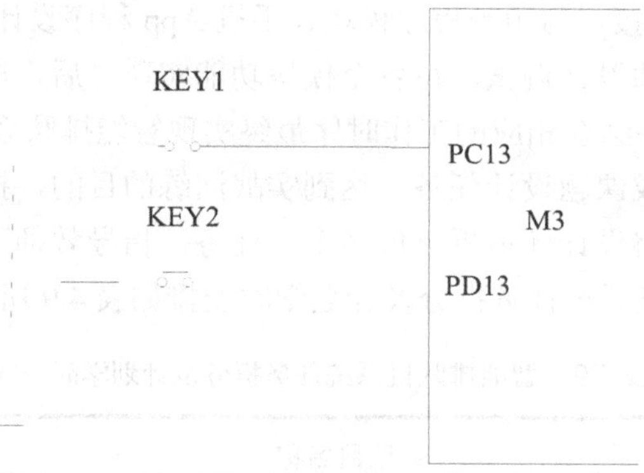

图 4.29　按键 KEY1 及 KEY2 与 M3 接口电路

2. 按键识别软件设计思路

(1) 配置 M3 微处理器 PC13 引脚与 PD13 引脚，并将其设置为上拉输入模式。

(2) 扫描按键，延时去抖，判断哪一个键按下。

(3) 若有键按下，执行相应键的功能。

按键识别软件流程图如图 4.30 所示。

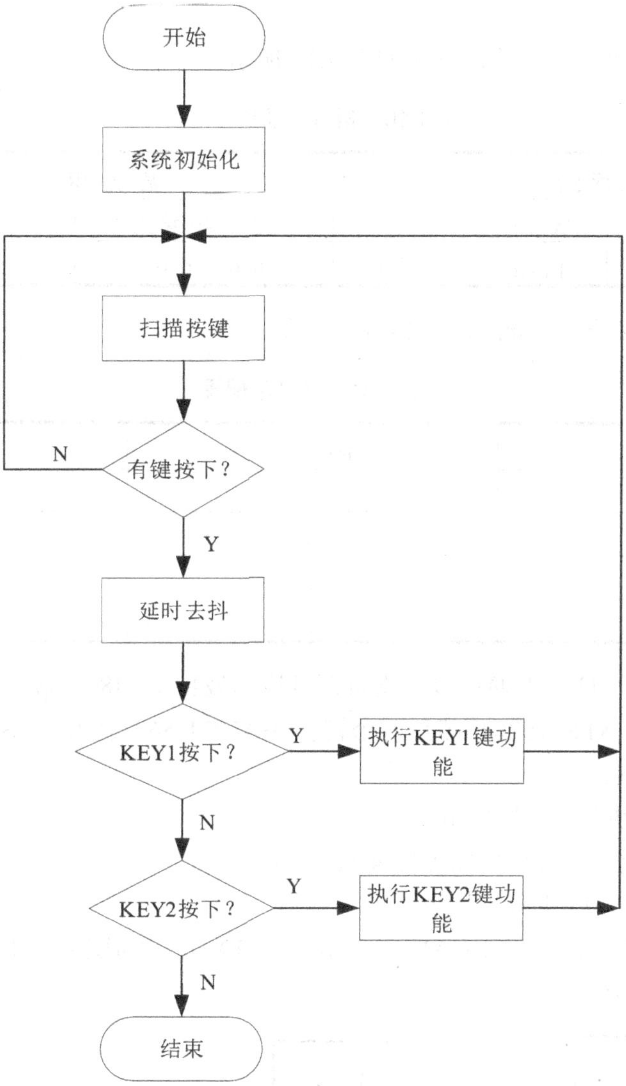

图 4.30　按键识别软件流程图

4.3.2　任务二　语音播报

1. 语音播报硬件设计

1) 语音播报模块工作原理

语音播报模块采用科大讯飞股份有限公司研制的解码编码芯片 XFS5152CE。它是一款高集成度语音合成芯片，可实现中文、英文语音合成，并集成了语音编码、解码功能，可支持用户录音和播放。除此之外，还创新性地集成了轻量级语音识别功能，支持 30 个命令词的识别，并且支持用户命令词定制。

① 通信接口：XFS5152CE 芯片支持 UART 接口、I^2C 接口、SPI 接口三种通信方式，可通过 UART 接口、I^2C 接口或 SPI 接口接收上位机发送的命令和数据，允许发送数据的最大长度为 4KB。

② 语音合成：语音合成数据格式如表 4.10 所示。

表 4.10 语音合成数据格式

帧 头	数据区长度		数 据 区		
	高字节	低字节	命令字	文本编码格式	待合成文本
0xFD	1 byte	1 byte	0x01	0x00～0x03	……

③ 波特率配置：波特率配置如表 4.11 所示。

表 4.11 波特率配置

波特率(bps)	BAUD1	BAUD2
4800	0	0
9600	0	1
57600	1	0
115200	1	1

XFS5152CE 芯片 UART 通信接口支持四种通信波特率：4800 bps、9600 bps、57600 bps、115200 bps，可通过 XFS5152CE 芯片两个管脚 BAUD1(56 引脚)、 BAUD2(55 引脚) 电平进行通信波特率配置。

2) 语音播报模块与 M3 接口电路

语音播报模块与 M3 接口电路如图 4.31 所示。

语音播报模块与 M3 引脚连接说明如下。

PB10、PB11 引脚对应串口 UART3 的 RXD、TXD，分别连接 NEWLab 实验平台语音模块 J5 插座 TXD、RXD 端。

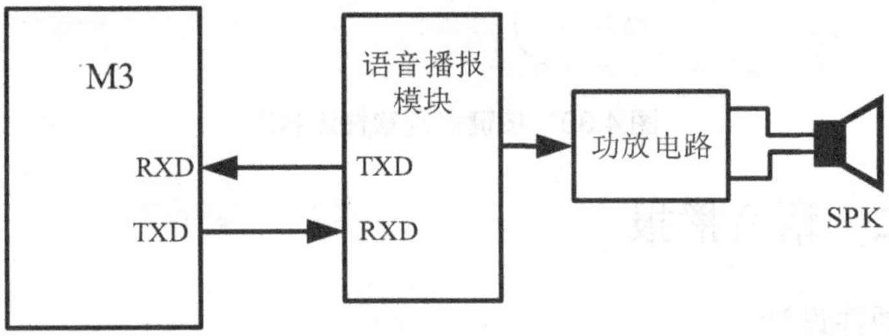

图 4.31 语音播报模块与 M3 接口电路

2. 语音播报软件设计

语音播报软件流程图如图 4.32 所示。

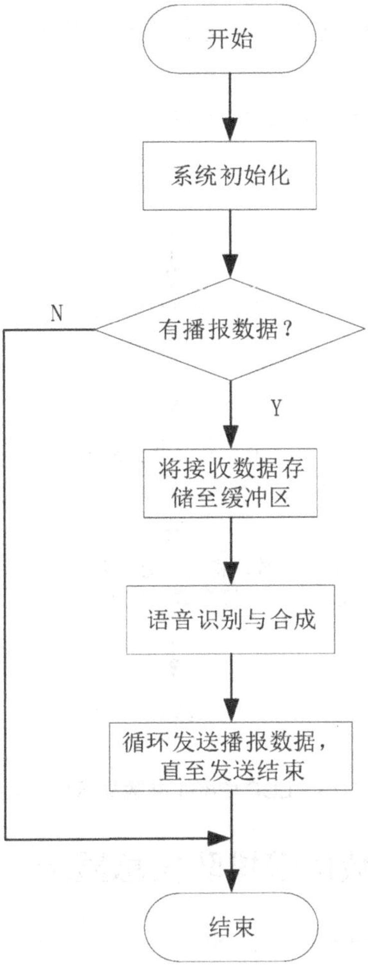

图 4.32　语音播报软件流程图

4.3.3　任务三　LCD 参数显示

1. LCD 参数显示硬件设计

系统采用液晶显示屏 CH12864 显示相关参数。系统开机显示“新大陆教育”Logo 与“智能排队机”字符，以提示系统初始化完成。当系统连接至云平台后，Logo 与字符显示消失。液晶显示屏 CH12864 显示当前排队总人数、等待人数、刷卡客户 ID_CARD 参数。因 CH12864 液晶显示屏驱动电路、LCD12864 与 M3 连接引脚定义与第 2 章任务三完全相同，为避免重复叙述，相关内容在此省略，读者可查阅相应章节。

2. LCD 参数显示软件设计思路

(1) 系统初始化。对液晶显示屏 CH12864 与 M3 连接的相关引脚进行初始化配置。

(2) 液晶显示屏 CH12864 开机可显示 Logo 及“智能排队机”字符，当连接至云平台后 Logo 及“智能排队机”字符显示结束。

(3) 编写参数显示函数。根据任务功能要求显示当前排队总人数、等待人数、客户刷卡ID_CARD 参数。

LCD12864 参数显示软件流程图如图 4.33 所示。

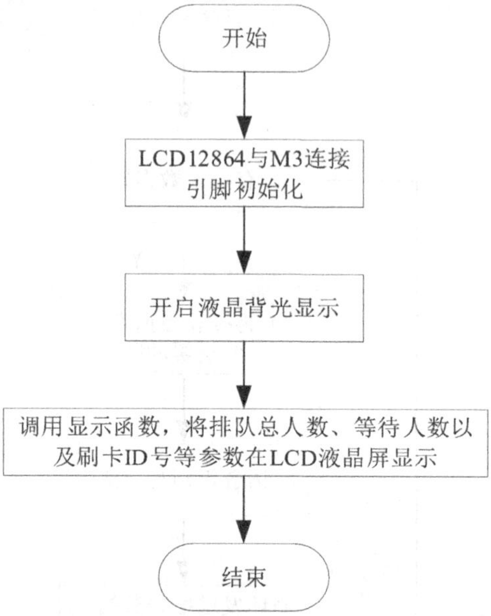

图 4.33　LCD12864 参数显示软件流程图

4.3.4　任务四　LED 数码管排队信息显示

1. LED 数码管排队信息显示硬件设计

排队信息采用 8 位 LED 数码管显示。LED 数码管驱动电路使用 74HC595 驱动芯片。74HC595 是一颗高速 CMOS 8 位三态移位寄存器/输出锁存器芯片，采用 CMOS 硅栅工艺。该芯片包含一 8 位串行输入与并行输出移位寄存器，并提供一 8 位 D 型存储寄存器，该寄存器具有 8 位三态输出功能，且分别给移位寄存器和存储寄存器提供独立的时钟信号。移位寄存器具有直接清零功能，实现串行输入和输出以及级联应用等功能。移位寄存器和存储寄存器均采用正边沿触发。

采用两片 74HC595 级联驱动 8 位 LED 数码管动态显示。LED 数码管显示驱动电路与第 2 章任务四完全相同。为避免重复，相关内容在此省略，读者可以查阅相关章节。

LED 数码管显示电路与 M3 连接引脚定义说明如表 4.12 所示。

表 4.12　LED 数码管显示电路与 M3 连接引脚定义说明

74HC595 引脚名称	M3 引脚名称	备　注
SEG_DATA	PC8	串行数据输入
SEG_SCK	PC9	移位寄存器时钟输入
SEG_RCK	PC12	存储寄存器时钟输入

2. LED 排队信息显示软件设计思路

(1) 对 LED 数码管动态显示驱动芯片 74HC595(1)、74HC595(2)分别对应的 M3 引脚进行初始化配置。

(2) 读取当前排队信息，数码管显示当前正在处理的排队号。

(3) 分别给 LED 数码管驱动芯片 74HC595(1)、74HC595(2)送段选码和位选码，将排队信息参数在 LED 数码管低三位显示。因系统采用动态显示方式，因此系统显示时需定时刷新。

LED 显示排队信息程序流程图如图 4.34 所示。

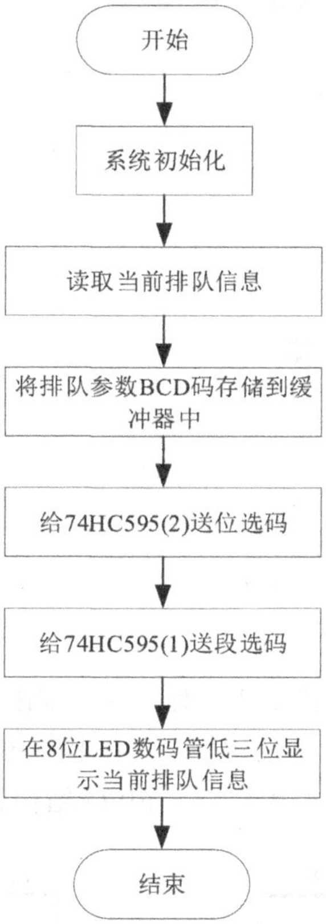

图 4.34 LED 显示排队信息程序流程图

4.3.5 任务五 系统数据无线收/发

1. 系统数据无线收/发硬件电路设计

系统数据无线收/发模块采用 Silicon Labs 最新版本的高集成度无线 ISM 收发芯片 SI4432，其频率范围为 240MHz～930MHz，具有极高的接收灵敏度(−117dBm)和发射功率(+20dBm)，提高了系统数据穿透能力和传输距离，当+20dBm 输出功率时，开阔无障碍的通信距离在 1000m 以上。

1) 功能特点

- 工作频率：433MHz。

- 频率范围：240MHz～960MHz。
- 接收灵敏度：-117 dBm。
- 最大输出功率：+20dBm。
- 数据传输率：1.2～128Kbps。
- 支持 FSK、GFSK 和 OOK 调制方式。
- 1.8～3.6V 供电。
- 超低耗关机模式。
- 数字接收信号强度指示(RSSI)。
- 定时唤醒功能。
- 天线自动匹配及双向开关控制。
- 可配置数据包结构。
- 前同步信号检测。
- 64 字节收发数据寄存器(FIFO)。
- 低电压检测。
- 温度感应和 8 位数模转换器。
- 工作温度范围-20～+60℃。
- 集成稳压器。
- 跳频功能。
- 上电复位功能。
- 内置晶体调整功能。

2) 发送和接收原理

无线 ISM 收发 SI4432 芯片内置了两个独立的 64KB 发送缓冲区和接收缓冲区。对于缓冲区控制通过 SPI 总线访问 0x7F 地址实现，详细描述参见课题资源包“Si4430-31-32”规格说明书。无线 ISM 收发 SI4432 芯片缓冲区 FIFO 结构如图 4.35 所示。

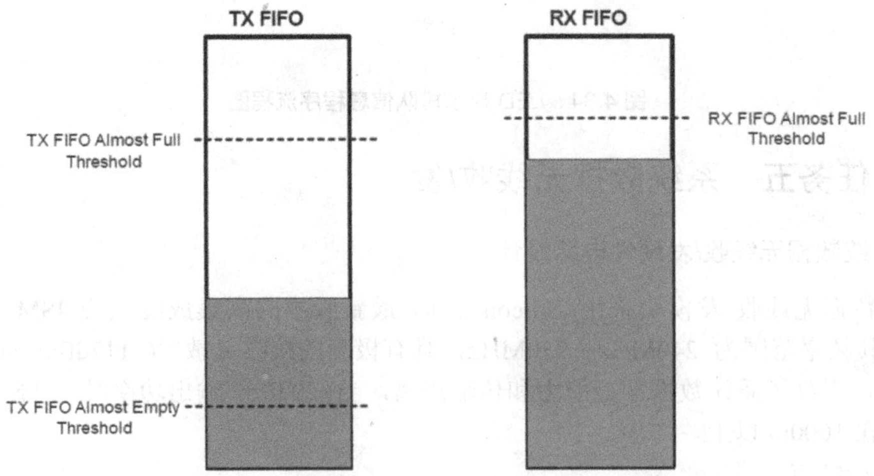

图 4.35　无线 ISM 收发 SI4432 芯片缓冲区 FIFO 结构

3) 无线收/发模块与 M3 接口电路

LED 数码管显示当前正在处理的排队号。该信息通过 1#无线通信芯片 SI4332 发送至 2#无线通信芯片 SI4332 实现。信息传输不需要专门布线，直接通过无线传输，这样设计的优点是：LED 电子显示屏可以任意位置布置，无须在大厅里面专门布线，极大地简化了因布线而增加的施工工程量。

M3 与无线通信芯片 SI4332 数据传输采用 SPI 总线。无线收/发模块与 M3 接口电路如图 4.36 所示。

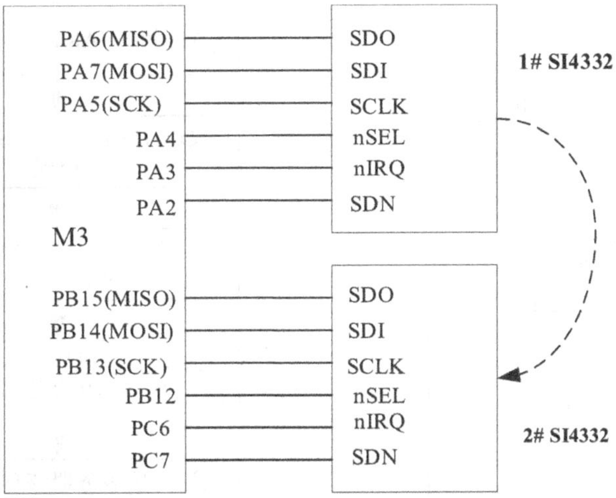

图 4.36　无线收/发模块与 M3 接口电路

M3 可通过内置 SPI 总线接口对 SI4332 内部寄存器进行读/写操作，灵活配置各项参数，即通过 SPI 接口完成对 SI4332 的初始化配置、读/写数据、访问 FIFO 等操作。系统使用 4 线 SPI，SPI 4 线名称分别为 MOSI、MISO、SCK、SEL。MOSI 用于由 M3 至 SI4332 串行数据传输；MISO 用于由 SI4332 到 M3 串行数据传输；SCK 用于由 M3 与 SI4332 之间同步数据传输时钟；SEL 为 SI4332 芯片片选信号，只有该片选信号为低电平时，M3 对 SI4332 芯片操作才会有效；IRQ 是 SI4332 芯片中断状态输出引脚，低电平有效；SDN 为 SI4332 芯片关断模式输入引脚，高电平有效。

2. 系统数据无线收/发软件设计

系统数据无线收/发软件流程图如图 4.37 所示。

4.3.6　任务六　Wi-Fi 通信接口与驱动程序设计

1. Wi-Fi 通信接口电路硬件设计

关于 Wi-Fi 通信模块简介、主要特点、固件下载说明，以及 Wi-Fi 通信模块与 M3 接口电路连线定义与第 3 章任务五完全相同，为避免内容重复介绍，相关内容在此省略，读者可查阅相关章节。

2. Wi-Fi 通信驱动程序设计

Wi-Fi 通信驱动程序流程图如图 4.38 所示。

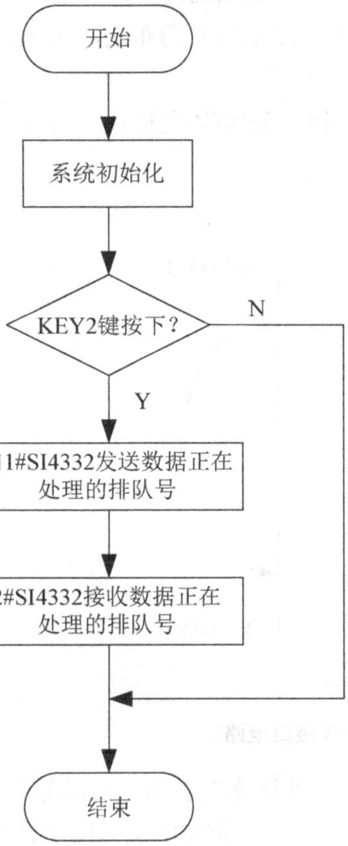

图 4.37　系统数据无线收/发软件流程图

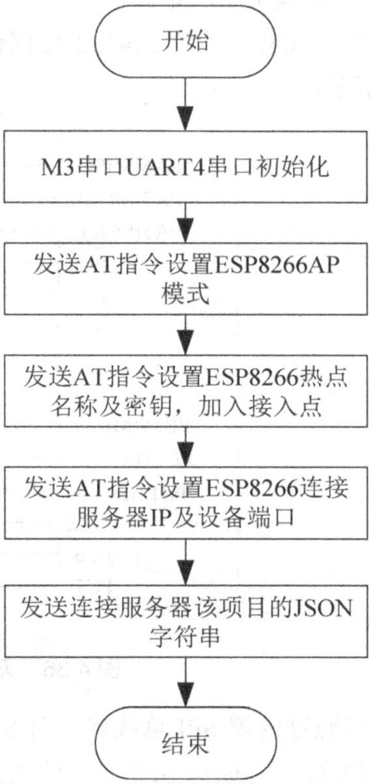

图 4.38　Wi-Fi 通信驱动程序流程图

4.3.7　任务七　RFID 刷卡/写卡

1. RFID 刷卡/写卡硬件电路设计

低频段射频标签，简称低频标签，其工作频率范围为 30kHz～300kHz。典型工作频率有 125kHz、133kHz。低频标签一般为无源标签，其工作能量通过电感耦合方式从阅读器耦合线圈的辐射近场中获得。低频标签与阅读器之间传送数据时，低频标签必须位于阅读器天线辐射的近场区内。低频标签的阅读距离一般情况下要小于 1m。与低频标签相关的国际标准有 ISO11784/11785、ISO18000-2(125kHz～135kHz)。低频标签的典型应用领域：动物识别、容器识别、工具识别、电子闭锁防盗(带有内置应答器的汽车钥匙)等。

1) 电子标签简介

T5557 是美国 Atmel 公司生产的多功能非接触式 R/W 辨识集成电路，适用于 125kHz 频率。芯片需要连接一个天线线圈，该线圈被作为芯片电路的电力驱动补给和双向信息的沟通接口。天线和芯片构成感应卡片或标签。T5557 主要升级替换早期的 E5550/5551 芯片，现在升级替代产品为T5567，该卡片被广泛应用于多种形式的身份识别，如交通旅游、医疗通信、教育娱乐、酒店门锁卡、健康保险卡、校园一卡通、企业/工厂考勤卡、加油卡、上网卡、就餐卡、游戏卡、学生成绩卡、电话卡、戏院卡、娱乐卡等多样化应用场合。

2) T5557 卡主要特性

- 非接触能量供给和读写数据。
- 工作频率范围为 100kHz～150kHz。
- 小容量，其结构与 ISO/IEC11784/785 相容。
- 与 e5550 产品兼容并扩展的应用模式。
- 在芯片上有 75pF 的谐振电容器(掩模选项)。
- 包括 32 位密码区在内的 7×32 位的 EEPROM 数据存储空间。
- 单独的 64 位存储区为厂商可追溯的数据区。
- 具有块写保护。
- 采用请求应答(Answer On Request，AOR)实现防碰撞。
- 可编程选择传输速率(比特率)、编码调制方式。
- 可工作于密码(口令)方式。

T5557 芯片的内部电路组成框图如图 4.39 所示。该图给出了 T5557 芯片和读写器之间的耦合方式。读写器向 T5557 芯片传送射频能量和读写命令，同时接收 T5557 芯片以负载调制方式发送的数据信号。

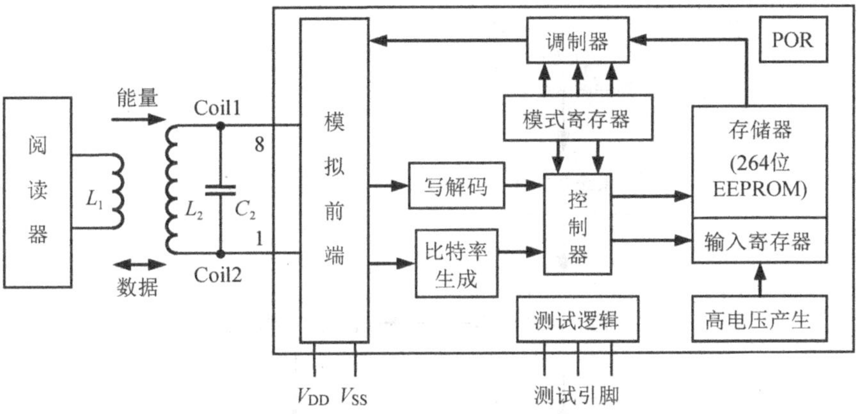

图 4.39　T5557 芯片的内部电路组成框图

T5557 芯片由模拟前端、写解码、比特率产生器、调制器、模式寄存器、控制器、测试逻辑、存储器、编程用高压产生器等部分构成。T5557 芯片在射频工作时，仅使用 Coil1(引脚 8)和 Coil2(引脚 1)，外接电感 L_2 和电容器 C_2，构成谐振回路。在测试模式时，V_{DD} 和 V_{SS} 引脚为外加电压正端和地，通过测试引脚实现测试功能。

3) RFID 刷卡/写卡模块与 M3 接口电路

LF 低频卡刷卡，获得卡号信息，并按顺序依次存储卡号序列至数据列表。RFID 刷卡/写卡模块与 M3 接口电路如图 4.40 所示。

RFID 刷卡/写卡模块与 M3 引脚连接说明如下。

- LF 低频模块数据端 DATA 与 M3 的引脚 PE5 连接。
- LF 低频模块时钟端 CLK 与 M3 的引脚 PE4 连接。

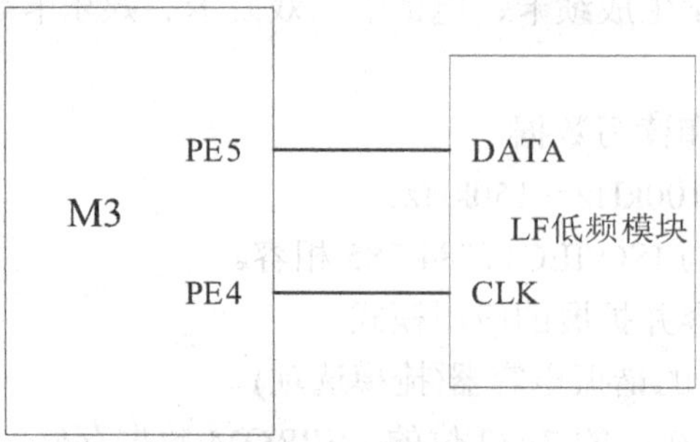

图 4.40　RFID 刷卡/写卡模块与 M3 接口电路

2. RFID 刷卡/写卡软件设计

系统初始化默认为“刷卡模式”。此时可将已保存的卡片放置在刷卡区进行刷卡操作。刷卡时，如果该卡片已经保存，则语音提示“刷卡成功”，否则语音提示“无效卡”。按 KEY1 键进入“写卡模式”，此时可将卡片放置在刷卡区域，系统为其自动写卡，并与保存卡片信息进行比对，如卡片信息已保存，语音提示“此卡已存在”，如没有保存，则语音提示“保存成功”。再次按 KEY1 键，系统切换回“读卡模式”。

RFID 刷卡/写卡程序流程图如图 4.41 所示。

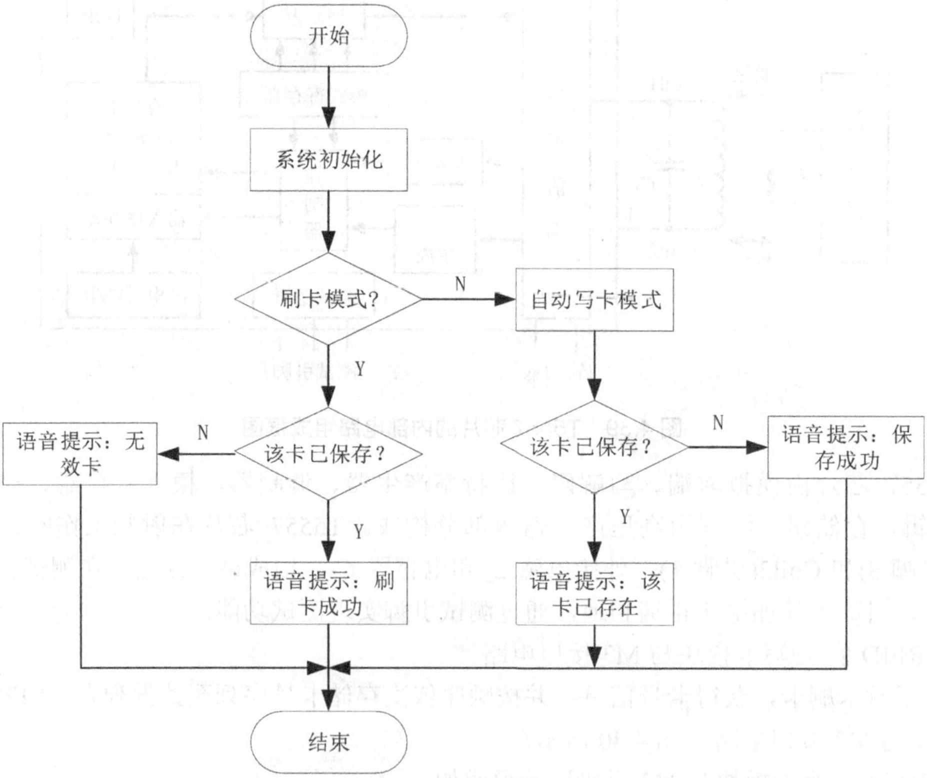

图 4.41　RFID 刷卡/写卡程序流程图

4.3.8 任务八　手机 App 程序设计

1. 功能描述

基于手机 App 的业务功能描述，完成逻辑功能开发。手机 App 功能说明如下。

(1) 获取当前排队人数信息。

(2) 获取预计等待时间信息(在手机 App 设置模块，可设置人均等待时间差：默认值为 10min)。

(3) 预警提醒(在手机 App 设置模块，可设置排队人数提醒阈值：默认值为 5 人)。

2. 结果描述

基于该 App 的功能描述，实现系统所要求的功能。

3. 任务八业务流程图

任务八业务流程图如图 4.42 所示。

4.3.9 任务九　PC 端程序设计

1. 功能描述

基于 PC 端业务需求描述，完成逻辑功能需求开发。PC 端功能说明如下。

(1) 能通过云平台账号登录系统。

(2) 能查询当前排队人数。

(3) 能设置提醒功能，提醒用户及时到现场办理业务。

2. 结果描述

基于 PC 端需求描述，完成逻辑功能开发。

3. 任务九业务流程图

PC 端程序业务流程图如图 4.43 所示。

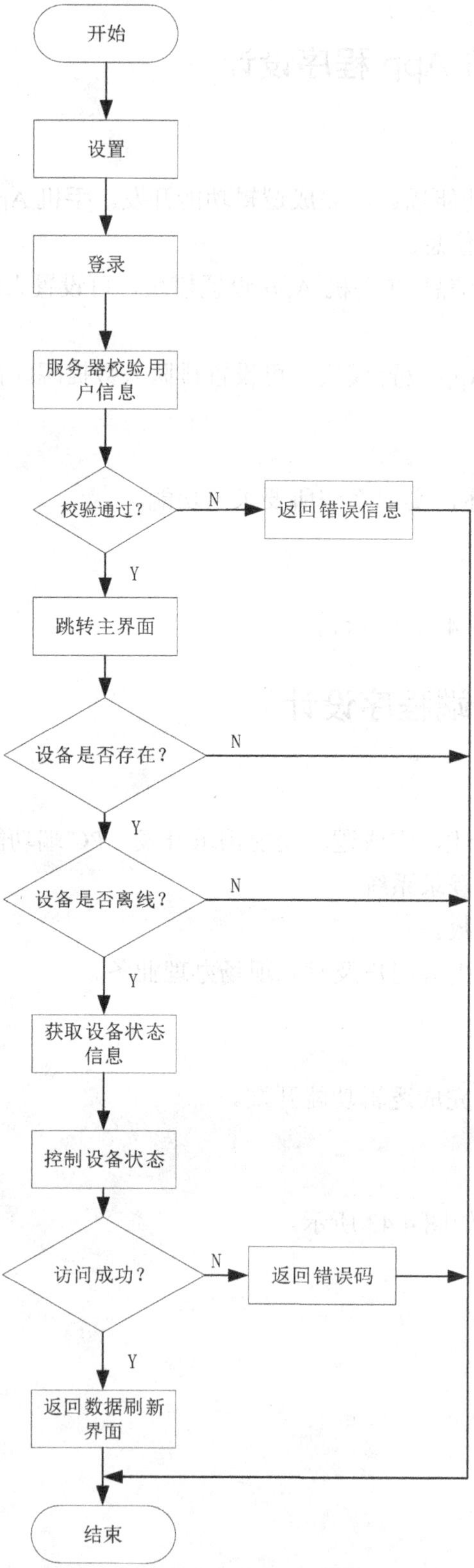

图 4.42 任务八业务流程图

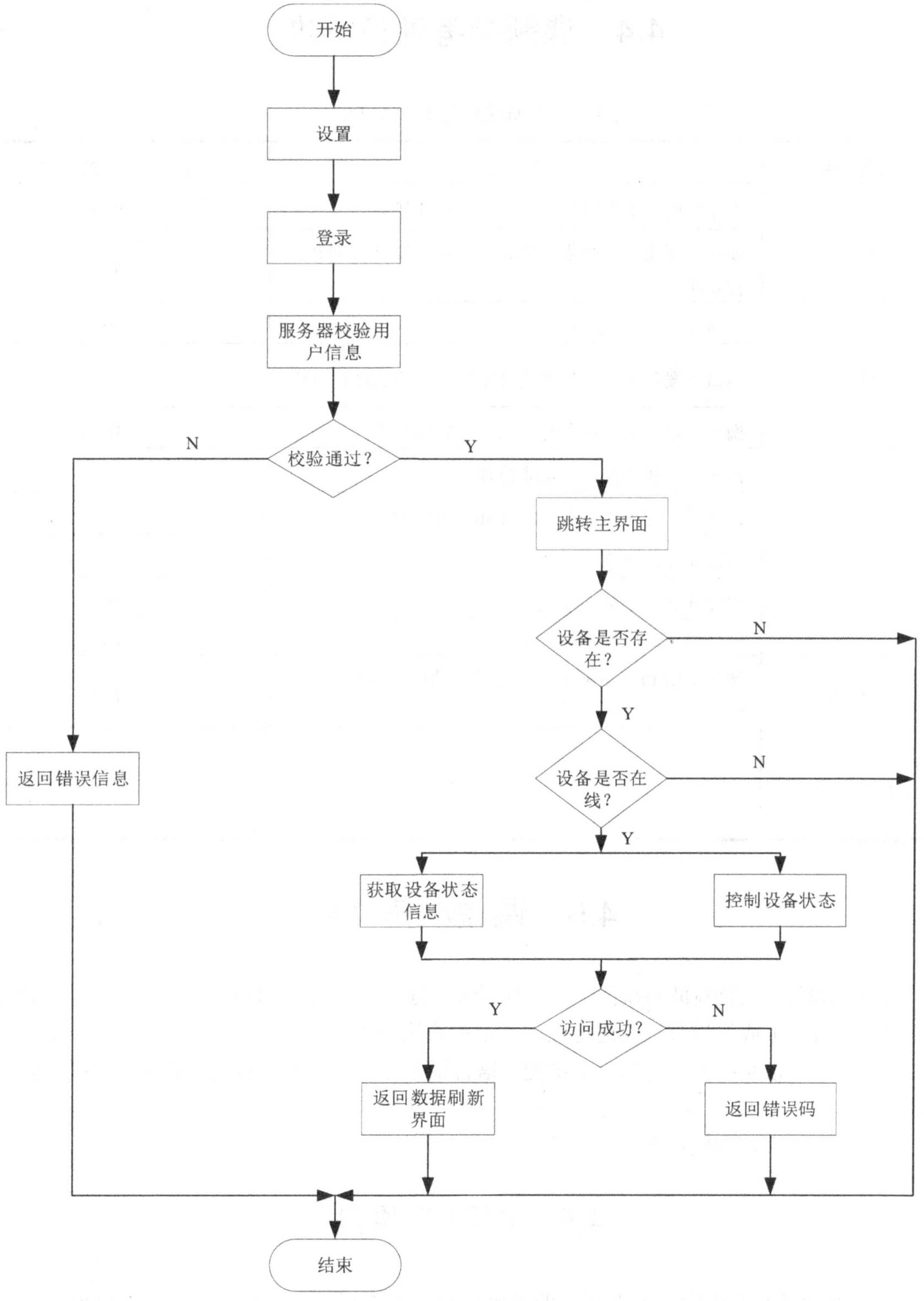

图 4.43　PC 端程序业务流程图

4.4 课题参考评价标准

实训综合成绩评定表(百分制)

设计项目	内　容	得　分	备　注
平时表现	工作态度、遵守纪律、独立完成设计任务		5 分
	独立查阅文献、收集资料、制订项目设计方案和日程安排		5 分
设计报告	电路设计 、程序设计		10 分
	测试方案及条件、测试结果完整性、测试结果分析		5 分
	摘要、设计报告正文的结构、图表规范性		10 分
仿真与实物制作	按照设计任务要求的功能仿真		10 分
	按照设计任务要求在 NEWLab 正确连线		10 分
	按照设计任务要求实现的功能		10 分
	设计任务工作量、难度		10 分
	设计创新		10 分
实训项目答辩	学生采用 PPT 讲解所设计任务，然后由教师提问，学生答辩		15 分
综合成绩评定	指导教师签名：		

4.5 课 题 拓 展

本课题设计了智能排队系统简单的控制逻辑，有兴趣的同学可以对此课题功能进行拓展。

(1) 对自动生成的后台报表进行处理，增加查询及管理功能。

(2) 语音播报系统把卡号与姓名绑定，语音播报时根据卡号播报客户姓名，模拟医院叫号系统。

(3) 采用热敏打印机打印客户排队票证。

4.6 课题资源包

为方便读者及时查阅与课题相关的参考资料，本书提供了课题资源包。课题资源包内容索引如图 4.44 所示，学生实战演练课题时，可根据资源包索引查阅相关资料。

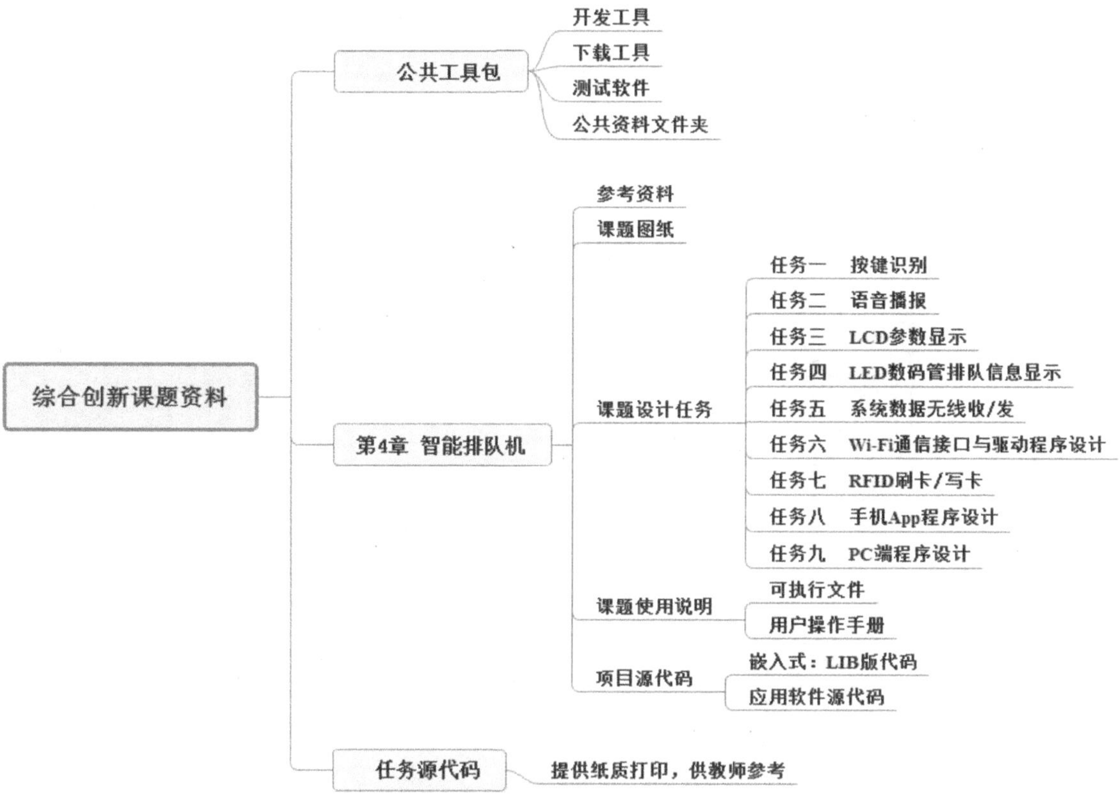

图 4.44 课题资源包内容索引

(扫一扫，获取精美课件及相关课题资源)

第5章 智能保险箱

【课题概要】

保险箱在商务办公、银行、政府、公安、酒店、加油站、珠宝行、柜员机、收银台、商场、超市等部门或行业场所已被广泛使用。传统保险箱的防盗主要依赖箱体的物理性质，被动式的防盗措施已无法满足实际的防盗要求。因此，随着物联网技术的飞速发展，设计一种新型的智能保险箱以对抗潜在的安全威胁势在必行。

本课题依据真实的市场需求，依托嵌入式系统、计算机科学与技术、通信网络、多媒体等技术，可培养学生理论联系实际能力以及团队合作精神，为今后从事相关的研发工作打下坚实的基础。

智能保险箱定位于本科院校以及高等职业院校的综合实验、创新科研、综合课程设计、创客教育、竞赛培训、综合技能培训等实践教学环节，配合 NEWLab 基础教学设备，形成课堂内外有益的补充。本课题主要涉及 RFID 射频技术、三轴加速度传感器技术、人体红外检测技术、嵌入式应用技术、Wi-Fi 通信技术、云服务器数据传输技术、手机 App 远程控制软件开发等专业知识点。

【课题难度】

★★★★

5.1 课题描述

智能保险箱应用越来越广泛，功能也越来越完善，从传统的只能通过密码(无论是机械密码还是电子密码)开锁，已延伸到现在的指纹识别、人脸识别、RFID 刷卡、远程监控、远程报警、人体感应等智能化功能。

智能保险箱的工作原理是通过设置密码或刷卡(LF 低频卡)控制保险箱门禁，并配置人体红外检测传感器、三轴加速度传感器，对保险箱非法入侵及异常搬动报警。保险箱关门 10 秒后自动进入布防状态，此状态下保险箱进入安全防护模式。三轴加速度传感器用以检测保险箱是否被搬动，如果保险箱被般动就会启动报警功能。柜门的开启采用密码输入或者刷 RF 卡实现。采用 Wi-Fi 模块实现数据与后台服务器的连接，并实现客户端(手机端)的数据实时传输。

智能保险箱是集成位置检测、人体红外检测、LF 射频识别、远程开锁、远程布放、撤防功能于一身的典型的物联网技术与应用。

智能保险箱课题可应用于物联网综合课程设计、嵌入式系统综合实训、电子竞赛培训、创新创客、毕业设计等教学环节。该课题适用于物联网技术与应用、自动化、电子信息工程、计算机科学与技术、软件工程、应用电子技术、测控技术与仪器等相关专业。在实践教学过程中，指导教师可以根据学生专业特点，侧重选择某个知识面进行实战演练。

5.2 课题分析

5.2.1 智能保险箱总体设计方案

1. 智能保险箱硬件设计方案

智能保险箱采用 STM32 作为主控芯片，系统主要包括矩阵键盘模块、LCD 液晶显示模块、三轴加速度传感器模块、LF 射频读卡器模块、光电对射传感器模块、Wi-Fi 通信模块、继电器控制模块、电控锁模块、报警指示灯模块和手机客户端等。智能保险箱硬件总体设计框图如图 5.1 所示。

2. 智能保险箱硬件拓扑结构图

智能保险箱硬件拓扑结构如图 5.2 所示。

3. 智能保险箱硬件模块接线示意图

智能保险箱硬件模块接线示意如图 5.3 所示。

4. 智能保险箱硬件模块与 M3 引脚连接定义说明

(1) 矩阵键盘与 M3 引脚连接定义说明如表 5.1 所示。

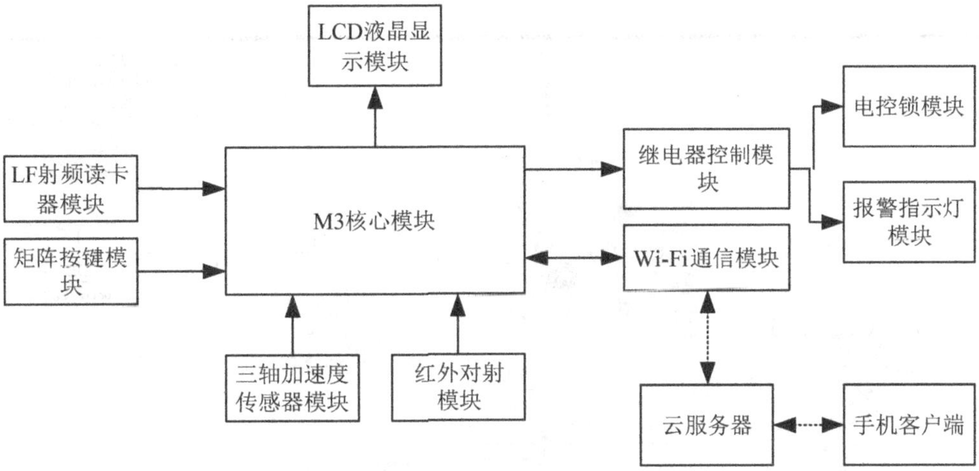

图 5.1 智能保险箱硬件总体设计框图

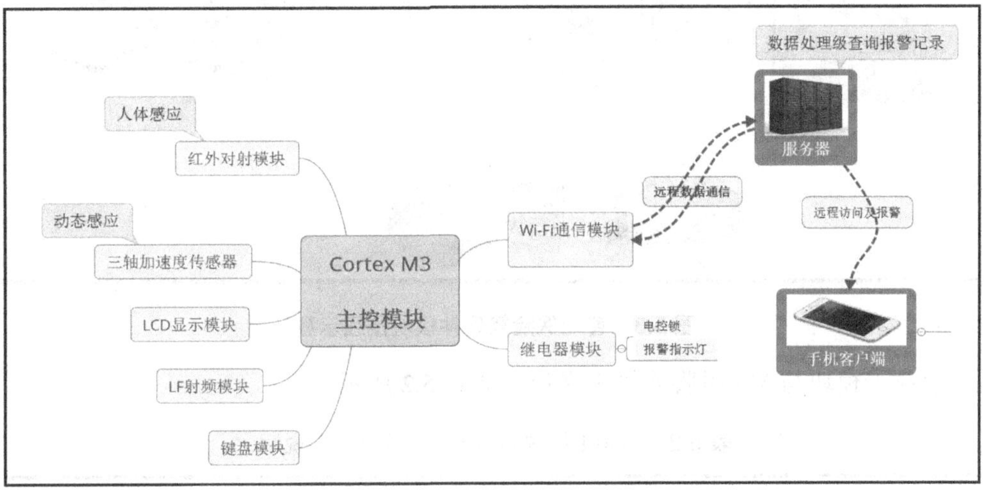

图 5.2 智能保险箱硬件拓扑结构

表 5.1 矩阵键盘与 M3 引脚连接定义说明

矩阵键盘模块	M3 核心模块引脚
ROW0	PA0
ROW1	PA1
ROW2	PA2
ROW3	PA3
ROW4	PA4
COL0	PB10
COL1	PB11
COL2	PB12
COL3	PB13
COL4	PB14

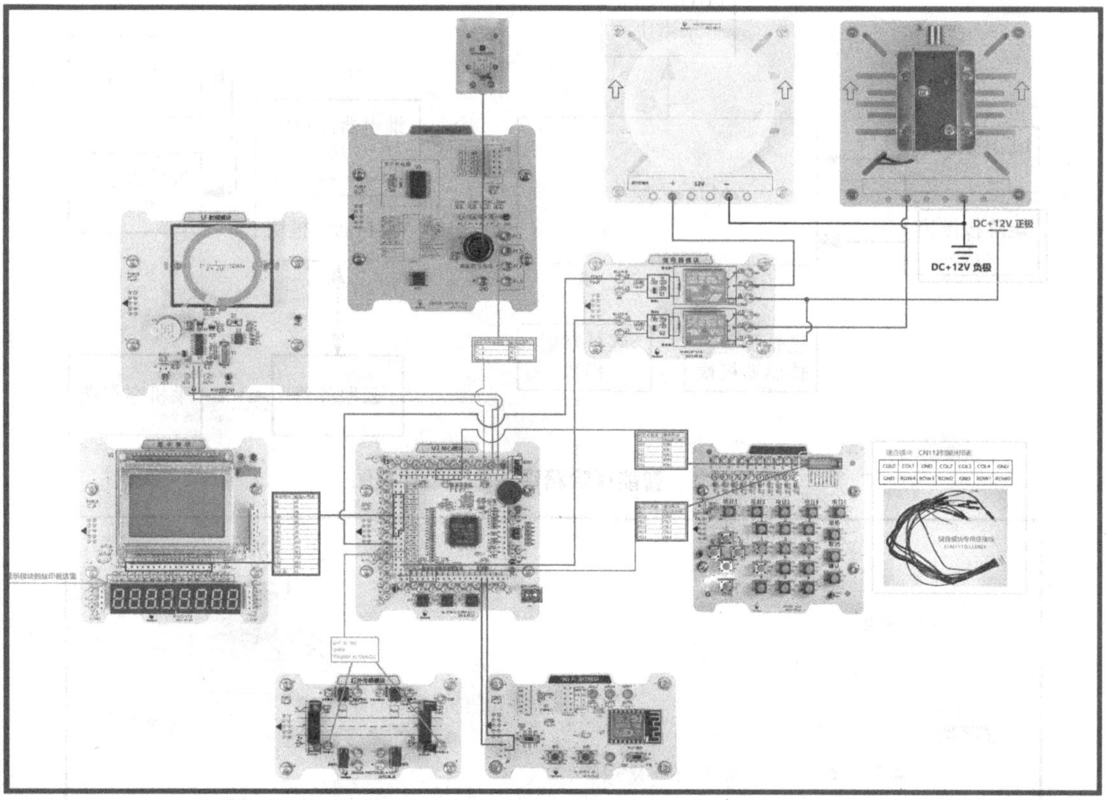

图 5.3　智能保险箱硬件模块接线示意

(2) 射频卡模块与 M3 引脚连接定义说明如表 5.2 所示。

表 5.2　射频卡模块与 M3 引脚连接定义说明

低频卡模块	M3 核心模块引脚
DATA	PE5
CLK	PE4

(3) D12864 液晶显示屏引脚与 M3 引脚连接定义说明如表 5.3 所示。

表 5.3　D12864 液晶显示屏引脚与 M3 引脚连接定义说明

LCD12864 液晶显示屏引脚名称	M3 引脚名称	备　注
LCD_BL	PD14	液晶背景光控制，低电平有效
RST	PD0	液晶屏复位信号
CS2	PE7	液晶屏片选信号 1
CS1	PE9	液晶屏片选信号 2
DB7	PE11	液晶屏数据线
DB6	PE13	液晶屏数据线
DB5	PE15	液晶屏数据线

续表

LCD12864 液晶显示屏引脚名称	M3 引脚名称	备　注
DB4	PD9	液晶屏数据线
DB3	PD15	液晶屏数据线
DB2	PD1	液晶屏数据线
DB1	PE8	液晶屏数据线
DB0	PE10	液晶屏数据线
EN	PE12	液晶屏使能信号
RW	PE14	液晶屏读写信号
RS	PD8	液晶屏寄存器选择
VDD	—	液晶屏电源(+3.3V)

(4) 三轴加速度传感器与 M3 引脚连接定义说明如表 5.4 所示。

表 5.4　三轴加速度传感器与 M3 引脚连接定义说明

三轴加速度传感器模块	M3 核心模块引脚
*X*out	PC0
*Y*out	PC1
*Z*out	PC2

(5) Wi-Fi 通信模块与 M3 引脚连接定义说明如表 5.5 所示。

表 5.5　Wi-Fi 通信模块与 M3 引脚连接定义说明

Wi-Fi 模块	M3 核心模块引脚
USART4_RX	PC10
USART4_TX	PC11

(6) 红外对射模块与 M3 引脚连接定义说明如表 5.6 所示。

表 5.6　红外对射模块与 M3 引脚连接定义说明

红外对射模块	M3 引脚
红外对射输出 1	PB8
红外对射输出 2	PB9

(7) 继电器模块与 M3 引脚连接定义说明如表 5.7 所示。

表 5.7　继电器模块与 M3 引脚连接定义说明

继电器模块	M3 引脚
J5	PE3

5.2.2 智能保险箱软件设计

1. 智能保险箱系统实现的功能

系统通过设置密码或刷卡(射频卡)实现对保险箱门禁的控制。智能保险箱配置红外光电对射传感器、三轴加速度传感器，对非法入侵或异常搬动进行报警。关门 10 秒后系统自动进入布防状态，系统进入安全防护模式。红外光电对射传感器用以检测是否有人接近保险箱柜门。三轴加速度传感器检测保险箱是否被搬动，如果检测保险箱被搬动时，系统就会启动报警。柜门的开启采用密码输入或者刷卡来实现。

课题利用红外光电对射传感器、微机电传感器(三轴加速度传感器)作为感知模块，键盘模块和低频卡读卡器作为输入设备，实现密码开锁与刷卡开锁功能。系统通过 Wi-Fi 通信模块连接到云平台，并通过云平台实现应用层与感知层数据通信，完成远程开锁、布防/撤防功能。

智能保险箱实现的主要功能如下。

1) 功能一

默认工作状态，此状态下可开启保险箱柜门。保险箱柜门开启方式说明如下。

① 输入预先设置的数字密码(默认为 000000)，按“确定”键开启保险箱柜门。

② 刷已注册的射频卡片开启保险箱柜门。

2) 功能二

在矩阵键盘模块按“项目二”键，进入“功能二”状态，此状态下可修改保险箱数字密码。

修改过程：首先输入原始数字密码(默认为 000000)，按“确定”键，再输入新的数字密码，按“确定”键保存所设置的新数字密码。按“取消”键则返回系统默认状态。

3) 功能三

按“项目三”键，进入“功能三”状态。在此状态下可添加新注册射频卡片。

① 添加新注册射频卡片：首先输入预先设值的数字密码，按“确定”键，然后将新注册的射频卡片放在读卡器上方，按“确定”键即可添加新注册的射频卡片。按“取消”键返回默认状态。

② 删除已注册射频卡片：首先输入预先设置的数字密码，按“确定”键，然后将卡片放到读卡器上，按“下”键即可删除已注册的射频卡片。按“取消”键返回默认状态。

4) 功能四

按“项目四”键，系统进入“功能四”状态。此状态下可修改三轴加速度传感器参数。

① 报警阈值修改方法：首先输入系统密码，按“确定”键，然后按数字键输入新的警报阈值(建议范围为 40～100，默认为 50，数值越小，越灵敏)，按“确定”键保存参数，按“取消”键返回默认状态。

② 校准过程：先输入系统密码，按“确定”键。按“下”键校准三轴加速度传感器参数，按“取消”键返回默认状态。

5) 功能五

按“项目五”键，系统进入“功能五”状态，此状态下可清除警报。

清除警报过程：输入系统密码，按“确定”键可清除警报。

备注：

在任意功能状态下，红外对射传感器与三轴加速度传感器均处于工作状态。

通电时系统自动校准三轴加速度传感器参数。校准结束之后，当保险箱倾斜一定角度(20° 左右)时，系统会触发报警。

“项目一”键和“取消”键功能相同。

保险箱门已开启的状态，系统不会触发警报。

在 Android 用户端可实现的远程操作功能说明如下。

(1) 保险箱远程控制操作。包括智能保险箱布防和撤防操作以及远程打开保险箱操作(备注：保险箱只允许安卓端打开柜门操作，不支持柜门关闭操作)。

(2) Android 用户端轮询查看保险箱的状态(正常状态、异常状态)，以及布防/控防状态。

(3) 保险箱在异常开启时，Android 客户端报警提示。Android 端通过云平台实现 Android 用户端远程控制保险箱。

2. 智能保险箱程序设计

智能保险箱程序设计可分为嵌入式端程序设计、手机 App 程序设计两部分。

(1) 智能保险箱嵌入式端程序设计

系统初始化后，默认进入空闲模式。系统可根据工作状态标志切换项目操作模式，分别按矩阵键盘“项目一”至“项目五”按键，系统将依次切换进入：空闲模式(正常工作模式)、删增密码模式、删增 ID 卡模式、设置三轴加速度传感器参数模式、清除报警模式。

嵌入式端程序流程图如图 5.4 所示。

(2) 手机 App 程序设计

系统通过 Wi-Fi 通信模块连接至云平台，手机端基于云平台可以实现远程开锁、布防/撤防。在 Android 端用户能够进行的远程操作说明如下。

① 远程控制保险箱操作。包括智能保险箱的布防和撤防以及远程打开保险箱(备注：保险箱只允许安卓客户端打开操作，不支持关闭操作)。

② 安卓客户端轮询查看保险箱的状态(正常状态、异常状态)，以及布防/撤防状态。

③ 保险箱异常开启时，Android 端报警提示。

手机 App 程序设计逻辑流程图如图 5.5 所示。

3. 智能保险箱手机 App 界面设计

手机 App 安装成功后，用户可直接点击应用图标运行该应用。

(1) 打开手机 App，点击“登录”按钮后出现登录界面，如图 5.6 所示。

首次使用时，用户需要进入参数设置界面。在该界面需要输入的参数说明如下。

① IP 地址：api.nlecloud.com。

② 端口号：80。

③ 设备 ID：在云平台“设备管理”界面可以查询所创建项目设备 ID。

备注：在开发过程中，每个项目的设备 ID 和传感器标识必须与云平台上创建的项目信息一致。设置完后点击“保存”按钮。

参数设置界面如图 5.7 所示。

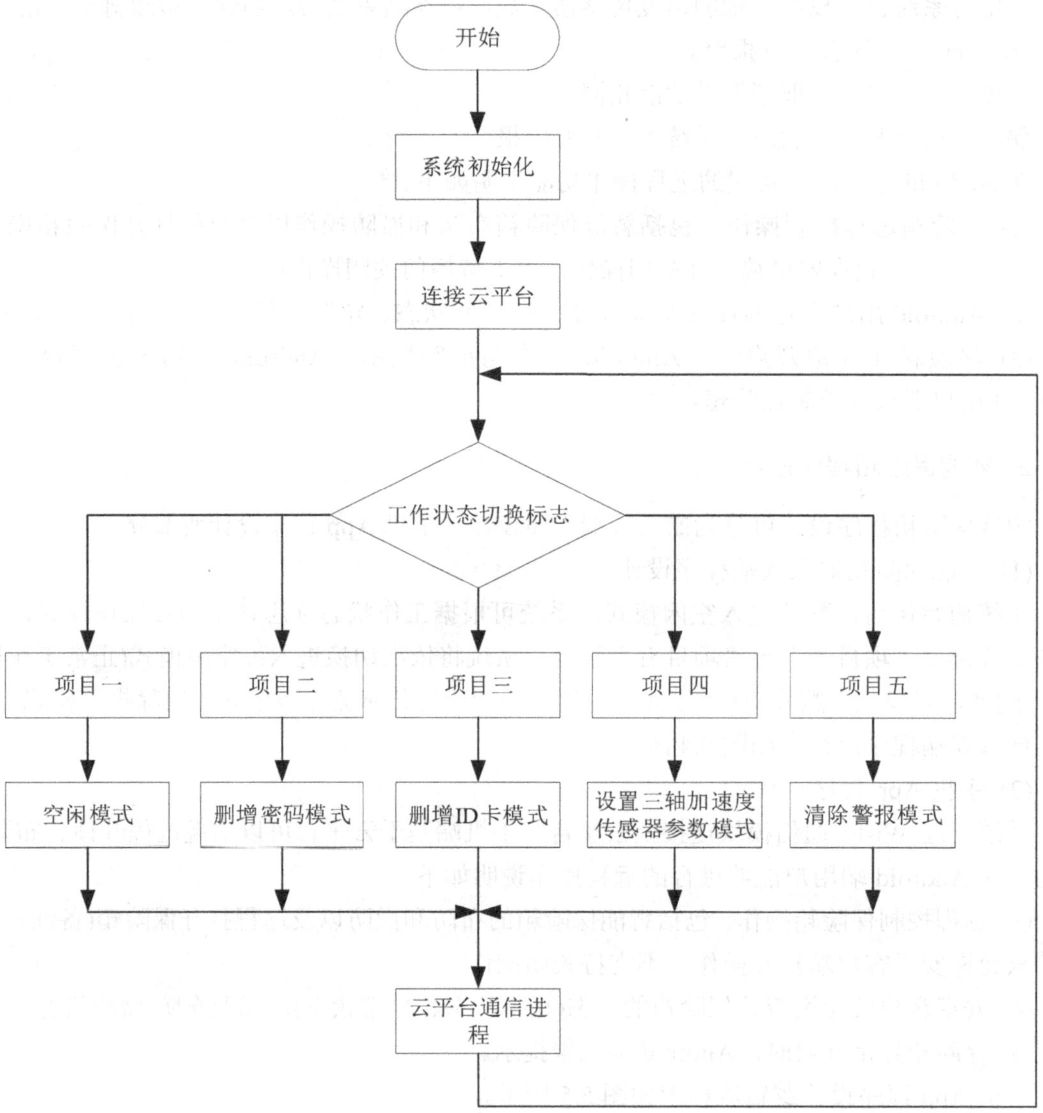

图 5.4　嵌入式端程序流程图

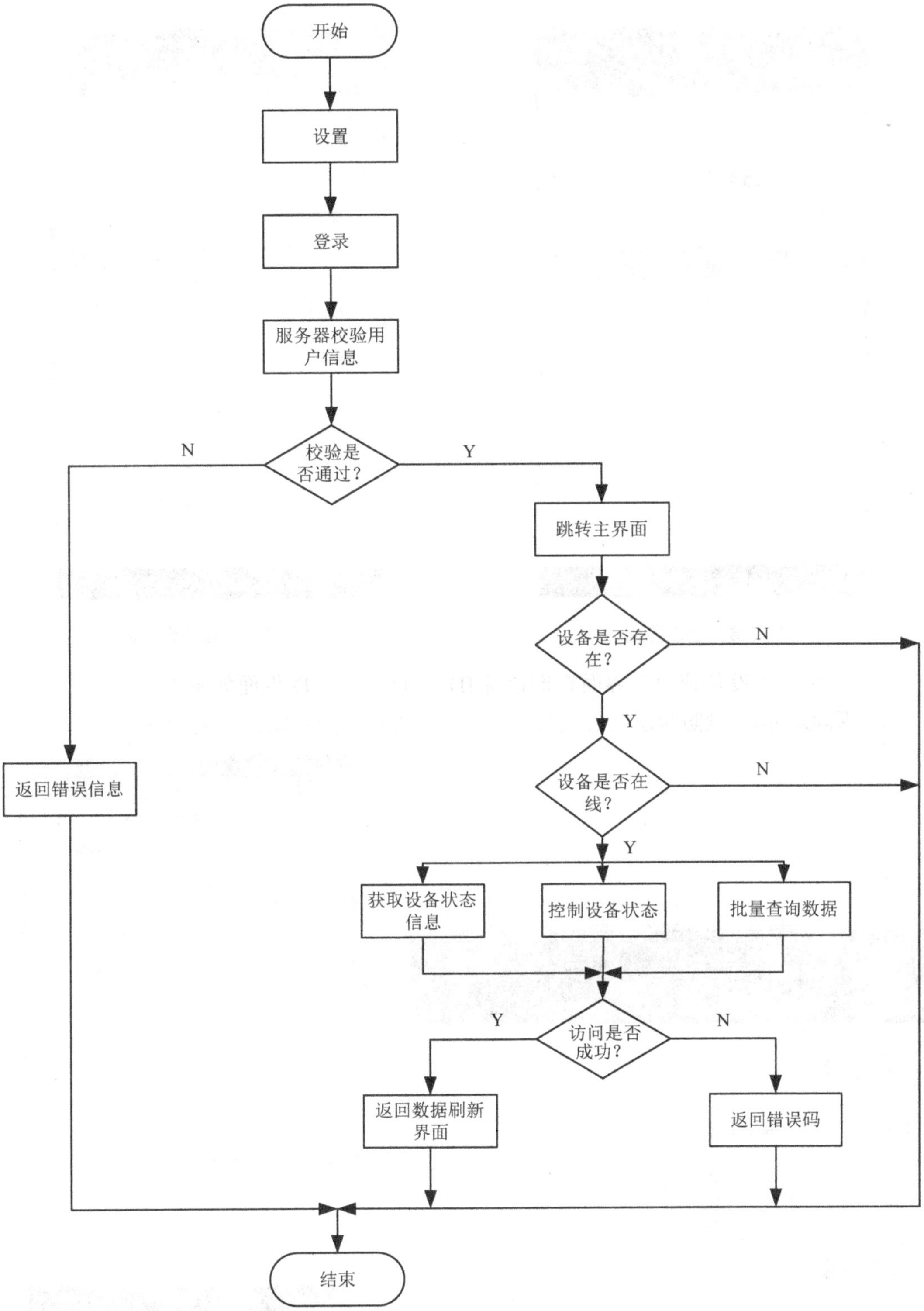

图 5.5　手机 App 程序设计逻辑流程图

图 5.6　登录界面

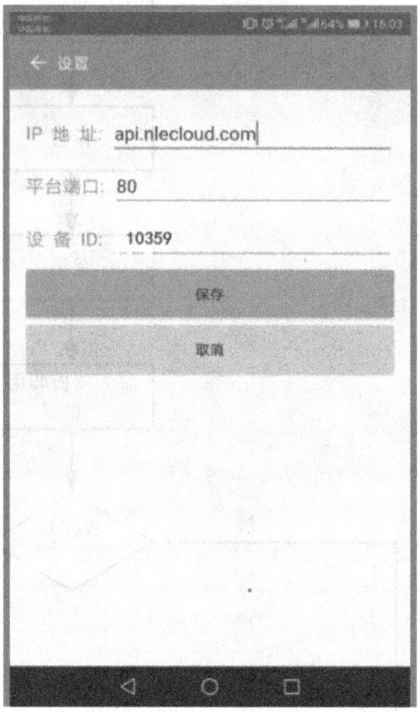

图 5.7　参数设置界面

可在云平台“设备管理”界面查询设备 ID。查询设备 ID 界面如图 5.8 所示。

(2) 保险箱布防/撤防状态与控制界面如图 5.9 所示。控制操作说明如下。

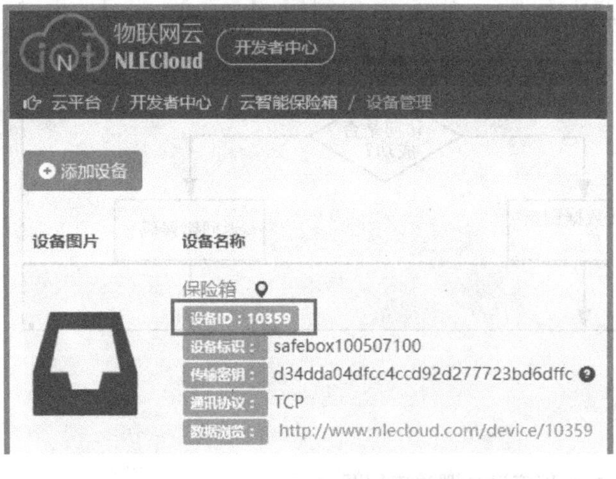

图 5.8　查询设备 ID 界面

图 5.9　保险箱布防/撤防状态与控制界面

① 点击开锁图标 可实现远程开锁功能。

② 点击布防图标 可进入防御报警状态。

③ 点击撤防图标 可撤销警报、撤除防御。

(3) 点击“批量数据查询”按钮进入批量数据查询界面。查询传感器数据界面如图 5.10 所示。

设备ID	时间	状态
9969	2018-06-20 14:10:26	0.0
9969	2018-06-20 14:10:26	0.0
9969	2018-06-20 14:10:26	0.0
9969	2018-06-20 14:10:26	0.0
9969	2018-06-20 14:10:26	0.0
9969	2018-06-20 14:10:26	0.0
9969	2018-06-20 14:10:26	0.0
9969	2018-06-20 14:10:26	0.0
9969	2018-06-20 14:10:26	0.0
9969	2018-06-20 14:10:26	0.0
9969	2018-06-20 14:10:26	0.0
9969	2018-06-20 14:10:26	0.0
9969	2018-06-20 14:10:26	0.0
9969	2018-06-20 14:10:26	0.0
9969	2018-06-20 14:10:26	0.0
9969	2018-06-20 14:10:26	0.0
9969	2018-06-20 14:10:26	0.0
9969	2018-06-20 14:10:26	0.0
9969	2018-06-20 14:10:26	0.0
9969	2018-06-20 14:10:26	0.0
9969	2018-06-20 14:10:26	0.0
9969	2018-06-20 14:10:26	0.0
9969	2018-06-20 14:10:26	0.0
9969	2018-06-20 14:10:26	0.0
9969	2018-06-20 14:10:26	0.0
9969	2018-06-20 14:10:26	0.0
9969	2018-06-20 14:10:26	0.0
9969	2018-06-20 14:10:26	0.0
9969	2018-06-20 14:10:26	0.0
9969	2018-06-20 14:10:26	0.0
9969	2018-06-20 14:10:26	0.0

图 5.10　查询传感器数据界面

4. 智能保险箱例程关键宏定义说明

打开智能保险箱嵌入式文件“stm32f103_config.h”后显示界面如图 5.11 所示。在该界面可设置 Wi-Fi 热点名称、Wi-Fi 密码，以及服务器 IP 地址、端口号。

(1) 热点名称和密码宏定义说明如下。

```
#define WIFI_AP         "test"          //Wi-Fi 热点名称
#define WIFI_PWD   "13730991120"        //Wi-Fi 密码
```

解释：该宏定义用于设定与 Wi-Fi 通信模块连接的热点名称为“test”，密码为

“13730991120”。举例说明：假设某学校实验室无线路由器 Wi-Fi 名称为“NewlandEdu”，Wi-Fi 密码为“12345678”，如果将智能保险箱系统连接至该 Wi-Fi，那么上述宏定义必须做如下修改。

```
#define WIFI_AP        "NewlandEdu"  //Wi-Fi 名称
#define WIFI_PWD       "12345678"        //Wi-Fi 密码
```

备注：Wi-Fi 名称和密码必须用英文双引号("")包装，否则编译软件时系统报错。

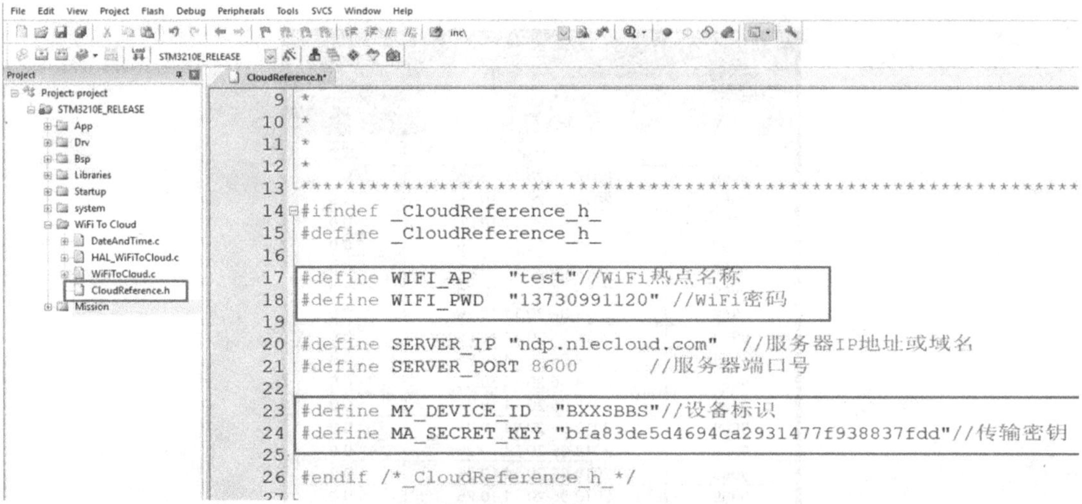

图 5.11　打开智能保险箱嵌入式文件“stm32f103_config.h”后显示界面

(2) 服务器 IP 地址和端口号宏定义如下。

```
#define SERVER_IP      "ndp.nlecloud.com"      //服务器 IP 地址
#define SERVER_PORT        8600                //服务器端口号
```

解释：该宏定义用于设置 Wi-Fi 通信模块连接的服务器。SERVER_IP 是服务器的地址或域名，SERVER_PORT 是服务器的端口号。服务器的端口号目前有三个可选：8600、8700、8800，由于课题使用的是北京新大陆时代科技有限公司的服务器，这里用户无须修改 IP 地址或域名，如果端口号有变更则修改。备注：IP 地址要用英文双引号("")包装，但是服务器端口号不用。

(3) 云平台相关宏定义(必须修改)如下。

```
#define MY_DEVICE_ID "BXXSBBS"                              //设备标识
#define MA_SECRET_KEY "bfa83de5d4694ca2931477f938837fdd"    //传输密钥
```

解释：MY_DEVICE_ID 和 MA_SECRET_KEY 宏定义的值从云平台获取。设备标识与传输密钥参数在云平台上查询位置显示界面如图 5.12 所示。这两个参数对于不同项目都不相同。用户使用时，必须修改为自己所创建项目的“设备标识”和“传输密钥”，否则握手认证失败或者会认证到其他项目中。

图 5.12　云平台设备标识与传输密钥查询位置显示界面

5.2.3　智能保险箱任务拆分及计划学时

由于智能保险箱覆盖的专业知识面较为广泛，增加了课题设计的复杂性，因此有必要根据系统实现的功能，对课题设计任务进行拆分。该课题可拆分为按键识别与处理模块、LCD 参数显示模块、红外对射人体检测模块、LF 射频读卡模块、三轴加速度传感器位置检测模块、门锁继电器控制模块、Wi-Fi 通信模块、手机 App 程序设计等。建议每个模块功能单独调试，各个模块功能实现之后，再根据总的工作流程把各个模块连接起来，并结合相应的工作时序，最终实现智能保险箱系统的功能。

为保证学生按时完成课题设计任务，达到实战演练的目的，指导教师可根据课题总体设计任务，按系统功能将设计任务拆分成多个子任务，教师可根据学生专业特点分配设计子任务。智能保险箱任务拆分及计划学时安排如表 5.8 所示。

表 5.8　智能保险箱任务拆分及计划学时安排

项目编号	项目名称	建议计划学时
任务一	按键识别	5 学时
任务二	LCD 参数显示	10 学时
任务三	红外对射人体检测	5 学时
任务四	LF 射频读卡	10 学时
任务五	三轴加速度检测	10 学时
任务六	门锁继电器控制	5 学时
任务七	Wi-Fi 通信接口与驱动程序设计	10 学时
任务八	手机 App 应用程序设计——数据获取及显示模块开发	5 学时
任务九	手机 App 应用程序设计——命令控制及状态更新模块开发	5 学时
任务十	手机 App 应用程序设计——批量数据处理	5 学时

5.3 课题任务设计

5.3.1 任务一 按键识别

1. 按键识别硬件设计

(1) 矩阵键盘模块与 M3 接口电路如图 5.13 所示。

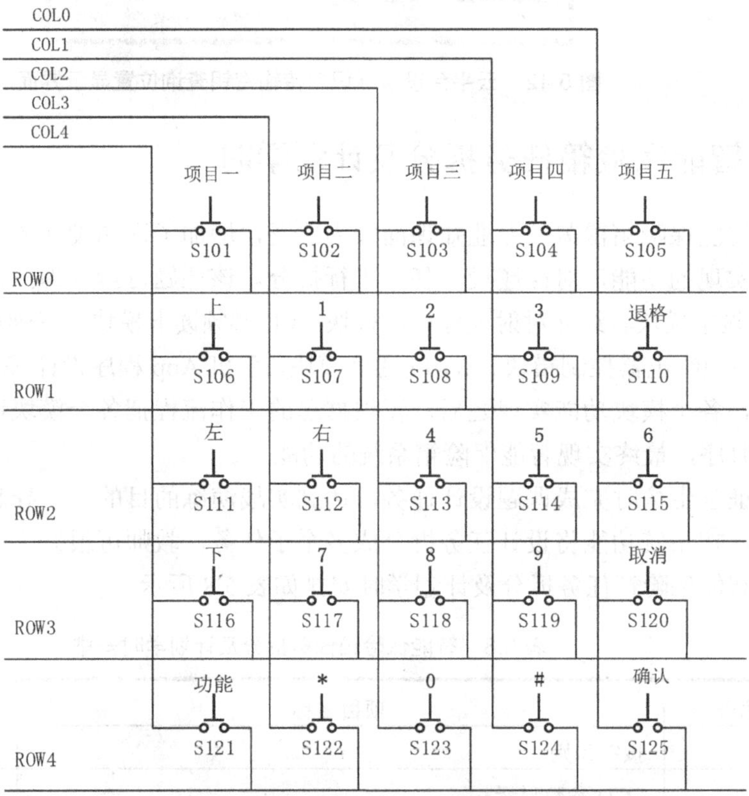

图 5.13 矩阵键盘模块与 M3 接口电路

(2) 矩阵键盘与 M3 引脚连接定义说明如表 5.9 所示。

表 5.9 矩阵键盘与 M3 引脚连接定义说明

矩阵键盘	M3 引脚
ROW0	PA0
ROW1	PA1
ROW2	PA2
ROW3	PA3
ROW4	PA4

续表

矩阵键盘	M3 引脚
COL0	PB10
COL1	PB11
COL2	PB12
COL3	PB13
COL4	PB14

(3) 智能保险箱按键键值及功能定义如表 5.10 所示。

表 5.10 智能保险箱按键键值及功能定义

按键编号	键 值	按键功能
S101	41	“项目一模式”
S102	31	“项目二模式”
S103	21	“项目三模式”
S104	11	“项目四模式”
S105	1	“项目五模式”
S107	32	数字“1”
S108	22	数字“2”
S109	12	数字“3”
S113	23	数字“4”
S114	13	数字“5”
S115	3	数字“6”
S117	34	数字“7”
S118	24	数字“8”
S119	14	数字“9”
S123	25	数字“0”
S106	42	“上”
S111	43	“左”
S112	33	“右”
S116	44	“下”
S110	2	“退格”
S120	4	“取消”
S121	45	“功能”
S122	35	“*”
S124	15	“#”
S125	5	“确认”

2. 按键识别软件设计思路

(1) 配置 M3 内部对应引脚，将矩阵键盘模块的行线 PA0、PA1、PA2、PA3、PA4 均设置为上拉输入模式；将矩阵键盘模块的列线 PB10、PB11、PB12、PB13、PB14 均设置为上拉输出模式。

(2) 扫描按键，延时去抖，判断哪一个键按下。

(3) 按键识别，执行相应键的功能。

按键扫描软件流程图如图 5.14 所示。

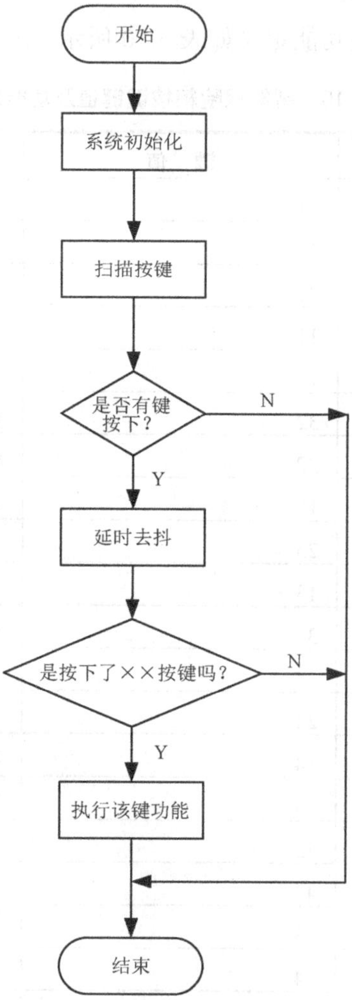

图 5.14　按键扫描软件流程图

5.3.2　任务二　LCD 参数显示

1. LCD 参数显示硬件设计

1) LCD 参数显示接口电路

LCD 液晶显示屏显示终端的相关信息。液晶显示屏 CH12864 开机时显示 Logo，当系统连接云平台后 Logo 显示结束。LCD 液晶显示屏作为智能保险箱上的人机交互界面，提示及引导用户对智能保险箱进行相关操作。LCD 液晶显示屏接口电路详见图 2.17。为避免内容重复，在此省略，读者可查阅相关章节。

2) LCD12864 与 M3 引脚连接定义说明

LCD12864 与 M3 引脚连接定义说明详见表 5.3。

2. LCD 参数显示软件设计思路

(1) 编写初始化函数时，首先应对相关引脚进行配置。

(2) 开机时，液晶显示屏 CH12864 可显示“新大陆教育”Logo 及“智能保险箱”字符，以提示系统初始化程序执行结束。当连接上云平台后“新大陆教育”Logo 显示结束，并提示与引导用户对保险箱进行相关操作。

LCD 参数显示软件流程图如图 5.15 所示。

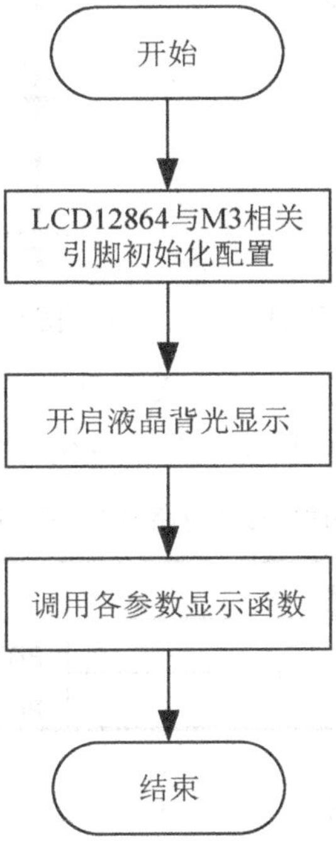

图 5.15 LCD 参数显示软件流程图

5.3.3 任务三 红外对射人体检测

1. 红外对射人体检测硬件设计

1) 红外对射检测人体传感器与 M3 接口电路设计

采用对射型红外光电传感器对人体进行检测。红外对射模块用以检测是否有人非法接近保险箱周围。如果检测到有人接近保险箱周围，则系统立即启动报警功能。这种设置可使保险箱具有主动防御功能。所谓主动防御是指在保险箱没有被攻击的情况下，如果检测到有潜在的危险，保险箱一样能够预知，并进行报警，从而达到主动防御的目的。

当红外对射模块没有外界物体遮挡时，传感器发光元件发射的红外线被光电元件接收；当有物体从红外对射模块的发射器和接收器两者中间通过时，红外光束被阻断，接收器因接收不到红外线而产生一个正脉冲。

红外对射模块电路原理如图 5.16 和图 5.17 所示。以图 5.16 为例说明其工作原理。当没有外界物体影响时，红外对射模块发光元件 D_1 发射红外线被光敏元件 Q_1 接收；当有物体从发光元件 D_1 和光敏元件 Q_1 两者中间通过时，红外光束被阻断，光敏元件 Q_1 因接收不到红外线而在输出 1 产生一个正脉冲。

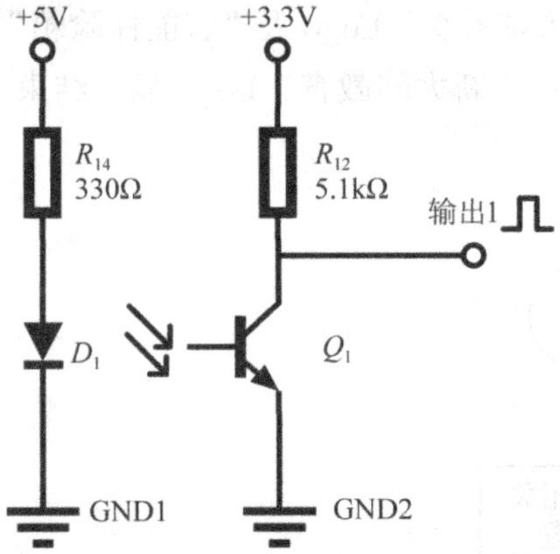

图 5.16　红外对射传感器 1 电路原理

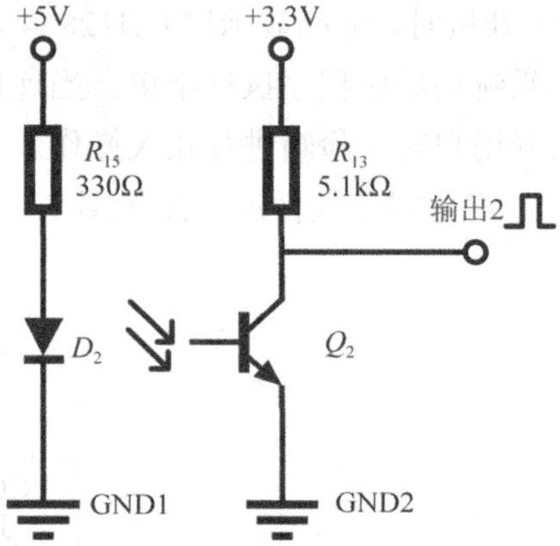

图 5.17　红外对射传感器 2 电路原理

2) 红外对射检测电路与 M3 引脚连接定义说明

红外对射检测电路与 M3 引脚连接定义说明如表 5.11 所示。

表 5.11　红外对射检测电路与 M3 引脚连接定义说明

红外对射电路引脚名称	M3 引脚名称
对射输出 1	PB8
对射输出 2	PB9

2. 红外对射检测软件设计思路

(1) 分别对红外检测电路输出 1 端、输出 2 端所对应的 M3 引脚进行初始化配置。

(2) 读取红外对射检测模块输出 1 端和输出 2 端的状态。如果输出 1 端和输出 2 端的状态任意一个输出由低电平变成高电平，说明有人接近保险箱周围，此时系统启动报警功能。报警的模式有两种：一种是本地报警模式，采用本地设置的指示灯模拟报警；另一种是远程报警模式，当保险箱处于报警模式时，系统自动向远程云平台(新大陆云平台)发送报警信息，云平台启动客户端数据交互，使远程用户通过手机 App 获得报警信息，并通过报警信息对保险箱进行远程干预。

红外对射检测人体程序流程图如图 5.18 所示。

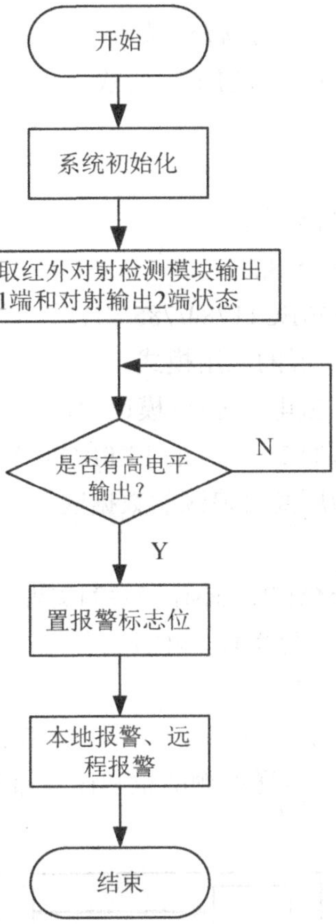

图 5.18 红外对射检测人体程序流程图

5.3.4 任务四 LF 射频读卡

1. LF 射频读卡硬件电路设计

1) 低频段射频标签简介

低频段射频标签，简称低频标签，其工作频率范围为 30kHz～300kHz。典型工作频率有 125kHz、133kHz。低频标签一般为无源标签，其工作能量通过电感耦合方式从阅读器耦合线圈的辐射近场中获得。低频标签与阅读器之间传送数据时，低频标签必须位于阅读器天线辐射的近场区内。低频标签的阅读距离一般情况下要小于 1m。与低频标签相关的国际标准有 ISO11784/11785(用于动物识别)、ISO18000-2(125kHz～135kHz)。低频标签的典型应用有动物识别、容器识别、工具识别、电子闭锁防盗(带有内置应答器的汽车钥匙)等。

2) 电子标签简介

T5557 是美国 Atmel 公司生产的多功能非接触式 R/W 辨识集成电路，适用于 125kHz 频率。芯片需要连接一个天线线圈，该线圈作为芯片电路的电力驱动补给和双向信息的沟通接口。天线和芯片一起构成感应卡片或标签。T5557 主要升级替换早期的 E5550/5551 芯片，现在的升级替代产品为 T5567，该卡片被广泛应用于多种形式的身份识别，如交通旅游、医疗通信、教育娱乐等多样化的应用场合，如酒店门锁卡、健康保险卡、校园一卡通、企业/工厂考勤卡、加油卡、上网卡、就餐卡、游戏卡、学生成绩卡、电话卡、戏院卡、娱乐卡等。

3) T5557 卡主要特性

- 非接触能量供给和读写数据。
- 工作频率范围为 100～150kHz。
- 小容量，其结构与 ISO/IEC11784/785 相容。
- 与 e5550 产品兼容并扩展的应用模式。
- 在芯片上有 75pF 的谐振电容器(掩模选项)。
- 包括 32 位密码区在内的 7×32 位的 EEPROM 数据存储空间。
- 单独的 64 位存储区为厂商可追溯的数据区。
- 具有块写保护。
- 采用请求应答(Answer On Request，AOR)实现防碰撞。
- 可编程选择传输速率(比特率)、编码调制方式。
- 可工作于密码(口令)方式。

T5557 芯片内部电路组成框图如图 5.19 所示。该图给出了 T5557 芯片和读写器之间的耦合方式。读写器向 T5557 芯片传送射频能量和读写命令，同时接收 T5557 芯片以负载调制方式传送的数据信号。

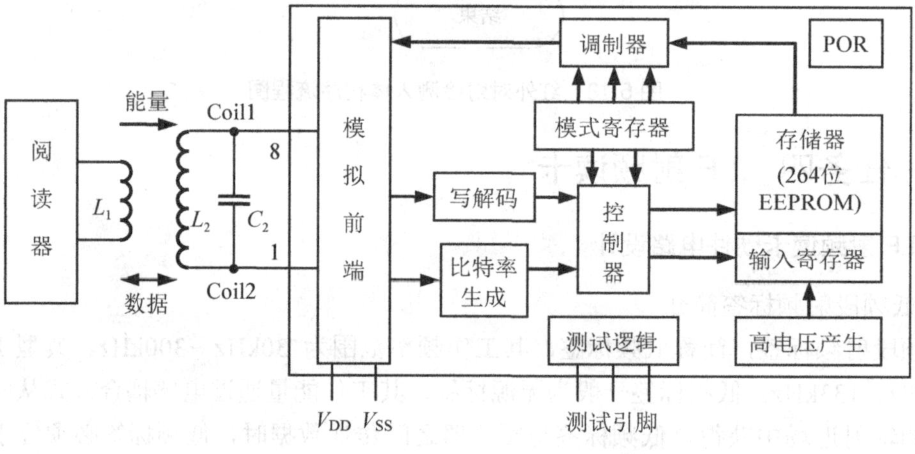

图 5.19　T5557 芯片的内部电路组成框图

T5557 芯片由模拟前端、写解码、比特率产生器、调制器、模式寄存器、控制器、测试逻辑、存储器、编程用高压产生器等部分构成。T5557 芯片在射频工作时，仅使用 Coil1(引脚 8)和 Coil2(引脚 1)，外接电感 L_2 和电容器 C_2，构成谐振回路。在测试模式时，V_{DD} 和 V_{SS} 引脚为外加电压正端和地，通过测试引脚实现测试功能。

4) RFID 读卡模块与 M3 接口电路

RFID 读卡模块与 M3 接口电路框图如图 5.20 所示。

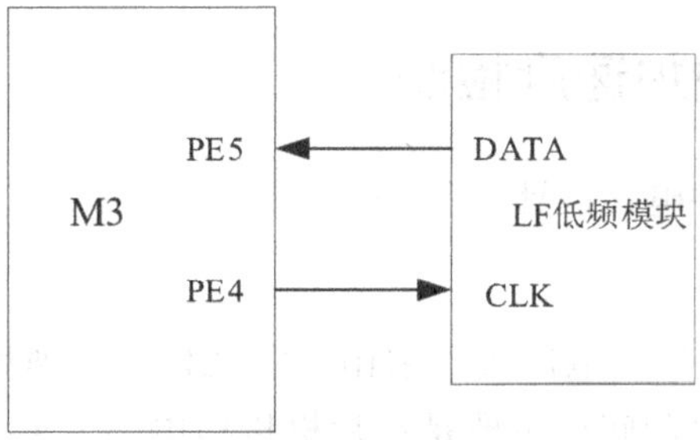

图 5.20 RFID 读卡模块与 M3 接口电路框图

低频卡与 M3 引脚连接说明如下。

(1) LF 低频卡数据端 DATA 连接 M3 模块 PE5 引脚。

(2) LF 低频卡时钟端 CLKA 连接 M3 模块 PE4 引脚。

2. RFID 读卡软件设计思路

(1) 分别对 RFID 刷卡/写卡模块与 M3 对应引脚 PE4、PE5 进行初始化配置。

(2) LF 低频卡刷卡，读取卡号信息，并按顺序依次存储卡号序列到数据列表中。

RFID 读卡软件流程图如图 5.21 所示。

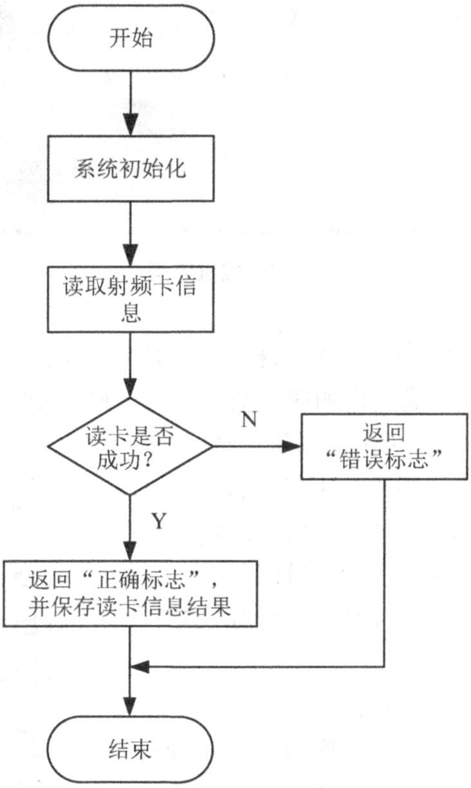

图 5.21 RFID 读卡软件流程图

5.3.5 任务五 三轴加速度检测

1. 三轴加速度检测硬件电路设计

1) 三轴加速度模块简介

三轴加速度模块也称为微机电模块。它由检测底板和加速度检测模块组成。微机电模块如图 5.22 所示。右侧的检测底板主要是单片机接口电路，单片机采集加速度检测模块输出的数据，并发送给 NEWLab 实验平台。左侧的加速度检测模块主要由三轴加速度传感器 ADXL335 组成。

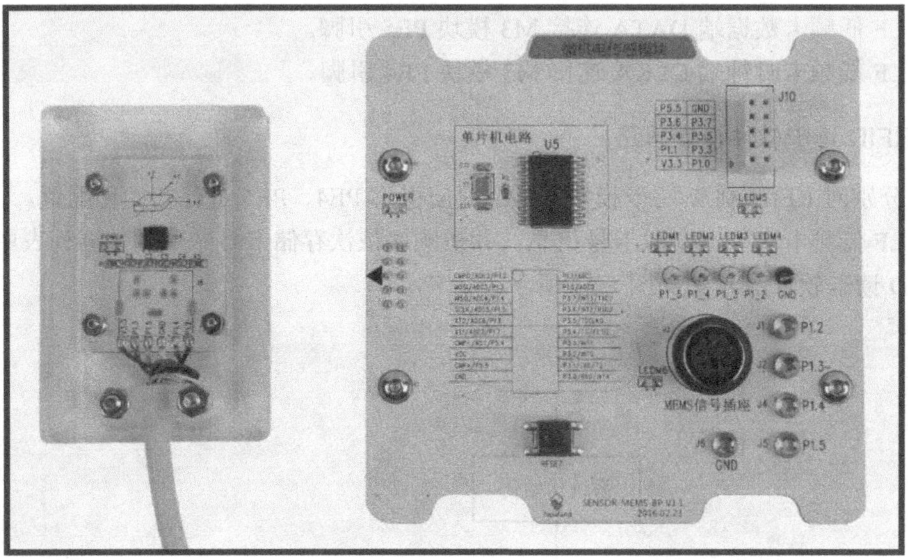

图 5.22 微机电模块

2) ADXL335 芯片介绍

ADXL335 是一款小尺寸、薄形、低功耗的三轴加速度测量系统，提供经过信号调理的模拟电压输出，该芯片的最小满量程加速度测量范围为±3*g*，既可以测量倾斜检测应用中的静态加速度(比如重力加速度)，也可以测量运动、冲击或振动导致的动态加速度。用户使用 X_{OUT}、Y_{OUT} 和 Z_{OUT} 引脚上的电容 C_X、C_Y 和 C_Z 选择该加速计的带宽，可以根据应用选择合适的带宽，*X* 轴和 *Y* 轴的带宽范围为 0.5～1600Hz，*Z* 轴的带宽范围为 0.5～550Hz。

ADXL335 引脚图如图 5.23 所示。

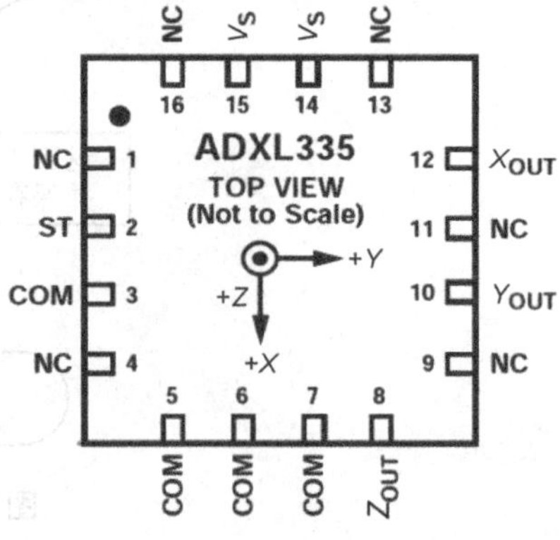

图 5.23 ADXL335 引脚

该传感器为多晶硅表面微加工结构，置于晶圆顶部。多晶硅弹簧悬挂于晶圆表面的结构之上，提供加速度力量阻力。差分电容由独立固定板和活动质量连接板组成，能对结构偏转进行测量。固定板由 180°

反相方波驱动。加速度使活动质量块偏转，使差分电容失衡，从而使传感器输出的幅度与加速度成比例。

3) 加速度数据读取

ADXL335 的测量值可通过对应的三个输出口直接获得，只需对相应的输出电压 X_{OUT}、Y_{OUT} 和 Z_{OUT} 进行 AD 转换后再换算成加速度值即可。

加速度传感器内部结构如图 5.24 所示。

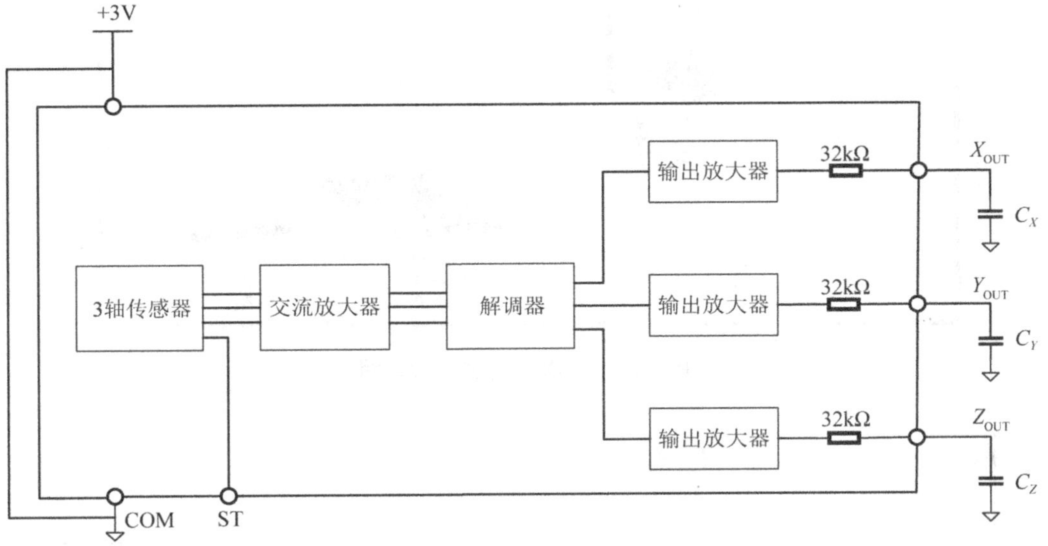

图 5.24 加速度传感器内部结构

ADXL335 额定工作电压为 1.8～3.6V。当芯片的供电电压为 3V 时，三个轴向的灵敏度为 300mV/g，单个轴向的加速度值为 0g 时，对应轴向输出电压典型值为 1.5V，依此可计算各方向加速度。当使用其他供电电压时，输出灵敏度与电源电压成比例变化，比如 3.6V 供电时，输出灵敏度为 360mV/g，2.0V 供电时，输出灵敏度为 195mV/g。

4) 加速度传感器方向判断

ADXL335 传感器模块水平向上放置时，X、Y 轴方向的加速度为 0g，Z 轴上为 1g。上下翻转后，Z 轴上为−1g。沿着某个方向旋转 90° 时，其加速度加 1g，反向则为−1g。ADXL335 加速度说明如图 5.25 所示，图中芯片表面的小白点可作为方位的参考点。ADXL335 的加速度灵敏轴说明如图 5.26 所示。

5) 模块测量使用方法

三个轴向的输出电压可以用万用表直接从 J2(X 轴)、J4(Y 轴)、J5(Z 轴)测量读取。

6) 加速度传感器与 M3 接口电路

加速度传感器与 M3 接口电路如图 5.27 所示。

接线说明如下。

(1) 加速度传感器 X_{OUT} 接 M3 引脚 PC0 端。

(2) 加速度传感器 Y_{OUT} 接 M3 引脚 PC1 端。

(3) 加速度传感器 Z_{OUT} 接 M3 引脚 PC2 端。

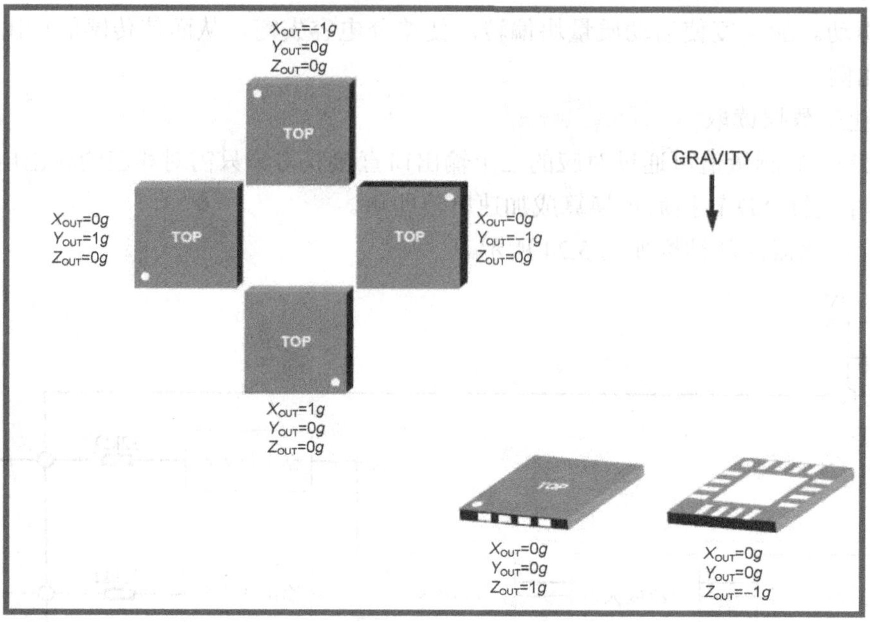

图 5.25　ADXL335 加速度说明

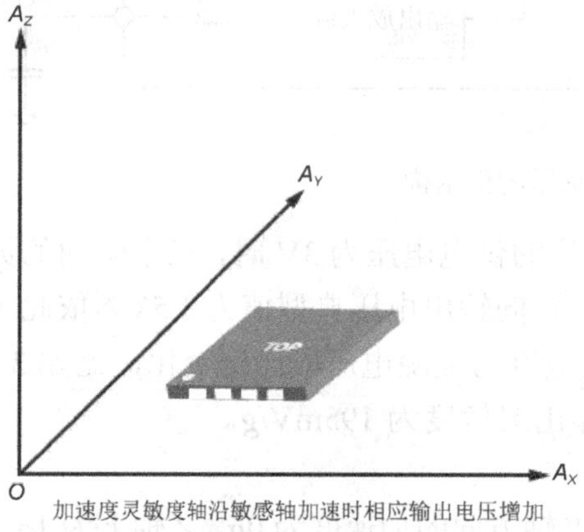

图 5.26　ADXL335 加速度灵敏轴说明

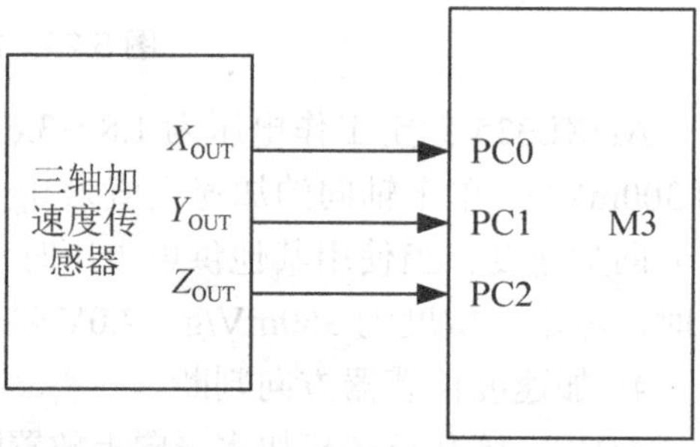

图 5.27　加速度传感器与 M3 接口电路

2. 三轴加速度检测软件设计思路

三轴加速度检测工作过程可描述为：通电初始化时，记录当前三个轴向 AD 转换数值并保存。在程序运行过程中，每次采集三轴加速度传感器三个轴向的 AD 转换数值并与其初始值相比较，当数值不相等的情况超过一定次数时，说明当前保险箱被搬动，此时系统发出报警命令。当系统解除报警时，重新记录三轴加速度传感器三个轴向的 AD 数值，用于下次比较。

三轴加速度传感器的作用主要是用于检测保险箱是否被异常搬动。当检测到保险箱被异常搬动时，系统将异常状态上传至云端服务器，客户端(手机端)能够在远程接收相关状态信息，并实时进行远程处理。

备注：

(1) 系统布防后，红外光电对射传感器模块和三轴加速度传感器模块处于工作状态。当检测保险箱异常时，会触发警报。

(2) 系统通电时，自动校准三轴加速度传感器模块。当保险箱倾斜一定角度(保险箱倾斜角度可设为 20° 左右)时，系统触发警报。

(3) 保险箱门在开启状态，系统不会触发任何警报。

三轴加速度检测软件流程图如图 5.28 所示。

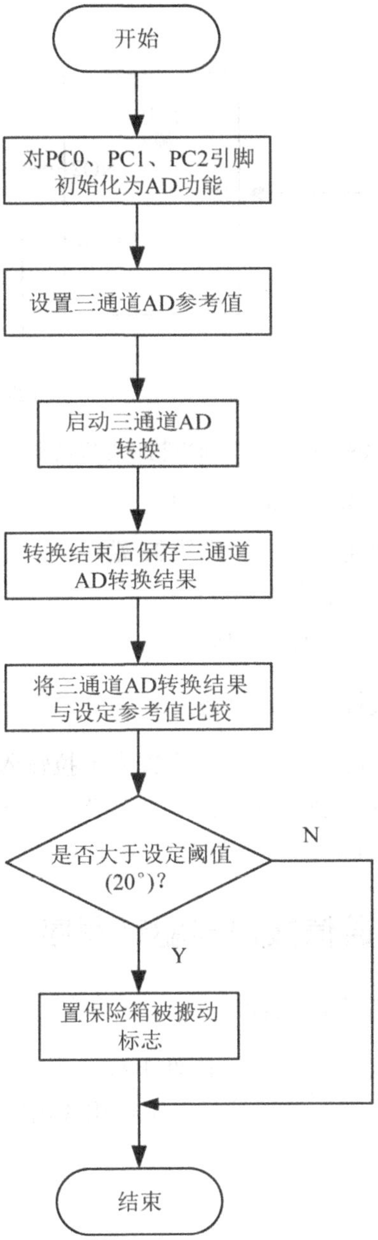

图 5.28　三轴加速度检测软件流程图

5.3.6 任务六　门锁继电器控制

1. 门锁继电器控制硬件接口电路设计

1) 门锁继电器控制硬件接口电路

保险箱电控锁是被控设备。如果系统授权合法，M3 核心模块 CPU 控制电控锁启动开锁功能。由于保险箱电控锁工作电流较大，因此可采用继电器进行控制。门锁继电器控制硬件接口电路框图如图 5.29 所示。

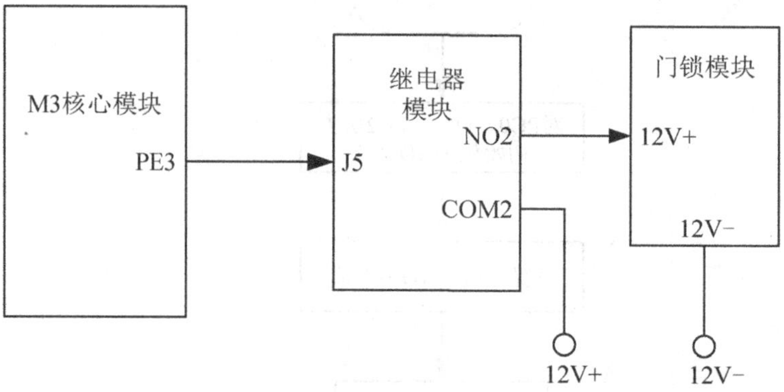

图 5.29　门锁继电器控制硬件接口电路框图

2) 门锁继电器硬件接口电路连接定义说明

① M3 核心模块 PE3 引脚连接继电器模块 J5 端。

② 继电器模块 NO 端连接门锁模块+12V 端。

③ 继电器模块 COM2 端连接电源+12V 端。

2. 门锁继电器控制软件流程图设计思路

① 初始化配置 M3 内部对应 PE3 引脚，设置为上拉输入模式。

② 如果系统授权开门合法，则控制门锁继电器吸合，开启保险箱门锁。

保险箱门锁继电器控制软件流程图如图 5.30 所示。

5.3.7 任务七　Wi-Fi 通信接口与驱动程序设计

1. Wi-Fi 通信接口硬件接口电路设计

关于 Wi-Fi 通信模块简介、主要特点、固件下载说明，以及 Wi-Fi 通信模块与 M3 接口电路，均同第 3 章任务五，为避免内容重复介绍，相关内容在此省略，读者可以查阅相关章节。

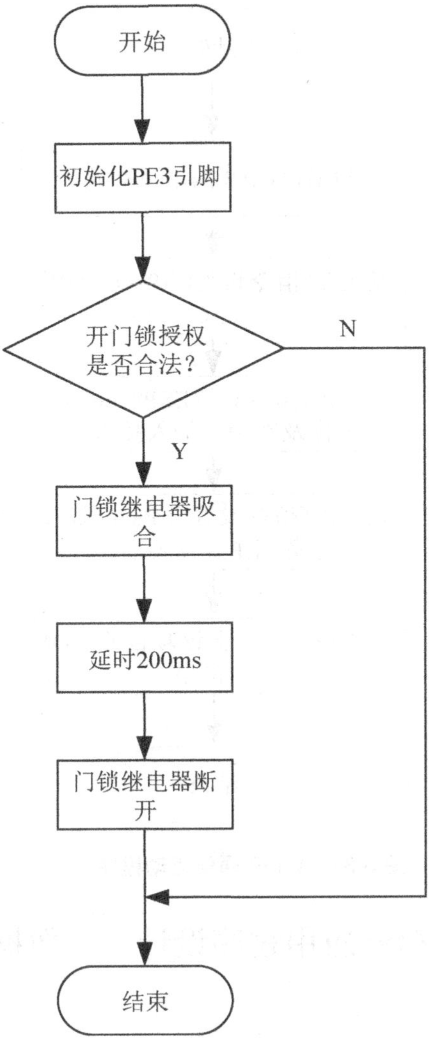

图 5.30　门锁继电器控制软件流程图

2. Wi-Fi 通信驱动程序设计思路

(1) 初始化 M3 串口 4。

(2) 发送 AT 指令，设置 Wi-Fi 模式。

(3) 发送 AT 指令，设置 Wi-Fi 热点名称和密钥，加入接入点。

(4) 发送 AT 指令，设置 Wi-Fi 连接服务器的 IP 地址及设备端口，建立 TCP/IP 连接。

(5) 设置 Wi-Fi 为透传模式。

(6) 发送连接至服务器的该项目 JSON 字符串。

Wi-Fi 通信驱动程序流程图如图 5.31 所示。

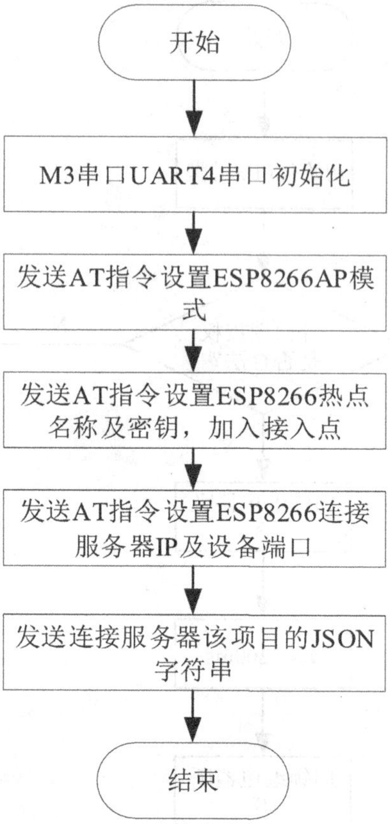

图 5.31　Wi-Fi 通信驱动程序流程图

5.3.8　任务八　手机 App 应用程序设计——数据获取及显示模块开发

1. 功能描述

基于任务八代码工程，在界面 Job1Activity.java 中，完成两个数据的获取并展示，实现函数 getSensorsData()的逻辑功能。两个数据的含义说明如下。

(1) 数据 1：门锁状态。

(2) 数据 2：安防状态。

2. 结果描述

用户开发任务完成后，在界面 Job1Activity.java 中进行硬件操作时，界面能动态显示系统门锁状态、安防状态变化。

3. 任务八业务流程图

任务八业务流程图如图 5.32 所示。

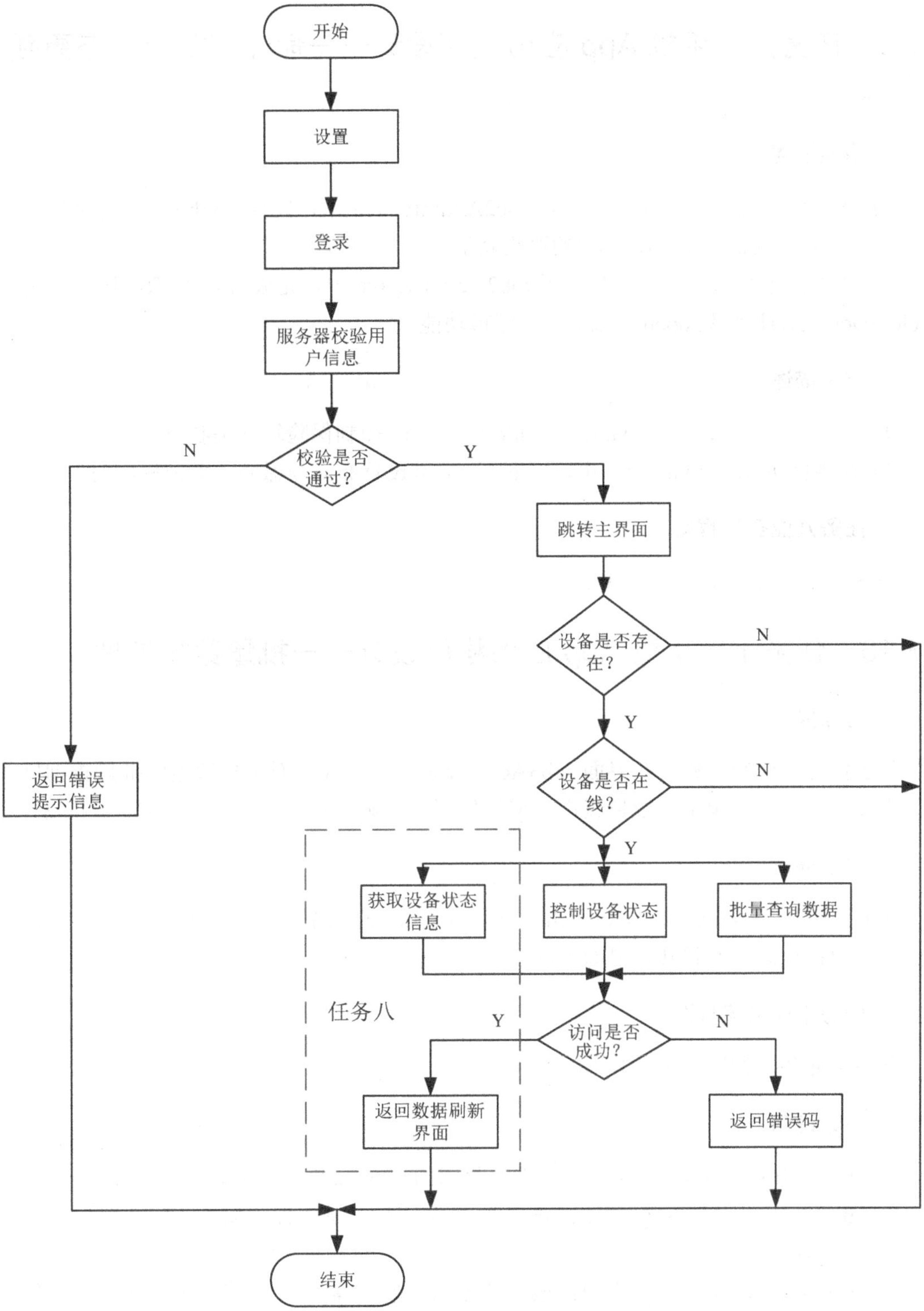

图 5.32　任务八业务流程图

5.3.9 任务九 手机 App 应用程序设计——命令控制及状态更新模块开发

1. 功能描述

(1) 基于任务九代码工程，在界面 Job2Activity.java 中，完成 Android 端对保险箱开门控制，实现函数 controlBoxSwitch()的逻辑功能。

(2) 基于任务九代码工程，在界面 Job2Activity.java 中，完成对布防/撤防操作，实现函数 closeDefence()和函数 openDefence()的逻辑功能。

2. 结果描述

(1) 在界面 Job2Activity.java 中，Android 端实时控制保险箱开关状态。

(2) 在界面 Job2Activity.java 中，Android 端可设置布防与撤防，并能够实时刷新 UI。

3. 任务九业务流程图

任务九业务流程图如图 5.33 所示。

5.3.10 任务十 手机 App 应用程序设计——批量数据处理

1. 功能描述

基于任务十代码工程，在界面 Job3Activity.java 中，完成对历史数据的批量查询操作。对于事件触发，可绑定至“批量查询数据”按钮。单独启动一个 Activity 实现数据展示。

2. 结果描述

在界面 Job3Activity.java 中，点击“批量查询数据”按钮后，系统可选择获取某时间段内的历史数据信息，并将其在界面上展示。

3. 任务十业务流程图

任务十业务流程图如图 5.34 所示。

4. 函数说明

(1) displayBoxStatus(int value)：基于保险箱门锁状态值，更新显示 UI 状态。

(2) dispalyDefenceClose()(说明：该函数无返回值)：基于保险箱安防状态值——撤防，更新显示 UI 状态。

(3) dispalyDefenceOpen()(说明：该函数无返回值)：基于保险箱安防状态值——布防，更新显示 UI 状态。

备注：新大陆物联网云平台 API 说明详见网址：http://www.nlecloud.com/doc/api。

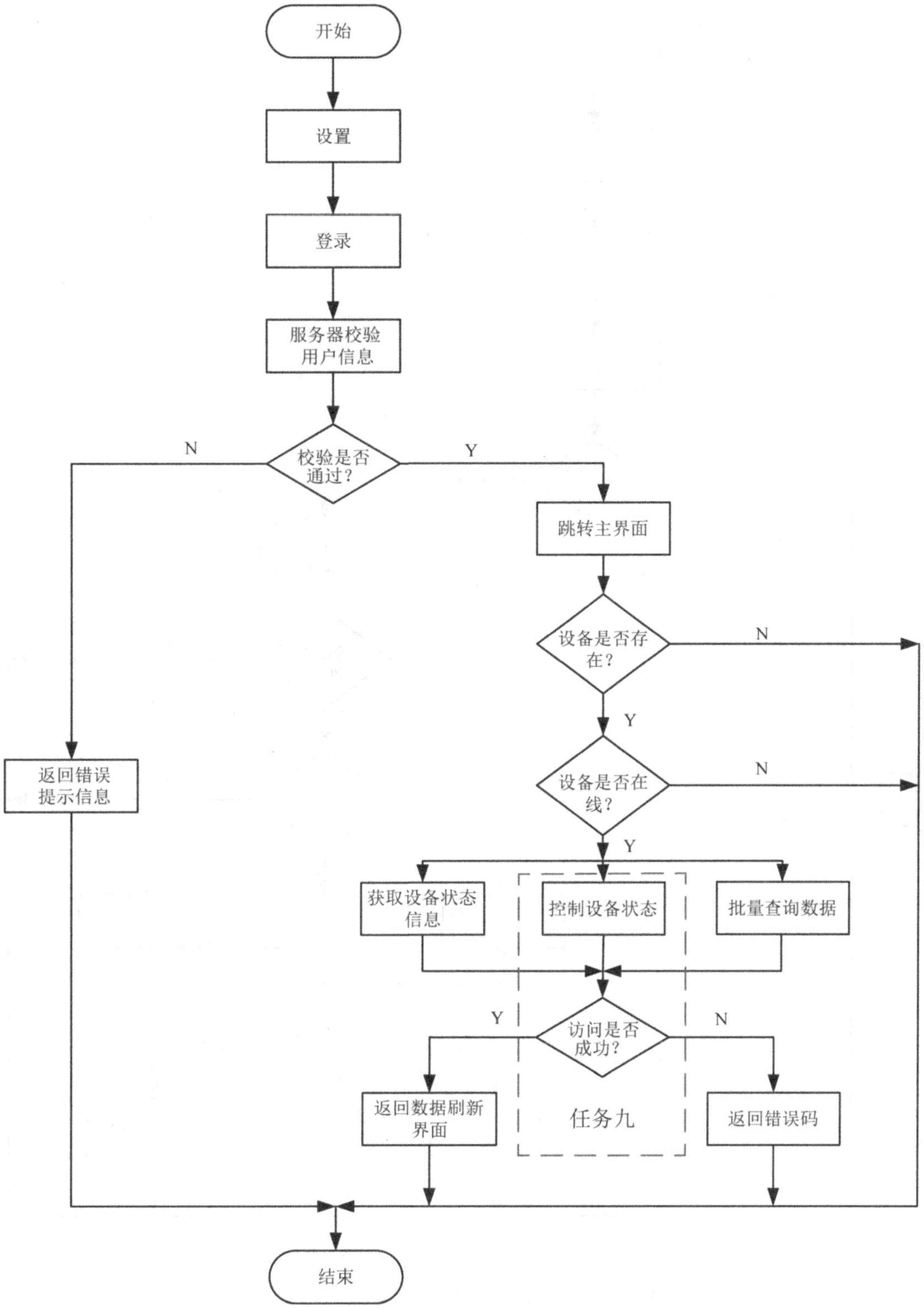

图 5.33　任务九业务流程图

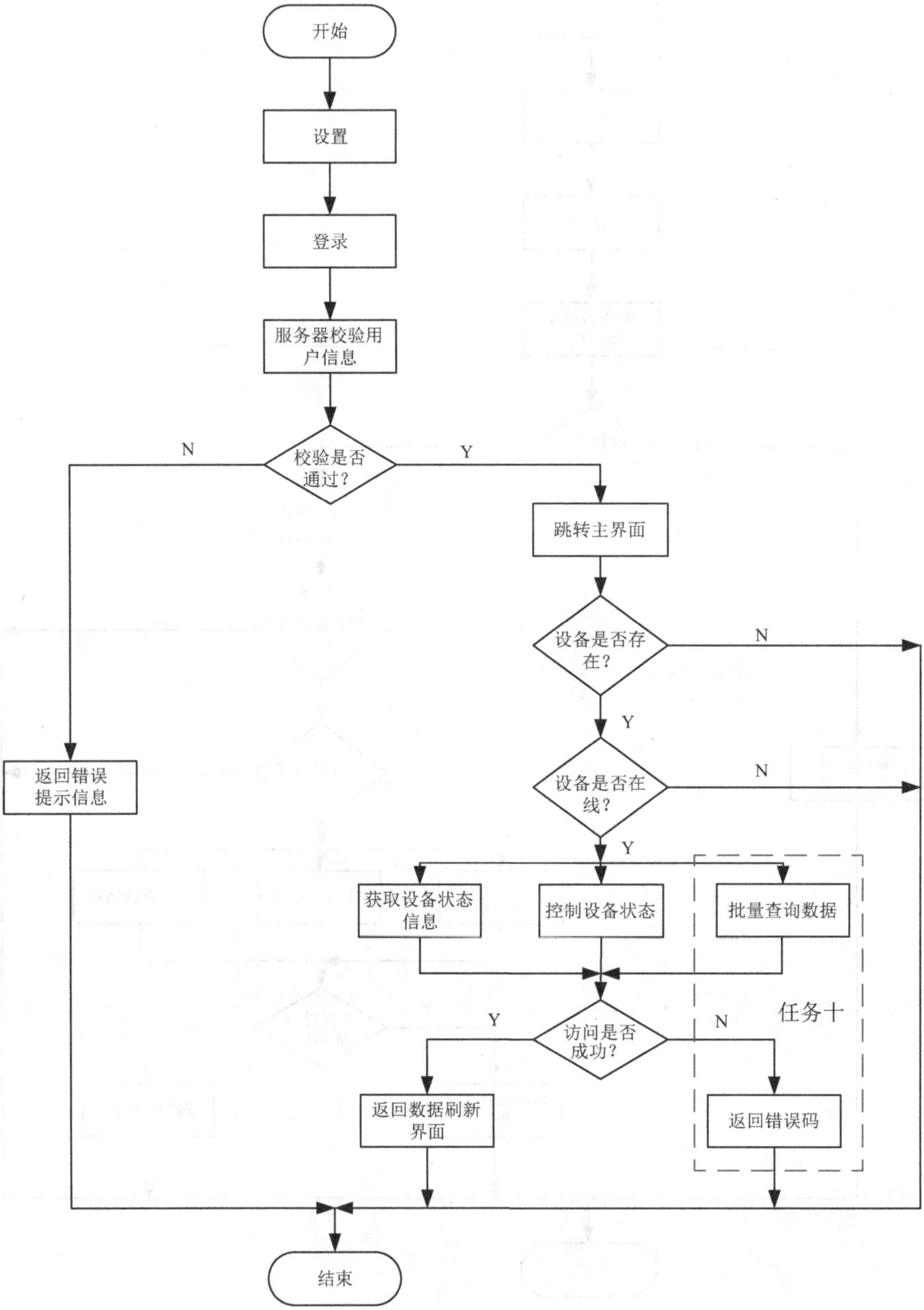

图 5.34　任务十业务流程图

5.4 课题参考评价标准

综合实训成绩评定表(百分制)

设计项目	内容	得分	备注
平时表现	工作态度、遵守纪律、独立完成设计任务		5 分
	独立查阅文献、收集资料、制订项目设计方案和日程安排		5 分
设计报告	电路设计、程序设计		10 分
	测试方案及条件、测试结果完整性、测试结果分析		5 分
	摘要、设计报告正文的结构、图表规范性		10 分
仿真与实物制作	按照设计任务要求的功能仿真		10 分
	按照设计任务要求在 NEWLab 正确连线		10 分
	按照设计任务要求实现的功能		10 分
	设计任务工作量、难度		10 分
	设计创新		10 分
实训项目答辩	学生根据所设计任务 PPT 讲解，有指导老师提问，学生答辩		15 分
综合成绩评定	指导教师签名：		

5.5 课 题 拓 展

智能保险箱应用领域越来越广泛，其功能也越来越完善，从原来的只能通过密码(无论是机械密码还是电子密码)开锁，已延伸到现在的指纹识别开锁、人脸识别开锁等人工智能领域，感兴趣的读者可以对此进行功能拓展。

5.6 课题资源包

为方便读者及时查阅与课题相关的参考资料，本教材提供了课题资源包。课题资源包索引如图 5.35 所示。学生实战演练课题时，可根据资源包索引查阅相关资料。

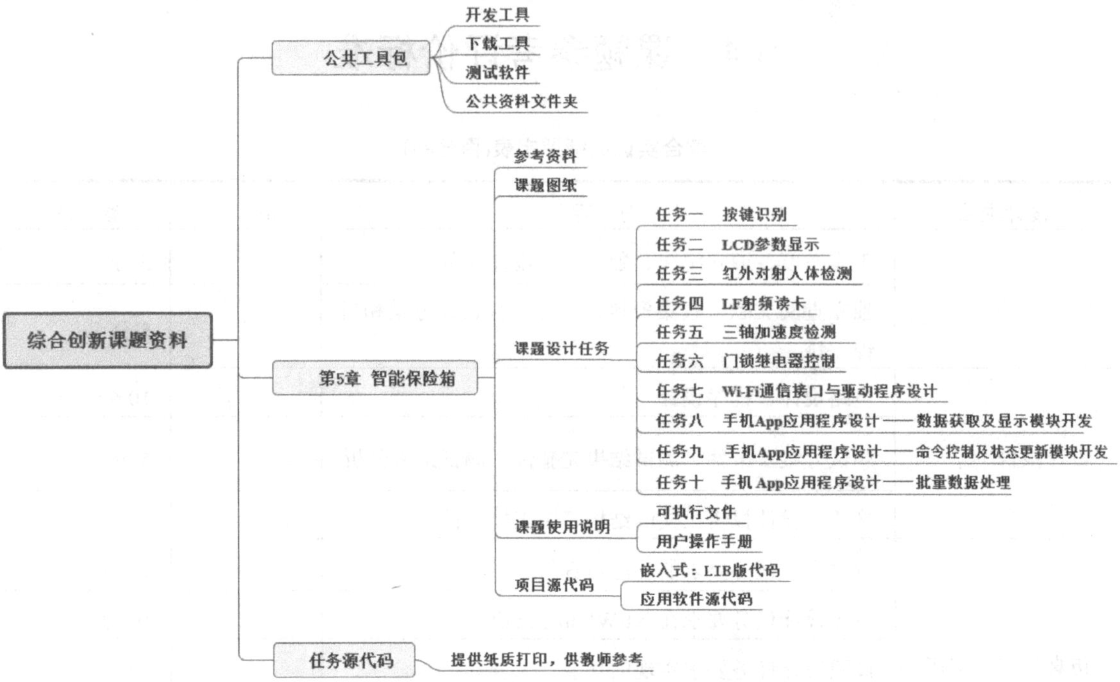

图 5.35 课题资源包索引

(扫一扫，获取精美课件及相关课题资源)

第 6 章 智能无线热敏打印机

【课题概要】

随着通信技术的发展以及无线接入技术的普及，使电子设备应用更加方便、快捷。智能无线热敏打印机就是在这种背景下应运而生的。它集机电技术、嵌入式系统技术、无线蓝牙技术于一体，因其体积小、噪声低、打印速度快、打印质量高、结构简单、维护方便、性价比高等优点，已被广泛用于POS打印、医疗、票券、标签、条形码打印、银行凭证打印、大型商场等，并已成为各种智能化仪器的重要输出终端。

智能无线热敏打印机将蓝牙技术(Bluetooth)应用于热敏打印机中，通过蓝牙通信与计算机、手机实现“本地”无线连接，摆脱打印机因连线所带来的不便，完全脱离有线的限制，实现无线打印。同时也可以将其接入3G、4G等通信网络，实现“云端”远程打印功能。

本课题依据真实的市场需求，应用嵌入式应用、计算机应用、通信网络等技术，可培养在校学生的理论联系实际能力与创新能力，为今后从事相关的研发工作打下坚实的基础。

智能无线热敏打印机课题定位于本科院校以及高等职业院校综合实训、课程设计、创客教育、竞赛培训、科技创新、综合技能培训等实践教学环节，配合NEWLab基础实践教学平台，形成课堂内外有益的补充。本课题主要涉及传感器技术、嵌入式系统应用技术、电力电子技术、蓝牙通信技术、手机App控制软件开发等专业知识点。

【课题难度】

★★★★★

6.1 课题描述

目前，无线打印机市场已经初具规模，全国许多大型的打印机生产企业逐步推出了相关产品，但通过市场调查发现，手持式无线打印机目前还比较奇缺。如果能研发一种手持式无线打印机，将会填补这一领域的市场空白。

热敏打印机的主要功能是数据传输、数据处理和实时打印。系统采用 STM32 单片机作为主控芯片，将手机端编辑的文字通过蓝牙模块 CC2541 传输至单片机端，实现手机端至单片机端数据无线传输。数据处理主要是把接收到的数据存储至数据缓冲区，并通过 STM32 单片机 SPI 接口发送至热敏打印头。打印控制主要是结合处理的数据及打印头上的温度等确定打印加热时间，并准确控制步进电机走纸，完成所编辑文字的打印。

智能无线热敏打印机实战课题应用范围：物联网综合应用、嵌入式系统开发、应用软件开发、创新创客、毕业设计、专业综合实训等。本课题适用于物联网技术与应用、嵌入式系统、应用电子技术、测控技术与仪器、信息技术等相关专业。在实践教学过程中，指导教师可以根据学生的专业特点，侧重选择某个知识面进行实战演练。

6.2 课题分析

6.2.1 智能无线热敏打印机硬件设计

1. 智能无线热敏打印机硬件设计方案

基于蓝牙通信的无线热敏打印机采用 STM32 作为主控芯片，系统主要包括热敏打印头模块、蓝牙通信模块、走纸步进电机驱动模块、热敏打印头温度检测模块、缺纸检测模块、热敏打印头过热保护模块、手机客户端等。智能无线热敏打印机硬件总体框图如图 6.1 所示。

2. 智能无线热敏打印机硬件拓扑结构图

智能无线热敏打印机硬件拓扑结构如图 6.2 所示。

3. 智能无线热敏打印机硬件接线示意图

智能无线热敏打印机硬件接线示意如图 6.3 所示。

4. 智能无线热敏打印机模块与 M3 引脚接线定义说明

热敏打印机缺纸检测模块、AD 转换模块(用于热敏打印头温度检测)、热敏打印机数据输入与加热逻辑控制模块、热敏打印机走纸步进电机驱动控制模块、蜂鸣器模块、蓝牙 4.0(CC2541)模块、字库扩展 FLASH 模块与 M3 引脚连接定义详细说明分别如表 6.1～表 6.7 所示。

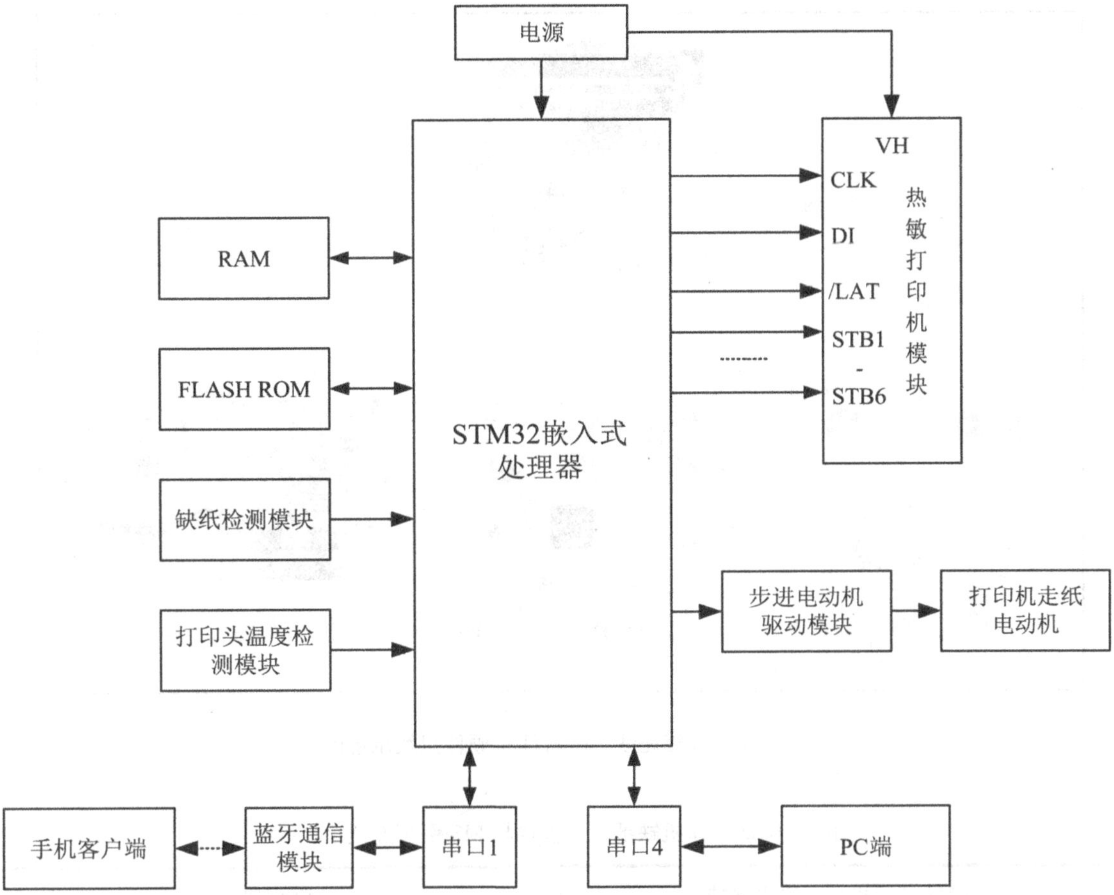

图 6.1 智能无线热敏打印机硬件总体框图

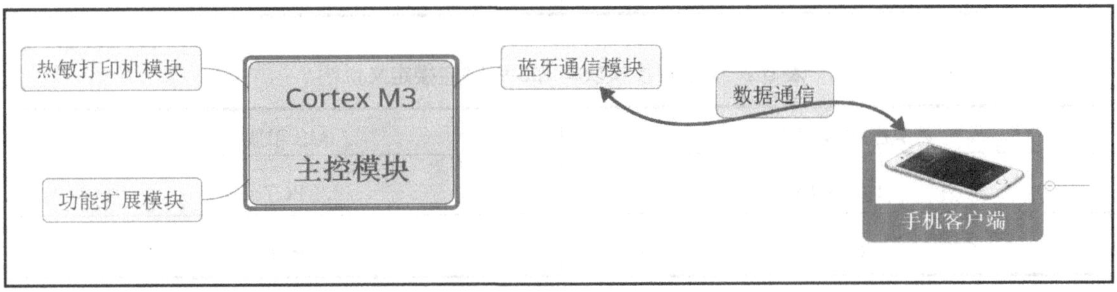

图 6.2 智能无线热敏打印机硬件拓扑结构

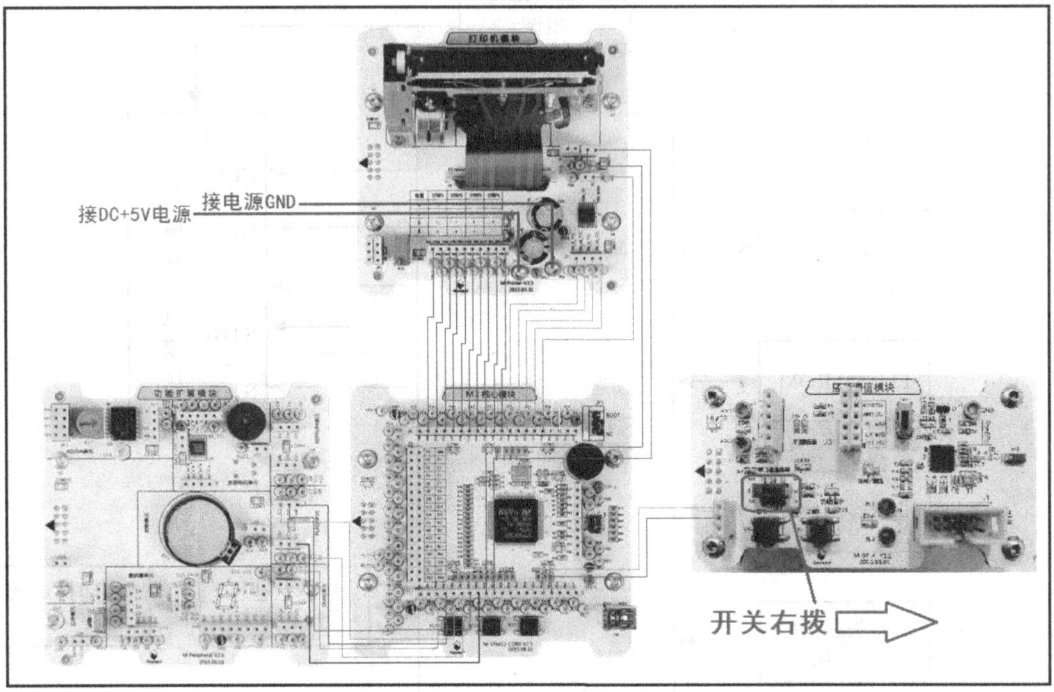

图 6.3　智能无线热敏打印机硬件接线示意图

表 6.1　热敏打印机缺纸检测模块与 M3 引脚连接定义说明

热敏打印机缺纸检测模块	M3 引脚
PRN_PS	PA1

表 6.2　AD 转换模块与 M3 引脚连接定义说明

AD 转换模块	M3 引脚
I^2C_SDA	PC7
I^2C_SCL	PC6

表 6.3　热敏打印机数据输入和加热逻辑控制模块与 M3 引脚连接定义说明

热敏打印机数据输入和逻辑加热控制模块	M3 引脚
PRN_WORK	PC0
PRN_MOSIO	PA2
PRN_CLK0	PA3
PRN_NLAT	PA4

续表

热敏打印机数据输入和逻辑加热控制模块	M3 引脚
PRN_SETB1	PA5
PRN_SETB2	PA6
PRN_SETB3	PA7
PRN_SETB4	PC4
PRN_SETB5	PC5
PRN_SETB6	PB0

表 6.4 热敏打印机走纸步进电机驱动控制模块与 M3 引脚连接定义说明

热敏打印机走纸步进电机驱动控制模块	M3 核心板引脚
PM_nA_TTL	PC1
PM_A_TTL	PC2
PM_nB_TTL	PC3
PM_B_TTL	PA0

表 6.5 蜂鸣器模块与 M3 引脚连接定义说明

蜂鸣器模块	M3 引脚
BUZZER0	PA8

表 6.6 蓝牙模块与 M3 引脚连接定义说明

蓝牙模块	M3 引脚
TXD	PC11
RXD	PC10

表 6.7 字库扩展 FLASH 模块与 M3 引脚连接定义说明

FLASH 模块(装字库)	M3 核心板引脚
FLASH_SPI_HOLD	PB10
FLASH_SPI_WP	PB11
FLASH_SPI_NSS	PB12
FLASH_SPI_SCK	PB13
FLASH_SPI_MISO	PB14
FLASH_SPI_MOSI	PB15

6.2.2 智能无线热敏打印机软件设计方案

1. 智能无线热敏打印机实现的功能

读者可选择 NEWLab 实验平台相应的模块，根据课题需求进行合理的部署，实现智能无线热敏打印机课题任务。智能无线热敏打印机主要功能如下。

(1) 实现基本打印功能。

(2) 实现蓝牙通信功能及数据无线传输。

(3) 手机端编辑打印文本，实现手机端远程打印。

(4) 字库数据扩展存储。

(5) 开发 PC 端软件，以实现标准字库下载与打印测试。

2. 智能无线热敏打印机程序设计

智能无线热敏打印机程序设计包括嵌入式底层驱动程序设计、PC 端应用软件设计、手机 App 应用软件设计三部分。

1) 嵌入式底层驱动程序设计

通电系统初始化，然后打印机功能自检，完成后进入主体任务。主体任务流程如下。

① 若串口 1 接收到数据，解析数据命令。若命令为字库下载，则执行字库下载程序；若命令为打印，则执行打印程序。

② 若串口 1 未接收到数据，则进入 BLE 蓝牙数据解析处理进程。

主体任务在“1”和“2”之间循环执行，根据串口接收命令进行工作状态切换。

智能无线热敏打印机嵌入式底层驱动流程图如图 6.4 所示。智能无线热敏打印机嵌入式端设计任务如图 6.5 所示。

2) PC 端应用软件设计

智能无线热敏打印机 PC 端应用软件设计任务如图 6.6 所示。

3) 手机 App 应用软件设计

手机端编辑打印文字信息，通过蓝牙无线通信，热敏打印机将手机端发送的信息完整、无误打印。

手机端用户可实现如下远程操作。

- 手机端手动选择与之对应的无线蓝牙模块进行配对连接。
- 用户可在手机端输入要打印的文本信息，并将其发送至热敏打印机，实现文本打印。

通信模块采用 BLE 蓝牙 4.0 技术，实现手机端与热敏打印机之间的数据传输。通信协议可参考蓝牙热敏打印机通信协议。

手机 App 程序架构可分为两层，详细说明如下。

① 应用层：作为移动端，提供用户文本输入及蓝牙设置等功能。

② 蓝牙通信层：提供蓝牙设备查询、配对以及与手机端通信。

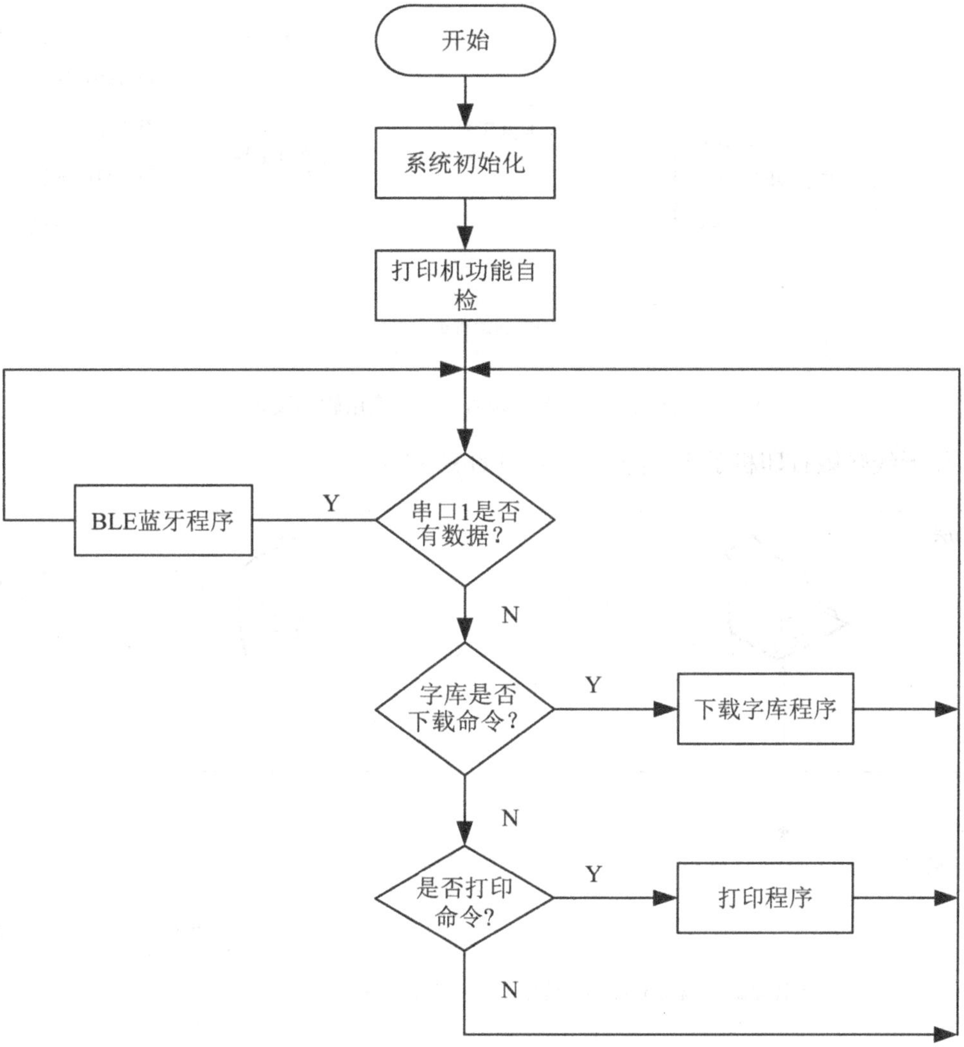

图 6.4　智能无线热敏打印机嵌入式底层驱动流程图

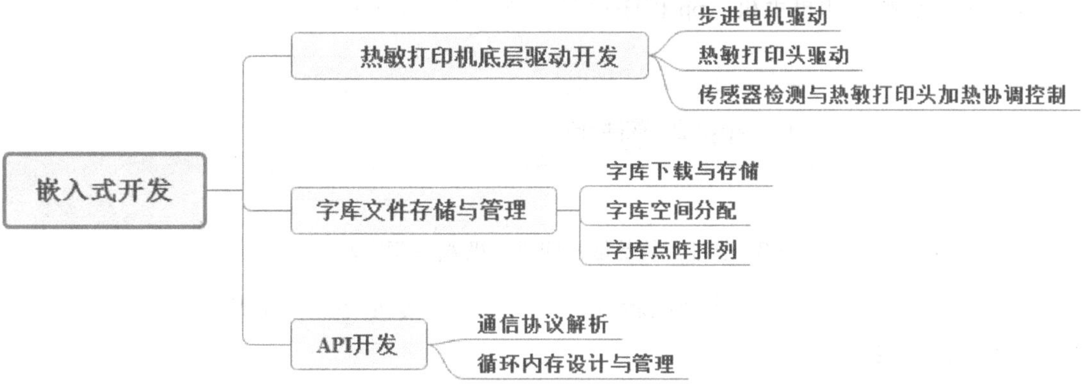

图 6.5　智能无线热敏打印机嵌入式端设计任务

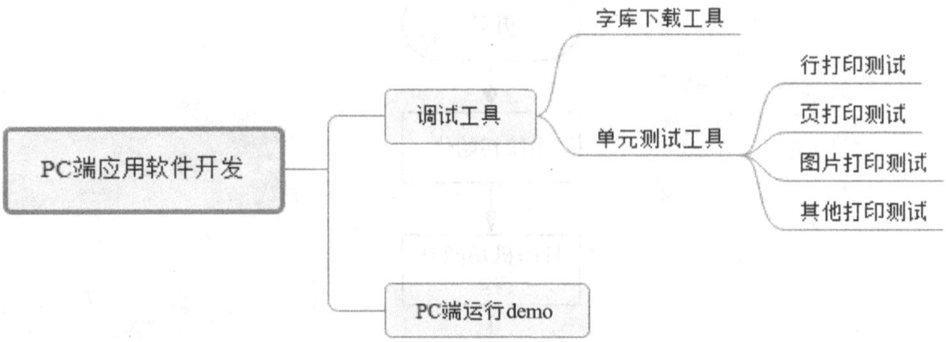

图 6.6　智能无线热敏打印机 PC 端应用软件设计任务

智能无线热敏打印机手机 App 软件架构如图 6.7 所示。

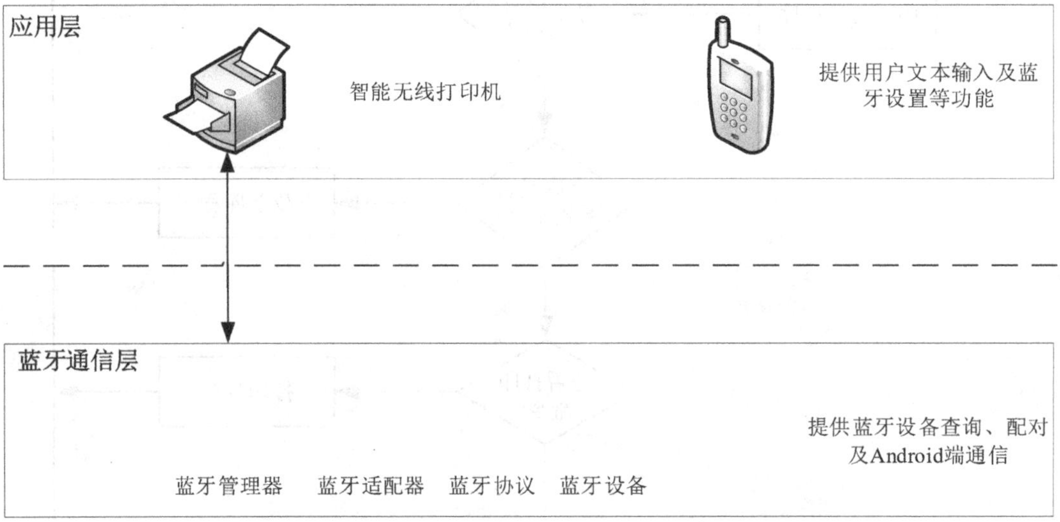

图 6.7　智能无线热敏打印机手机 App 软件架构

智能无线热敏打印机手机 App 程序设计任务如图 6.8 所示。

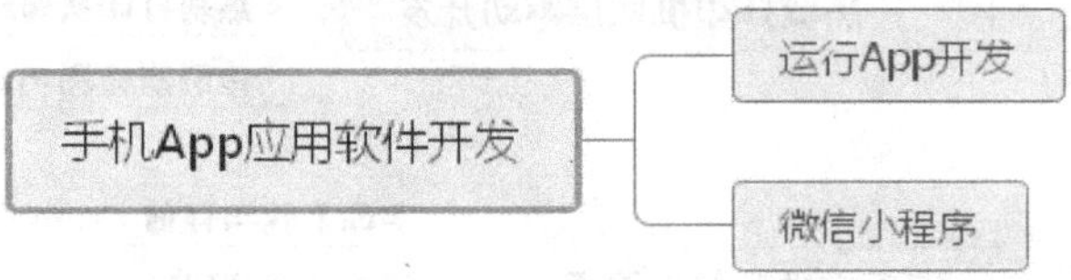

图 6.8　智能无线热敏打印机手机 App 程序设计任务

说明：微信小程序开发可作为创新设计内容，根据专业特点自主开发。

打印数据分包流程说明如下。

(1) Android 应用端输入十进制字符。

(2) 将十进制字符转为十六进制字符。

(3) 根据十六进制字符，计算分包个数。

(4) 基于分包数，分别添加指令(包含三种指令)，可查阅参考资料《蓝牙热敏打印机通信协议》文档。添加的三种指令说明如下。

- 发起数据传输请求指令。
- 数据分包传输请求指令。
- 数据传输结束请求指令。

(5) 给热敏打印机发送指令。

3. 智能无线打印机手机 App 界面设计

启动手机 App，点击开启应用后进入打印界面，手机 App 打印界面如图 6.9 所示。

如果当前手机未打开蓝牙功能，应用界面弹框提示请求用户开启蓝牙功能。开启蓝牙界面如图 6.10 所示。

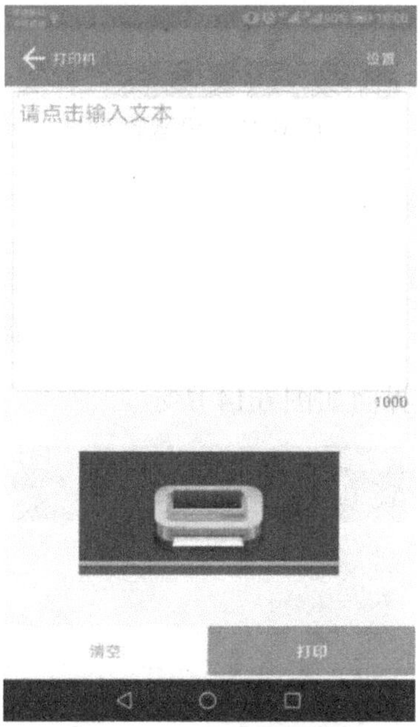

图 6.9　手机 App 打印界面

图 6.10　开启蓝牙界面

智能无线打印机要求用户授权开启蓝牙，应用请求开启蓝牙界面如图 6.11 所示。

用户在打印界面文本框内输入需要打印的文本信息，然后点击“打印”按钮，系统进行打印操作。开启打印功能前提条件说明如下。

(1) 手机端蓝牙已打开。

(2) 手机蓝牙与对应设备的蓝牙已连接。

(3) 用户在文本框已输入文本内容。

备注：该应用可支持打印 1000 个字符。当输入文本内容超过 1000 个字符时，应用将会从输入字符结尾处把超出的字符删除。

在打印界面，点击“设置”按钮进入设置界面，如图 6.12 所示。

图 6.11　应用请求开启蓝牙界面

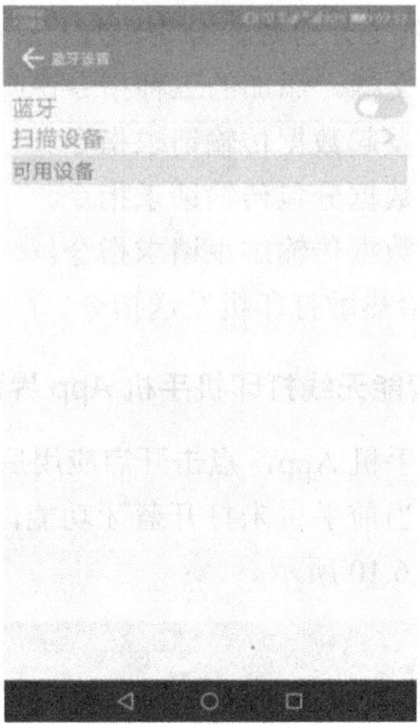

图 6.12　设置界面

在设置界面，应用可实现如下操作。

(1) 手动开启与关闭蓝牙。

(2) 手动触发扫描附近蓝牙设备。

(3) 手动选择连接列表中出现的蓝牙设备。

扫描蓝牙状态界面如图 6.13 所示。蓝牙连接状态界面如图 6.14 所示。

图 6.13　扫描蓝牙状态界面

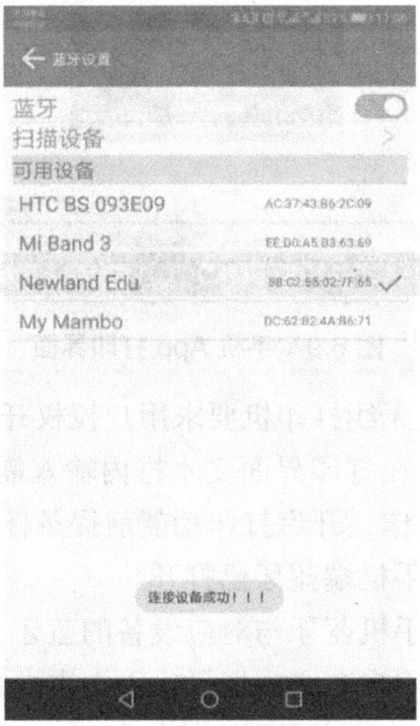

图 6.14　蓝牙连接状态界面

备注：测试连接设备时，选择的蓝牙设备名称为“Newland Edu”。

6.2.3 智能无线热敏打印机任务拆分及计划学时安排

由于智能无线热敏打印机覆盖的专业知识面较为广泛，增加了课题设计的难度，因此需要结合系统实现的功能，对课题设计任务进行拆分。该课题可拆分成若干个功能模块，例如字库下载、蓝牙 4.0 通信模块协议栈设计、打印机数据输入与加热逻辑控制、步进电机驱动、热敏打印头温度检测、热敏打印机缺纸检测、手机 App 设计等。建议每个模块功能单独调试，各个模块功能实现之后，再根据总的工作流程把各个模块连接起来，并结合相应的工作时序最终实现无线热敏打印机的功能。

为保证学生按时完成课题设计任务，达到实战演练的目的，指导教师可根据课题总体设计任务，按系统功能将设计任务拆分成多个子任务，教师可根据学生专业特点分配设计子任务。智能无线热敏打印机任务拆分及计划学时安排如表 6.8 所示。

表 6.8　智能无线热敏打印机任务拆分及计划学时安排

项目编号	项目名称	建议计划学时
任务一	PC 端应用软件开发	8 学时
任务二	热敏打印机缺纸检测	4 学时
任务三	热敏打印机数据输入与加热逻辑控制	8 学时
任务四	热敏打印头温度检测	4 学时
任务五	热敏打印机走纸步进电动机驱动	6 学时
任务六	蓝牙 4.0 模块协议栈设计	8 学时
任务七	手机 App 应用程序设计——蓝牙初始化	8 学时
任务八	手机 App 应用程序设计——蓝牙通信	8 学时
任务九	手机 App 应用程序设计——蓝牙发送数据前准备	8 学时

6.3 课题任务设计

6.3.1 任务一　PC 端应用软件开发

PC 端应用软件设计任务是字库下载工具设计。字库下载操作步骤详细说明如下。

(1) 用 RS232 串口连接计算机和 NEWLab 主机，同时将 NEWLab 主机右上角“自动模式-通信方式”旋钮拨到“通信模式”位置。通信模式操作界面如图 6.15 所示。

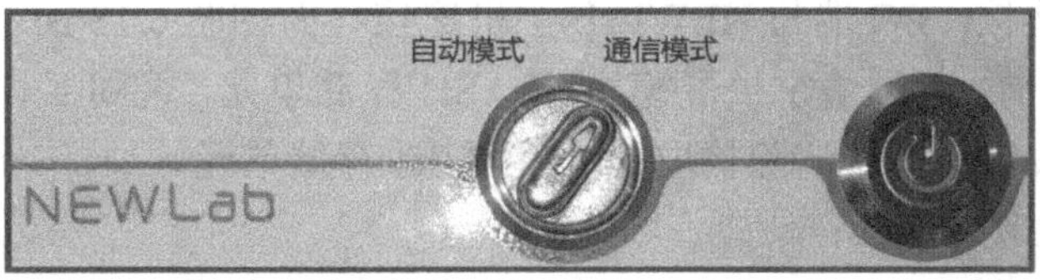

图 6.15　通信模式操作界面

(2) 打开文件夹“字库下载”，在该界面中可选择 PC 端和 NEWLab 主机通信串口。串口选择界面如图 6.16 所示。

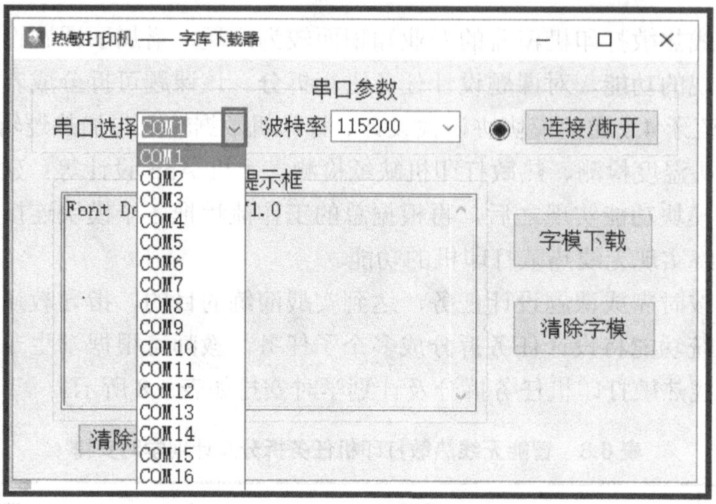

图 6.16　串口选择界面

(3) 串口波特率设置界面如图 6.17 所示。PC 端与 NEWLab 主机通信波特率均设置为 115200bps。

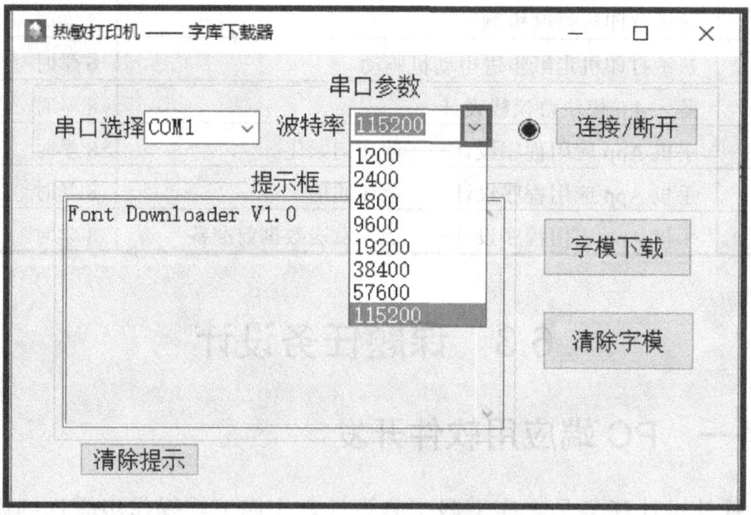

图 6.17　串口波特率设置界面

(4) 点击“连接/断开”按钮，当该按钮左侧指示灯由黑色变成红色时，说明 PC 端与 NEWLab 主机已经连接。PC 端与 NEWLab 主机连接界面如图 6.18 所示。

(5) 在字库下载前，必须清空扩展模块 FLASH 存储单元，否则下载字库时会产生错误。点击“清除字模”按钮，即可清除扩展模块 FLASH 存储单元。

清除字模界面如图 6.19 所示。

(6) 字库下载界面如图 6.20 所示。点击该界面中的“字模下载”按钮，开始下载字库，大约经过 15min，字库下载完毕。字库下载完成界面如图 6.21 所示。

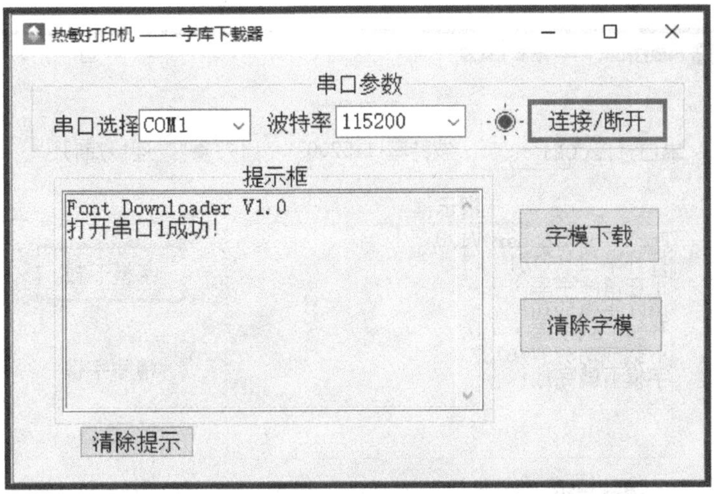

图 6.18　PC 端与 NEWLab 主机连接界面

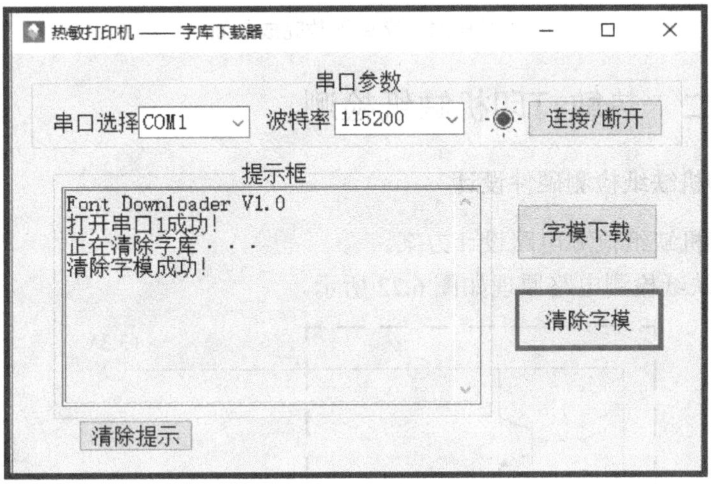

图 6.19　清除字模界面

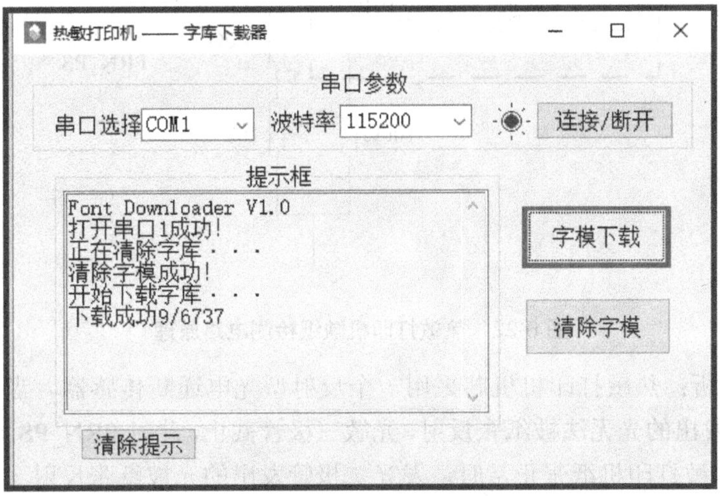

图 6.20　字库下载界面

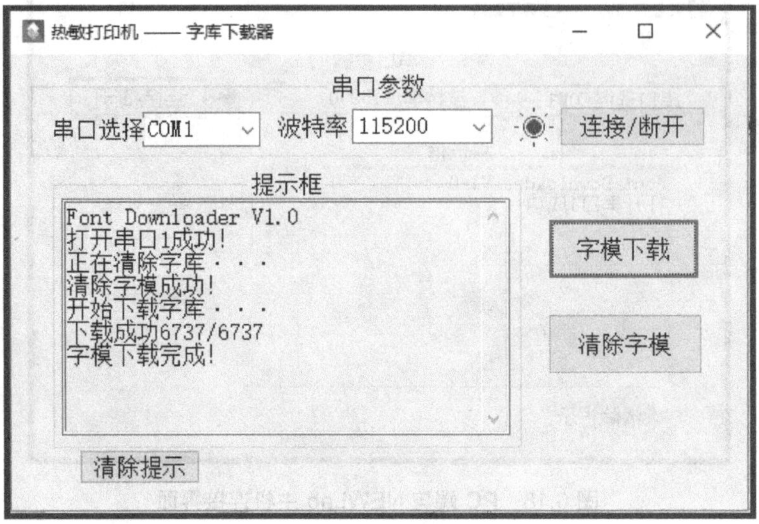

图 6.21　字库下载完成界面

6.3.2　任务二　热敏打印机缺纸检测

1. 热敏打印机缺纸检测硬件设计

1) 热敏打印机缺纸检测电路设计方案

热敏打印机缺纸检测电路原理如图 6.22 所示。

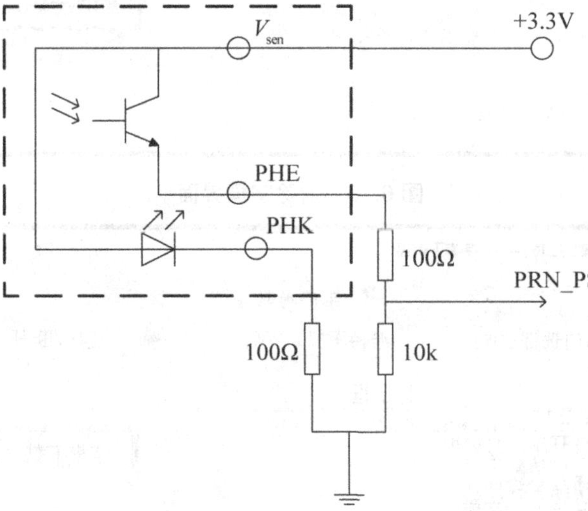

图 6.22　热敏打印机缺纸检测电路原理

工作原理分析：热敏打印机机芯采用一个反射型光电通断传感器。当热敏打印机缺纸时，发光二极管发出的光无法被纸张反射，光敏三极管截止，此时 PRN_PS 端输出低电平(低于 0.54V)；当热敏打印机纸张正常时，发光二极管发出的光被纸张反射至光敏三极管，此时光敏三极管导通，PRN_PS 端输出高电平。因此，主控单片机 STM32 检测 PRN_PS 引脚输出电压值，就可判断热敏打印机是否缺纸。当检测到热敏打印机缺纸时，热敏打印机停止工作。

2) 热敏打印机缺纸检测电路说明

- 图 6.22 虚线内是热敏打印头安装的光电检测传感器。其中，V_{sen} 引脚为传感器的电源端；PHE 引脚为传感器的光敏三极管发射极；PHK 为光电传感器发光二极管阴极。
- 为准确地对缺纸进行检测，将缺纸检测 PRN_PS 连接 M3 引脚 PA1 端配置成 AD 转换器。如果 PRN_PS 端输出电平低于 0.54V，说明热敏打印机缺纸，否则说明热敏打印机有纸。

2. 热敏打印机缺纸检测软件设计

1) 热敏打印机软件设计思路

- 配置 M3 引脚 PA1，将其设置为 12 位 AD 转换器输入口。
- 检测热敏打印机缺纸检测输出端 PRN_PS 输出电压。如果该端输出电压小于 0.54V，说明热敏打印机缺纸，并停止打印。
- 热敏打印机缺纸检测输出端 PRN_PS 电压计算方法如式(6-1)所示。

$$V_{PRN\_PS}=(AD\_V_{PRNS}/(4096-1))\times V_{REF} \tag{6-1}$$

其中：

AD_V_{PRNS} 为缺纸检测输入端当前电压 AD 转换对应的数字量。

V_{PRN_PS} 为当前缺纸检测输入端对应的电压值。

V_{REF} 为 AD 转换器参考电压，V_{REF}=3.3V。

2) 热敏打印机缺纸检测软件设计

热敏打印机缺纸检测软件流程图如图 6.23 所示。

6.3.3 任务三 热敏打印机数据输入与加热逻辑控制

1. 热敏打印机数据输入与加热逻辑控制硬件设计

1) 热敏打印机工作原理

热敏打印技术基本原理是将打印机接收的数据转化成点阵信号，控制打印头热敏单元加热，并把热敏纸上热敏涂层加热显影。热敏打印机有选择地在热敏纸上的确定位置加热，由此便产生了相应的图形、文字符号。加热是由与热敏材料相接触的打印头上一个微小电子加热器提供。加热器排成方点的形式由打印机进行逻辑控制。当加热器被驱动时，就在热敏纸张上产生一个与加热元素相应的图形。控制加热元素的同一逻辑电路，同时也控制进纸，因而可在整个纸张上印出图形、文字符号。

热敏打印技术的关键在于控制加热元件。热敏打印机机芯上安装一排微小的半导体加热元件，这些元件排列得非常密，在通过一定电流时会很快产生高温，当热敏纸涂层遇到这些加热元件时，温度会在极短的时间内升高，热敏涂层立即发生化学反应并显示颜色。

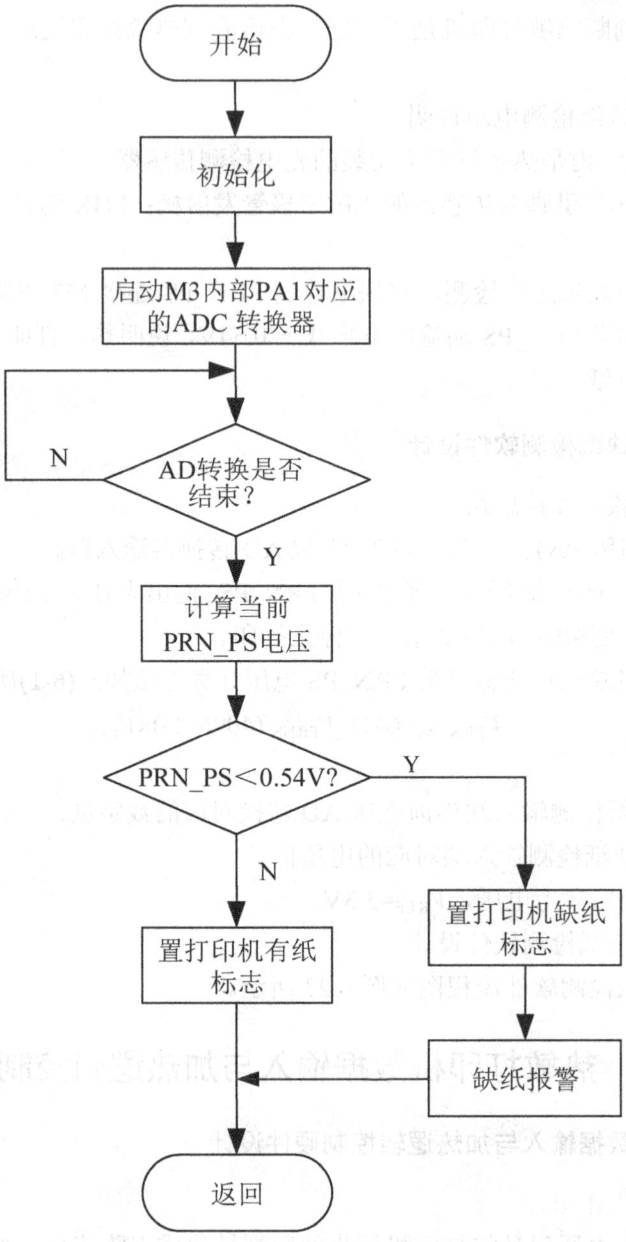

图 6.23 热敏打印机缺纸检测软件流程图

热敏打印机接收到打印数据后，将打印数据转换为位图数据，然后按照位图数据点，控制打印机芯上的发热元件通过一定电流，这样即把打印数据转换成热敏打印纸上的内容。热敏打印头电气结构如图 6.24 所示。

热敏打印头分成 6 组加热区域，每组有若干个发热元件。在时钟信号 CLK 的作用下，384 位数据从 DI 端输入到移位寄存器，然后将/LAT 信号置成低电平，数据从移位寄存器被锁存到锁存器中。热敏打印头数据传输时序如图 6.25 所示。

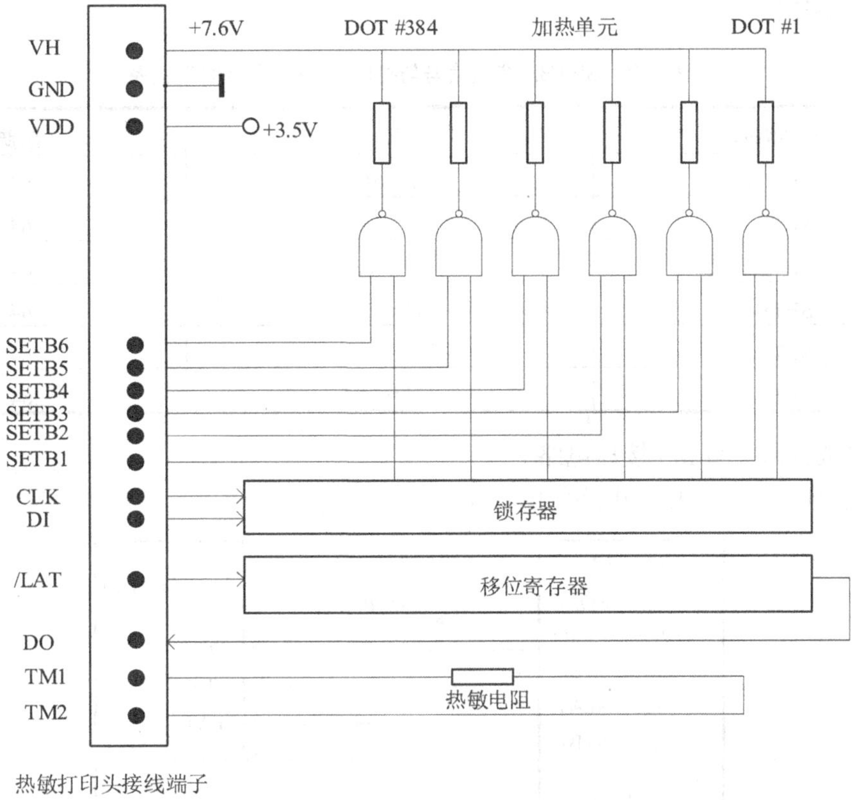

图 6.24 热敏打印头电气结构

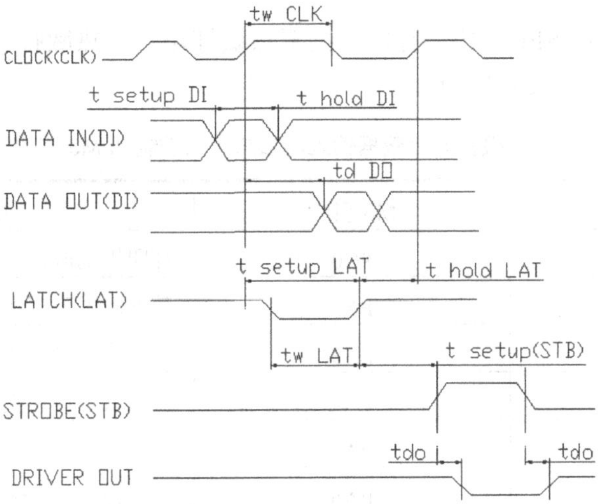

图 6.25 热敏打印头数据传输时序

当加热控制信号 SETBn(n=1～6)使能，通过热敏打印头内部逻辑，就可以控制相对应的 384 位点。如果加热控制信号为“1”，则被加热成黑点，有选择地在热敏纸张的确定位置加热，就产生了相应的图形或文字符号。6 组 SETBn 选通信号与打印头 384 个点对应关系如表 6.9 所示。

表 6.9　SETBn 选通信号与打印头 384 个点对应关系

选通编号	点 编 号	点/脚
SETB1	1～64	64
SETB2	65～128	64
SETB3	129～192	64
SETB4	193～256	64
SETB5	257～320	64
SETB6	321～384	64

2) 热敏打印头与 M3 接口电路

热敏打印头与 M3 接口电路如图 6.26 所示。

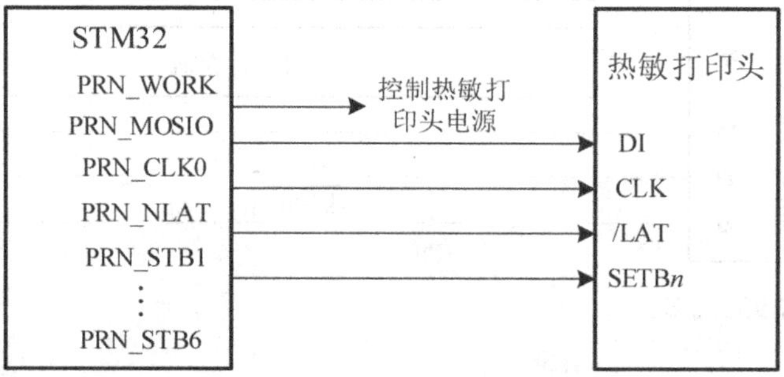

图 6.26　热敏打印头与 M3 接口电路

STM32 单片机通过 SPI 口传输打印数据至热敏打印头。热敏打印机数据输入与加热逻辑控制和 M3 引脚连接如表 6.10 所示。

表 6.10　热敏打印机数据输入与加热逻辑控制和 M3 引脚连接

原理图标示符号	M3 引脚	功能描述
PRN_WORK	PC0	打印机电源控制
PRN_MOSIO	PA2	数据载入数据线
PRN_CLK0	PA3	数据载入时钟线
PRN_NLAT	PA4	数据载入锁存端
PRN_SETB1	PA5	1～64 点加热选通信号
PRN_SETB2	PA6	65～128 点加热选通信号
PRN_SETB3	PA7	129～192 点加热选通信号
PRN_SETB4	PC4	193～256 点加热选通信号
PRN_SETB5	PC5	257～320 点加热选通信号
PRN_SETB6	PB0	321～384 点加热选通信号

2. 热敏打印机数据输入与加热逻辑控制软件设计

热敏打印机数据输入与加热逻辑控制软件流程图如图 6.27 所示。

图 6.27　热敏打印机数据输入与加热逻辑控制软件流程图

6.3.4　任务四　热敏打印头温度检测

1. 热敏打印头温度检测硬件电路设计

当热敏打印头工作时，其打印头温度较高。为了对热敏打印头温度进行控制，需要定时检测热敏打印头温度。主控芯片 M3 通过热敏打印头内部热敏电阻实时检测热敏打印头温度，控制热敏打印头加热时间。如果热敏打印头温度超过 65℃，打印机故障报警，并停止打印。热敏打印头温度检测电路原理如图 6.28 所示。

热敏打印头温度检测电路说明如下。

(1) TM1 和 TM2 接热敏打印头内部温度传感器两端。

(2) M3 引脚 PC7 接 AD 转换器芯片 PCF8591 数据输出 SDA 端，M3 引脚 PC6 接 AD 转换器芯片 PCF8591 串行时钟 SCL 端。

(3) 热敏打印头的加热温度范围为 0～50℃。

2. 热敏打印头温度检测软件设计思路

(1) 对 PC6 和 PC7 引脚进行初始化配置，将其分别设置为 I^2C 总线的时钟输入和数据输出。

(2) 启动 AD 转换器 PCF8591。

(3) 待 AD 转换结束后，读取 AD 转换结果，计算热敏电阻阻值，并根据热敏电阻阻值查表求取当前打印头的加热温度。

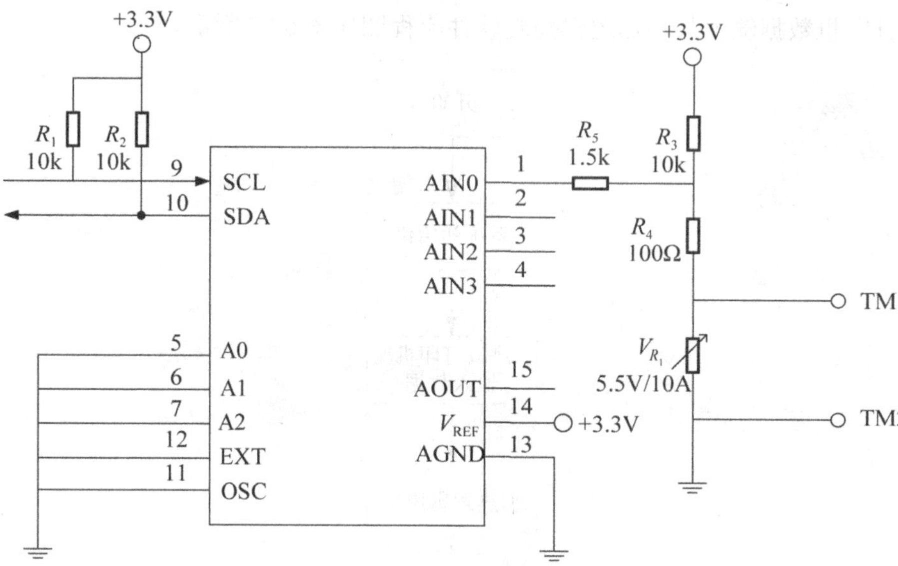

图 6.28　热敏打印头温度检测电路原理图

热敏打印头温度检测软件设计过程如下。

(1) 热敏打印机热敏电阻计算方法参考图 6.28。

根据公式(6-2)计算 PCF8591 输入端电压 V_{AIN0}。

$$V_{AIN0}=(AD\_Value/255)\times V_{REF} \tag{6-2}$$

其中：

V_{AIN0} 为 AD 转换器 PCF8591 输入端电压；

AD_Value 为当前 AD 转换器 PCF8591 转换的数字量；

V_{REF} 为 AD 转换器 PCF8591 参考电压，V_{REF}=3.3V。

(2) 根据公式(6-3)计算通过热敏打印头热敏电阻的电流 I_{TM}。

$$I_{TM}=(3.3-V_{AIN0})/R_3 \tag{6-3}$$

其中：

I_{TM} 为通过热敏打印头热敏电阻的电流。

V_{AIN0} 为 AD 转换器 PCF8591 输入端电压。

R_3=10kΩ。

(3) 根据公式(6-4)计算热敏打印头热敏电阻 R_{TM}。

$$R_{TM}=V_{AIN0}/I_{TM}-R_4 \tag{6-4}$$

其中：

R_{TM} 为打印机头热敏电阻值。

V_{AIN0} 为 AD 转换器 PCF8591 输入端电压。

I_{TM} 为通过打印头热敏电阻的电流。

R_4=100Ω。

(4) 根据热敏打印机的热敏电阻值与温度关系求出当前温度值。NTC 型热敏电阻 PT100 电阻值与温度关系如表 6.11 所示。

表 6.11　NTC 型热敏电阻 PT100 电阻值与温度关系

温度(℃)	阻值(kΩ)	温度(℃)	阻值(kΩ)	温度(℃)	阻值(kΩ)	温度(℃)	阻值(kΩ)
−20	269	5	78	30	24.2	55	8.91
−15	208	10	60	35	19.6	60	7.41
−10	178	15	47.1	40	15.9	65	6.2
−5	124	20	37.5	45	13.1	70	5.21
0	100	25	30.0	50	10.8	75	4.4

热敏打印机温度检测程序流程图如图 6.29 所示。

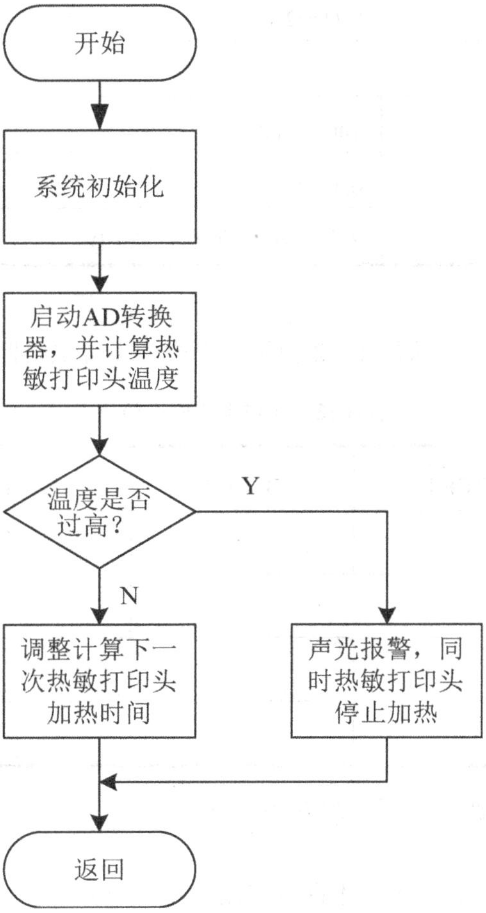

图 6.29　热敏打印机温度检测程序流程图

6.3.5 任务五 热敏打印机走纸步进电机驱动

1. 热敏打印机走纸步进电机驱动电路设计

热敏打印机走纸控制由步进电机驱动。步进电机每前进一步，纸张前进 0.0625mm。

1) 步进电机参数

步进电机参数如表 6.12 所示。

表 6.12 步进电机参数

项 目	规 格	条 件
额定电压	3.5～8.5V	
相位	2 相	
步距角	9°(1～2 相激励)	
步进距离	0.0625mm	
相电阻	10(1±7%)Ω	20℃
相电流	0.357A	
驱动方式	双极双相驱动(或 1～2 相)	

2) 步进电机相位

热敏打印机驱动步进电机采用 1～2 相驱动方式。步进电机四个位置如表 6.13 所示。

表 6.13 步进电机四个位置

位 置	STEP1	STEP2	STEP3	STEP4
A	+	–	–	–
B	–	–	–	–
$\bar{A}$	–	–	+	+
$\bar{B}$	–	+	+	–

热敏打印机步进电机激励时序如图 6.30 所示。

3) 步进电机驱动

采用 PWM 方式驱动步进电机，本课题采用专用步进电机驱动芯片。针对不同的电机速度采用不同的驱动电流，这样可以有效地减少步进电机发热，并且有效地降低打印机步进时产生的噪声。打印机机芯步进电机速度与占空比关系如表 6.14 所示。为避免步进电机过热，在整机设计时，参考表 6.14 给出的打印机机芯步进电机速度与占空比对应关系，而最长的通电时间不应超过 30s。

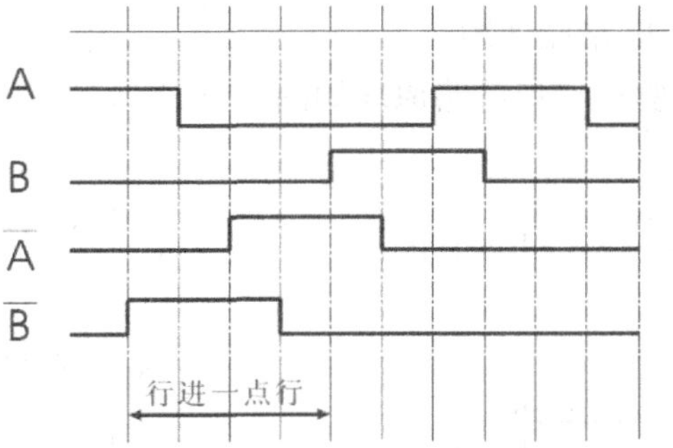

图 6.30　步进电机激励时序

表 6.14　打印机机芯步进电机速度与占空比关系

工作电压(V)	电动机驱动频率(pps)	占空比(%)
3.5	500	92
3.6	550	90
3.7	580	89
3.8	600	88
4.0	650	87
4.2	700	86
4.3	750	85
4.4	800	84
4.5	850	83
4.6	900	82
4.7	950	81
4.8	960	80
4.9	970	79
5.0	980	78
5.1	990	77
5.2	1000	76
5.5	1050	75
6.2	1100	60
6.5	1150	55
7.8	1200	45
8.5	1280	30

4) 步进电机驱动接口电路原理图

热敏打印机步进电机驱动接口电路原理如图 6.31 所示。

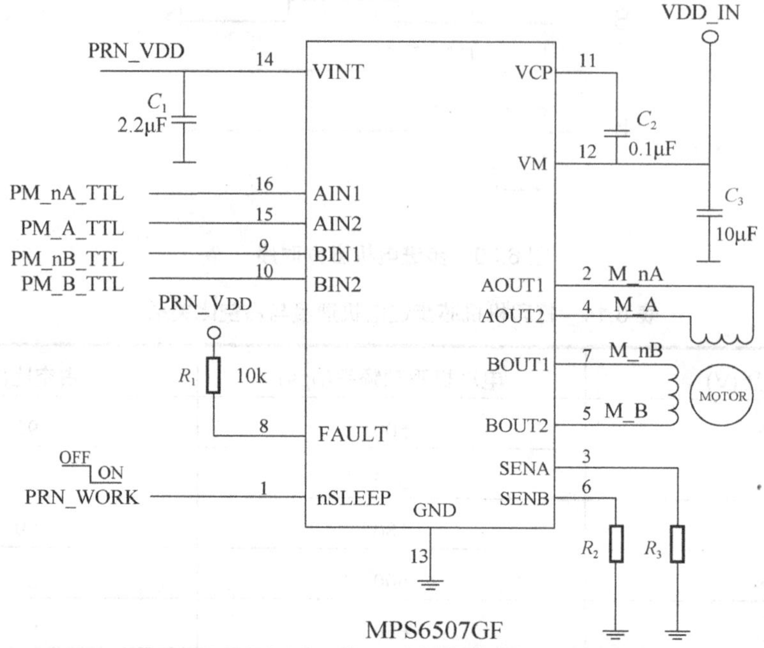

图 6.31 热敏打印机步进电机驱动接口电路原理

热敏打印机步进电机使用 MPS6507GF 集成芯片驱动，采用 PWM 控制方式。步进电机激励时序参见图 6.30，MPS6507GF 芯片资料可查阅课题资源包。

步进电机驱动与 M3 引脚连接说明如表 6.15 所示。

表 6.15 步进电机驱动与 M3 引脚连接

原理图标识符	M3 引脚	功能描述
PM_nA_TTL	PC1	步进电机驱动器 AIN1
PM_A_TTL	PC2	步进电机驱动器 AIN2
PM_nB_TTL	PC3	步进电机驱动器 BIN1
PM_B_TTL	PA0	步进电机驱动器 BIN2

2. 热敏打印机步进电机驱动软件设计思路

热敏打印机步进电机驱动程序主要是控制热敏打印机打印时走纸。主控芯片 STM32103F 根据打印速度以 PWM 方式驱动步进电机。针对不同的电机速度采用不同的驱动电流，这样可以有效地减少步进电机发热，并且有效地降低打印机步进时产生的噪声。

热敏打印机一次打印过程说明如下。

(1) 接收用户打印数据，转换成热敏打印的点阵数据，并存储到打印数据队列。

(2) 启动马达步进。

(3) 加热打印。

热敏打印机步进电机驱动软件流程图如图 6.32 所示。

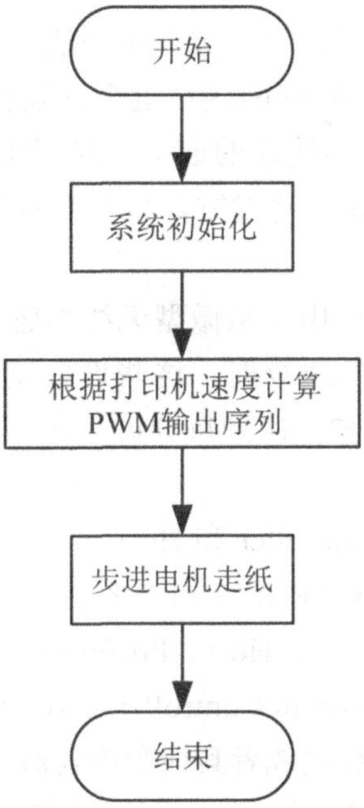

图 6.32 热敏打印机步进电机驱动软件流程图

6.3.6 任务六 蓝牙 4.0 模块协议栈设计

1. BLE 蓝牙概述

蓝牙 4.0 标准包括传统蓝牙模块部分和低功耗蓝牙模块部分。低功耗蓝牙是建立在传统蓝牙基础之上继而发展的，并有别于传统蓝牙模块。

按照应用和支持协议可划分为两种。

1) 经典蓝牙模块(BT)

经典蓝牙模块泛指支持蓝牙协议在 4.0 以下的模块，一般用于数据量比较大的传输，如语音、音乐、较高数据量传输等。经典蓝牙模块可细分为传统蓝牙模块和高速蓝牙模块。传统蓝牙模块于 2004 年推出，主要代表是支持蓝牙 2.1 协议的模块，在智能手机爆发时期得到广泛支持。高速蓝牙模块在 2009 年推出，速率提高到约 24Mbps，是传统蓝牙模块的 8 倍，可以用于录像机至高清电视、PC 至 PMP、UMPC 至打印机之间的资料传输。

2) 低功耗蓝牙模块(BLE)

低功耗蓝牙模块指支持蓝牙协议 4.0 或更高的模块，也称为 BLE 模块(Bluetooth Low Energy Module)，其最大的特点是成本和功耗的降低，可应用于实时性要求比较高，但是数据速率比较低的产品。

BLE 是蓝牙低功耗(Bluetooth Low Energy)的简称。蓝牙低功耗技术是低成本、短距离、可互操作的鲁棒性无线技术，工作在免许可的 2.4GHz ISM 射频频段。低功耗技术从一开始就设计为超低功耗(ULP)无线程技术。它利用许多智能手段最大限度地降低功耗。

蓝牙低功耗技术采用可变连接时间间隔，这个间隔根据具体应用可以设置为几毫秒到几秒。另外，因为 BLE 技术采用非常快速的连接方式，因此平时可以处于“非连接”状态(节省能源)，此时链路两端相互间只是知晓对方，只有在必要时才开启链路，然后在尽可能短的时间内关闭链路。

BLE 技术的工作模式非常适合用于从微型无线传感器(每半秒交换一次数据)或使用完全异步通信的遥控器等其他外设传送数据。这些设备发送的数据量非常少(通常为几个字节)，而且发送次数也很少(例如每秒一次到每分钟一次，甚至更少)。

3) BLE 协议栈的结构和配置

- 协议由两个部分组成：Controller 和 Host。
- Profiles 和应用总是基于 GAP 和 GATT 之上。
- 在单芯片方案中，Controller、Host、Profiles 和应用层都在同一芯片中。
- 在网络控制器模式中，Host 和 Controller 是在一起运行的，但是应用和 Profiles 在另外一个器件上，比如 PC 端或者其他微控制器，可以通过 UART、USB 进行操作。
- 在双芯片模式中，Controller 运行在一个控制器，而应用层的 Profiles 和 Host 是运行在另外一个控制器上。

4) BLE 设备连接状态流程图

BLE 设备连接状态流程图如图 6.33 所示。

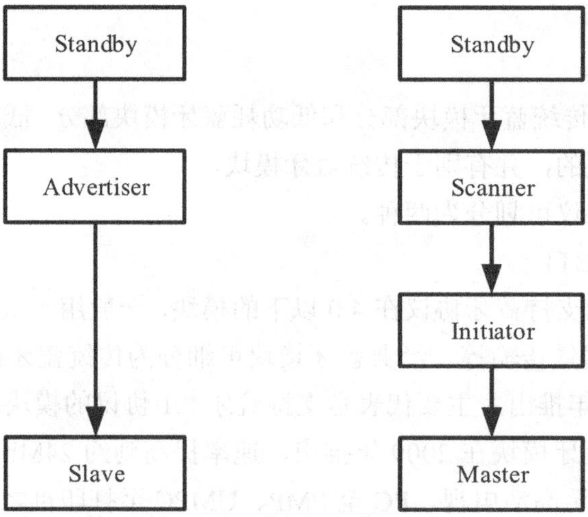

图 6.33　BLE 设备连接状态流程图

5) BLE 的两种芯片架构

蓝牙低能耗架构由两种芯片构成：单模芯片和双模芯片。蓝牙单模器件是蓝牙规范中新出现的一种只支持蓝牙低能耗技术的芯片，它是专门针对 ULP 操作优化技术的一部分。蓝牙单模芯片可以和其他单模芯片及双模芯片通信，此时后者需要使用自身架构中的蓝牙低能耗技术部分进行收发数据。双模芯片也能与标准蓝牙技术及使用传统蓝牙架构的其他双模芯片通信。

双模芯片可以在使用标准蓝牙芯片的任何场合使用。这样安装有双模芯片的手机、PC、个人导航设备(PND)或其他应用，就可以和市场上已经在用的所有传统标准蓝牙设备以及所有未来的蓝牙低能耗设备通信。然而，由于这些设备要求执行标准蓝牙和蓝牙低能耗任务，因此双模芯片针对 ULP 操作的优化程度没有像单模芯片那么高。

单模芯片可以用单节纽扣电池(如 3V、220mAh 的 CR2032)工作很长时间(几个月甚至几年)。相反，标准蓝牙技术和蓝牙低能耗双模器件通常要求使用至少两节 AAA 电池(电量是纽扣电池的 10～12 倍，可以容忍高得多的峰值电流)，并且更多情况下最多只能工作几天或几周的时间(取决于具体应用)。注意，也有一些高度专业化的标准蓝牙设备，它们可以使用容量比 AAA 电池低的电池工作。

6) 蓝牙芯片 CC2541 与 M3 接口电路

蓝牙芯片 CC2541 与 M3 接口电路如图 6.34 所示。

说明：根据图 6.34，将 STM32 串口 UART4 连接至蓝牙通信模块 CC2541 串口，即 M3 的 PC10、PC11 引脚分别连接蓝牙模块串口 0 的 RX、TX。

2. 蓝牙协议栈程序逻辑说明

1) 蓝牙通信模块下载固件

将仿真器 CC Debugger、PC 与蓝牙通信模块连接，然后打开 NEWLab 主机电源给蓝牙通信模块供电。通电后按一下仿真器 CC Debugger 上的 Reset 键。下载蓝牙固件连接示意图如图 6.35 所示，下载蓝牙固件连接状态指示图如图 6.36 所示。

打开文件夹：“1.源程序\蓝牙通信模块源码”，蓝牙源码工程路径为：“蓝牙通信模块源码\Projects\ble\SimpleBLEPeripheral\CC2541DB”。蓝牙源码工程路径界面如图 6.37 所示。

用 IAR Embedded Workbench for 8051 打开工程源码后，单击工具栏图标下载。工程源码下载界面如图 6.38 所示。

下载完成后，移除 CC Debugger 和蓝牙通信模块的连接，蓝牙通信模块重新通电后即可正常工作。

2) 蓝牙协议栈程序设计

BLE 蓝牙协议栈初始化后，操作系统开始运行。每当主机向从机的特征值中写入数值时，若数值改变便启用回调函数，回调函数中执行该特征值改变时要执行的动作或调用其他任务函数，本应用则是向串口透传收到的主机发送过来的特征值数值，同时向主机发送通知作为收到特征值数值的响应。蓝牙协议栈程序框图如图 6.39 所示。

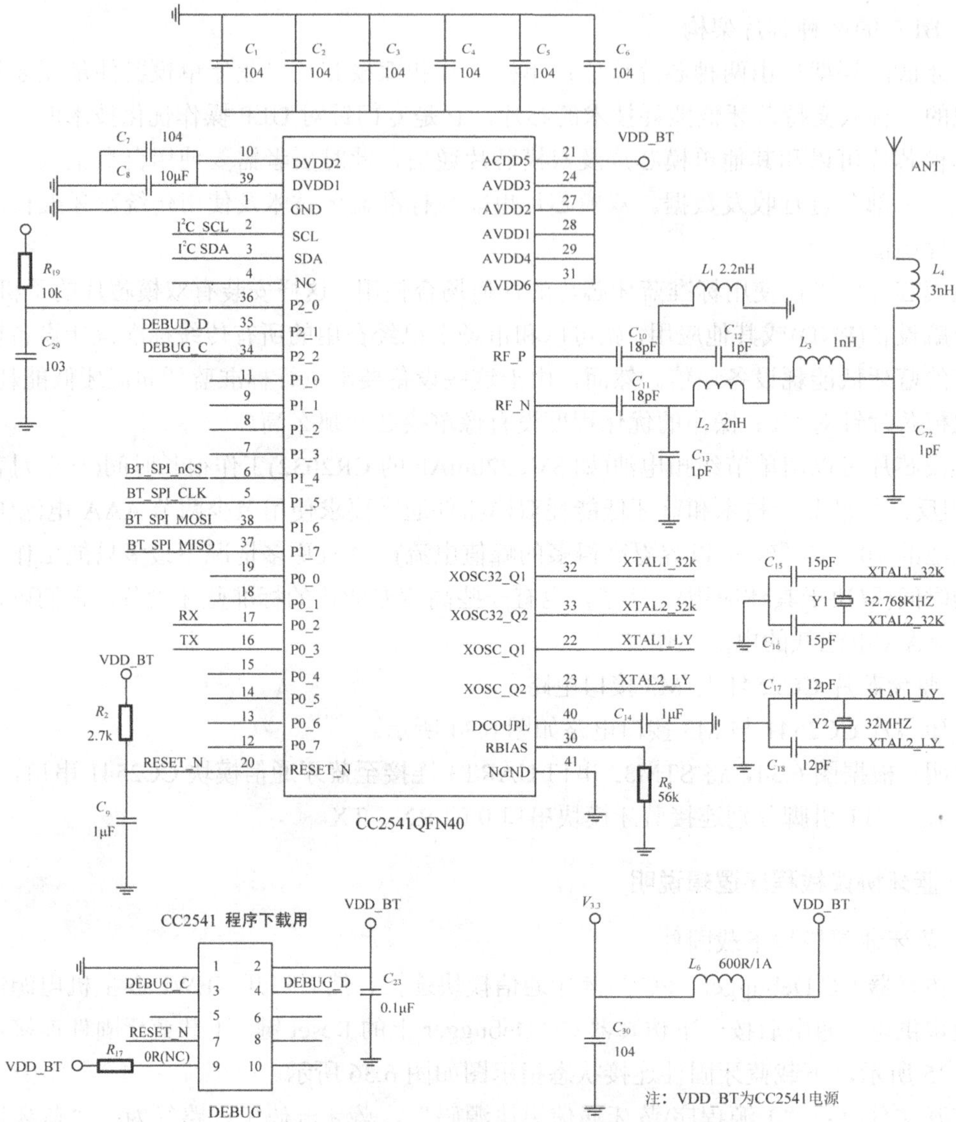

图 6.34　蓝牙芯片 CC2541 与 M3 接口电路

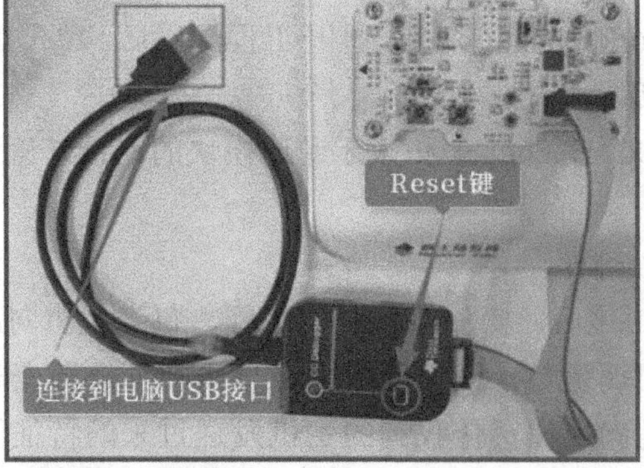

图 6.35　下载蓝牙固件连接示意图

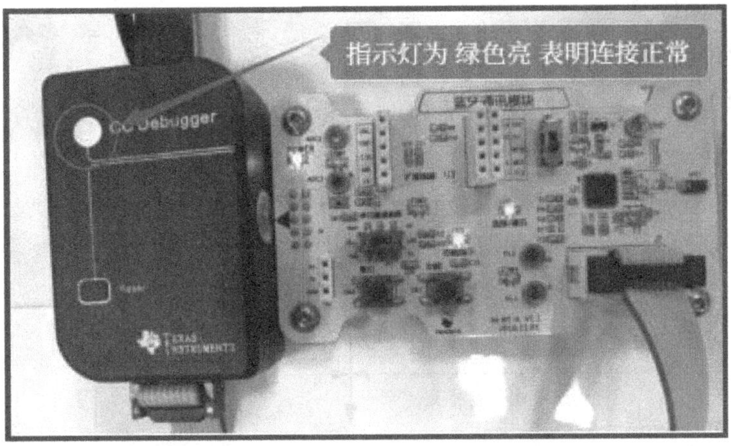

图 6.36　下载蓝牙固件连接状态指示图

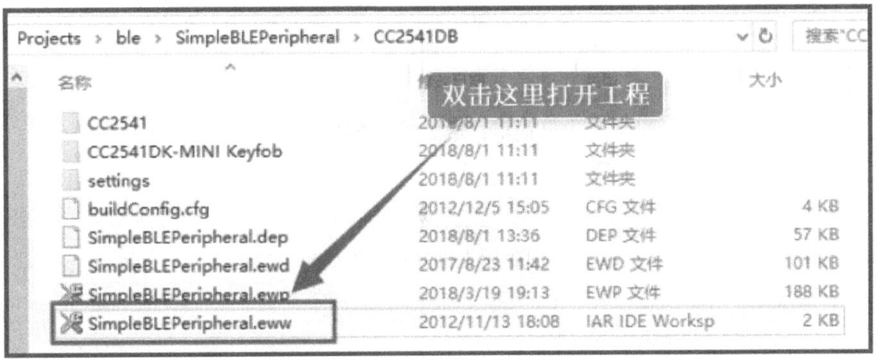

图 6.37　蓝牙源码工程路径界面

图 6.38　工程源码下载界面

3) 上位机与下位机 M3 通信协议

上位机和 M3 通信协议如下。

① 通信方式如下。

双工串口。

波特率 115200bps。

数据位 8 位。

停止位 1 位。

无校验位。

无流控制。

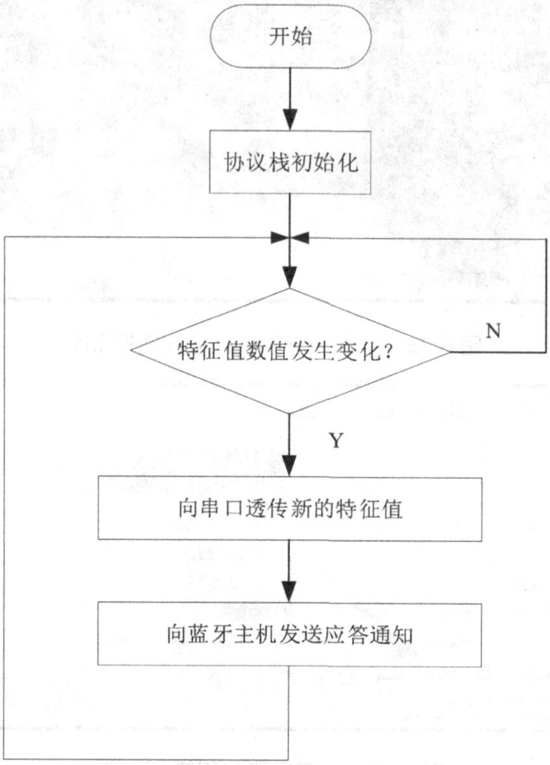

图 6.39　蓝牙协议栈程序框图

② 数据包格式如下。

手机 App 发送至热敏打印机数据格式为：

```
LEN   CMD  DATA0 ~ DATAN
```

热敏打印机回传至手机 App 数据格式为：

```
LEN   CMD  ACK   DATA0 ~ DATAN
```

其中，LEN 为数据长度，从 LEN 字节开始到 DATAN 字节的长度，最小值为 3，最大值为 18。

CMD：命令类型，取值及解释如下。

- 0x00：发起数据传输请求，此时 DATA0 表示数据包总数。
- 0x01：数据分包传输请求，此时 DATA0 表示数据包总数，DATA1 表示数据包编号，DATA2～DATAN 为数据包。
- 0x02：数据传输结束请求，DATA0～DATAN 为总数据的校验值。
- 0x03：查询打印机状态请求，DATA0～DATAN 为空。

ACK：反馈字节，0x00 表示正确，0xFF 表示打印机忙碌中，其他表示异常。ACK 异常取值规则如下。

- bit7～bit0——每一位代表一个状态，0 表示状态正确，1 表示状态错误。
- bit0——缺纸，0x01。
- bit1——过温，0x02。
- bit2——扩展 FLASH 错误，0x04。
- bit3——无字库，0x08。
- bit4——扩展 SRAM 错误，0x10。
- bit5——参数错误，0x20。
- bit6——测温错误，0x40。

③ 发起数据传输请求。

手机蓝牙往 BLE 蓝牙通信模块 Character6 写入如下内容：

LEN	CMD	DATA0
0x03	0x00	---

BLE 蓝牙通信模块通过 Character6 发响应给手机蓝牙，内容如下：

LEN	CMD	ACK
0x03	0x00	反馈

④ 数据分包传输请求。

手机蓝牙往 BLE 蓝牙通信模块 Character6 写入如下内容：

LEN CMD	DATA0	DATA1	DATA2～DATAN
数据长度	0x01 共 M 个包	包编号 N	待打印数据

BLE 蓝牙通信模块通过 Character6 发通知给手机蓝牙，内容如下：

LEN	CMD	ACK	DATA0	DATA1
0x05	0x01	反馈	共 M 个包	包编号 N

⑤ 数据传输结束请求。

手机蓝牙往 BLE 蓝牙通信模块 Character6 写入如下内容：

LEN	CMD	DATA0～DATA15
0x12	0x02	32 位 MD5 校验值

BLE 蓝牙通信模块通过 Character6 发响应给手机蓝牙，内容如下：

LEN	CMD	ACK
0x03	0x02	反馈

⑥ 查询打印机状态请求。

手机蓝牙往 BLE 蓝牙通信模块 Character6 写入如下内容：

LEN	CMD
0x2	0x03

BLE 蓝牙通信模块通过 Character6 发响应给手机蓝牙，内容如下：

LEN	CMD	ACK
0x03	0x03	反馈

6.3.7 任务七　手机 App 应用程序设计——蓝牙初始化

1. 需求描述

基于任务七代码工程，在蓝牙管理类 BleManager 中，完成对蓝牙初始化操作：打开蓝牙、搜索蓝牙和连接蓝牙。

1) 打开蓝牙

打开蓝牙：在 openBluetooth()方法内，补充逻辑内容。

2) 搜索蓝牙

开始扫描：在 startScan()方法内，补充逻辑内容。

关闭扫描：在 stopScan()方法内，补充逻辑内容。

扫描回调：在 mLeScanCallback 中的重载方法 onLeScan 内，补充逻辑，将返回的蓝牙列表添加到 list 列表。

3) 连接蓝牙

检查 Gatt 连接：在 checkConnGatt()方法内，补充逻辑内容。

4) 关闭蓝牙

在蓝牙 closeBluetooth()方法内，补充逻辑内容。

2. 结果描述

(1) 手机蓝牙被打开，手机出现蓝牙图标。

(2) 在蓝牙设置 MainActivity 页面，出现蓝牙列表。

(3) 在蓝牙列表中选中的蓝牙名称后有打钩图标或者弹出成功的提示。

(4) 关闭蓝牙，手机上的蓝牙图标消失。

3. 业务流程图

任务七业务流程图如图 6.40 所示。

6.3.8 任务八　手机 App 应用程序设计——蓝牙通信

1. 需求描述

在蓝牙管理类 BleManager 中，对蓝牙进行数据发送和蓝牙数据接收的逻辑封装。

(1) 蓝牙数据可发送字节“02 03”进行测试，该条指令用于查看打印机的状态。

- 发送查询数据：在 sendMessage(byte[])方法内，补充逻辑内容。
- 发送其他命令数据：在 sendMessage(byte[], int)方法内，补充逻辑内容。
- 把需要打印的数据，通过蓝牙发送到底层，由底层进行打印。

(2) 蓝牙数据接收。

在接口类 mGattCallback 的重载方法 onCharacteristicChanged 内，补充逻辑内容。蓝牙数据通过协议发送到底层时，底层会有相对应的应答进行回复，进而进行一个完整的交互流程。此处需要将底层发送的数据进行接收、解析，并且将结果反馈到打印操作界面 PrinterActivityold 上。

2. 结果描述

(1) 需要和数据接收搭配，才能查看具体结果。
(2) 数据发送，并且接收成功，可输出查看应答是否正确。
(3) 通信成功后，可根据协议打印出少量的字符。

3. 业务流程图

任务八业务流程图如图 6.41 所示。

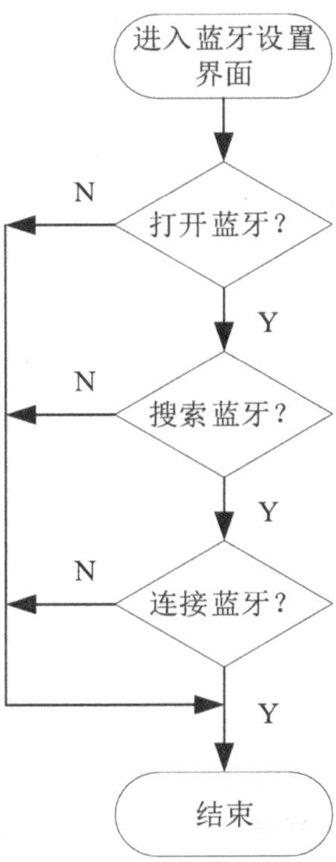

图 6.40 任务七业务流程图

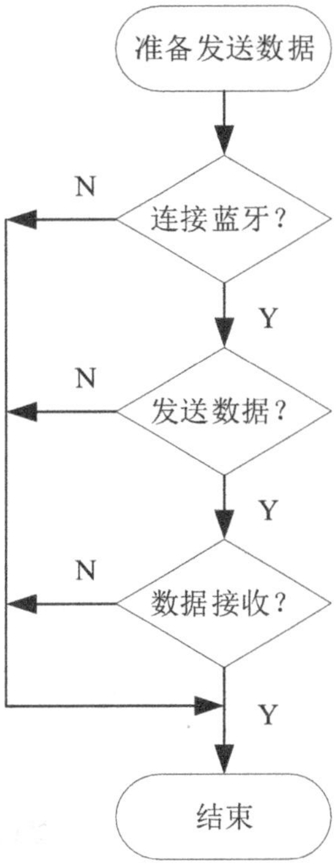

图 6.41 任务八业务流程图

6.3.9 任务九 手机 App 应用程序设计——蓝牙发送数据前准备

1. 需求描述

将数据转化为蓝牙可以打印的格式，按照协议，进行分包分批次发送。在 PrinterActivityold 类的分包处理 Sentences 方法内，进行逻辑处理。

2. 结果描述

智能无线热敏打印机可打印 1000 个以内的字符。

3. 业务流程图

任务九业务流程图如图 6.42 所示。

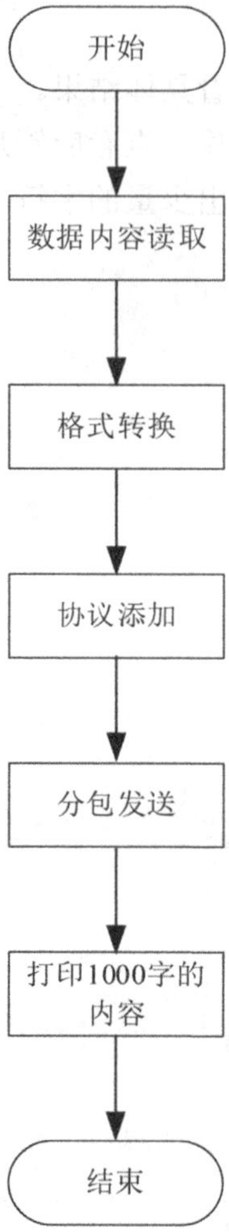

图 6.42　任务九业务流程图

6.4　课题参考评价标准

实训成绩评定表(百分制)

设计项目	内　容	得　分	备　注
平时表现	工作态度、遵守纪律、独立完成设计任务		5 分
	独立查阅文献、收集资料、制订项目设计方案和日程安排		5 分

续表

设计项目	内 容	得 分	备 注
设计报告	硬件电路设计、程序设计		10 分
	测试方案及条件、测试结果完整性、测试结果分析		5 分
	摘要、设计报告正文的结构、图表规范性		10 分
仿真与实物制作	按照设计任务要求的功能仿真		10 分
	按照设计任务要求的在 NEWLab 正确接线		10 分
	按照设计任务要求的实现所设计任务功能		10 分
	设计任务工作量、难度		10 分
	设计创新		10 分
实训项目答辩	学生根据所设计任务采用 PPT 讲解，由教师提问，学生答辩		15 分
综合成绩评定	指导教师签名：		

6.5 课 题 拓 展

(1) 设计基于 Wi-Fi、Zigbee、NB-IOT 无线传输的仓储热敏打印机，可通过无线传输打印标签、二维码、条形码。

(2) 设计基于蓝牙、Wi-Fi、Zigbee、NB-IOT 无线传输的超市电子秤，能通过无线热敏打印机打印显示商品的单价、重量等票据。

(3) 设计手机 App，能通过蓝牙、Wi-Fi、Zigbee、NB-IOT 打印手机传输的条形码和二维码。

(4) 设计基于蓝牙、Wi-Fi、Zigbee、NB-IOT 多台无线传输热敏打印机，可使多台打印机共享打印。

6.6 课题资源包

为方便读者及时查阅与课题相关的参考资料，教材提供了本课题资源包。课题资源包内容索引如图 6.43 所示，学生实战演练课题时，可根据资源包索引查阅相关资料。

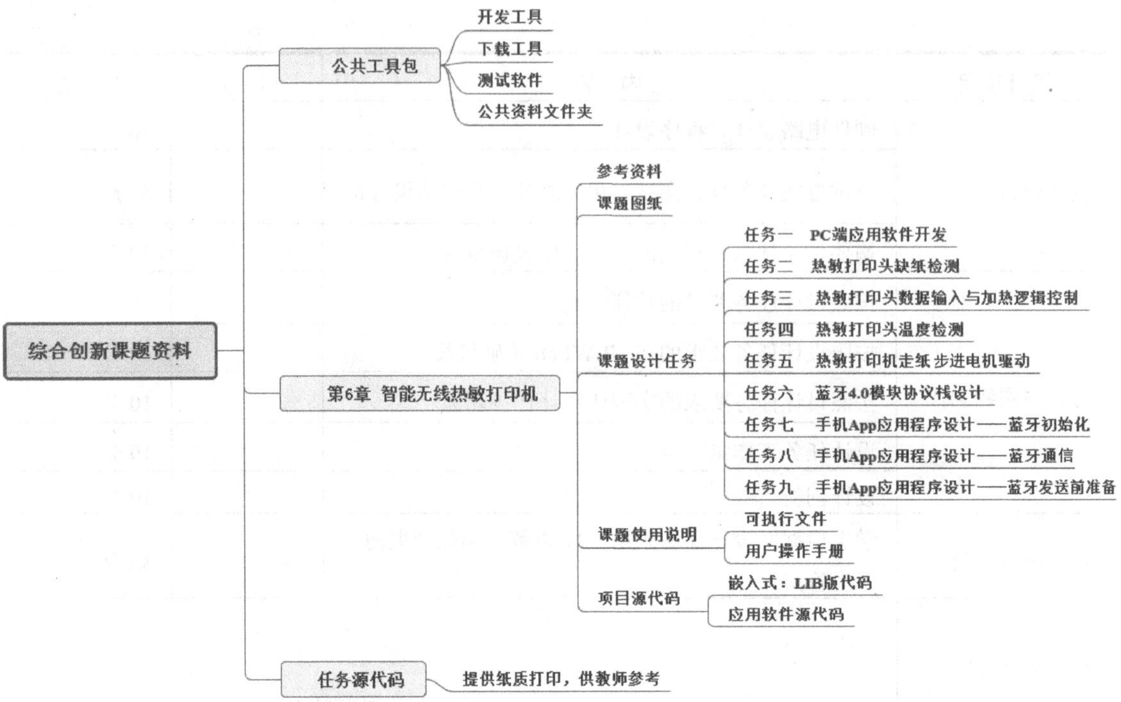

图 6.43　课题资源包内容索引

(扫一扫，获取精美课件及相关课题资源)

附录 1　用 MDK 建立 STM32 工程模板

一、Keil MDK 简介

Keil MDK，也称 MDK-ARM、Realview MDK、I-MDK、μVision5 等。目前 Keil MDK 由三家国内代理商提供技术支持和相关服务。

MDK-ARM 软件为基于 Cortex-M、Cortex-R4、ARM7、ARM9 处理器的设备提供了一个完整的开发环境。MDK-ARM 专为微控制器应用而设计，不仅易学易用，而且功能强大，能够满足大多数苛刻的嵌入式应用。

MDK-ARM 有 4 个可用版本，分别是 MDK-Lite、MDK-Basic、MDK-Standard、MDK-Professional。所有版本均提供一个完善的 C/C++开发环境，其中 MDK-Professional 还包含大量的中间库。

二、功能特点

- 完美支持 Cortex-M、Cortex-R4、ARM7 和 ARM9 系列器件。
- 行业领先的 ARM C/C++编译工具链。
- 确定的 Keil RTX，小封装实时操作系统(带源码)。
- μVision4 IDE 集成开发环境，调试器和仿真环境。
- TCP/IP 网络套件提供多种协议和各种应用。
- 提供带标准驱动类的 USB 设备和 USB 主机栈。
- 为带图形用户接口的嵌入式系统，提供了完善的 GUI 库支持。
- ULINKpro 可实时分析运行中的应用程序，且能记录 Cortex-M 指令的每一次执行。
- 包含关于程序运行的完整代码覆盖率信息。
- 执行分析工具和性能分析器可使程序得到最优化。
- 大量的项目例程帮助开发者快速熟悉 MDK-ARM 强大的内置特征。
- 符合 CMSIS(Cortex 微控制器软件接口标准)。

三、建立 STM32 库函数工程模板

(一)ST 官方固件库

1. 获取官方固件库

为帮助初学者快速入门，建议初学者先从掌握创建库函数工程模板入手。首先获取固件库包。因固件库的版本很多，建议读者从 ST 官网下载，或者从百度下载相关的固件库。下面以 STM32F1 为例进行详细讲解。

STM32F10x V3.5.0 版库文件夹如图 F1.1 所示。

图 F1.1 STM32F10x V3.5.0 版库文件夹

该固件库是 ST 公司针对 STM32F1 的 MCU 发布的一组库函数。该函数符合 CMSIS (Cortex Microcontroller Software Interface Standard，Cortex 微控制器软件接口标准)。

2. STM32 固件库结构

以下载固件库 STM32F10x V3.5.0 为例。该固件库包含 4 个文件夹，名称分别是_htmresc、Libraries、Project、Utilities。

1) _htmresc

该文件夹含有 CMSISI 以及 ST 的 Logo，在此不再赘述。

2) Libraries

该文件夹有两个子文件夹，分别为 CMSIS 和 STM32F10x_StdPeriph_Driver。

CMSIS 文件夹内是 Cortex M3 的相关说明及代码。其中代码分为内核级和设备级。

CMSIS 标准在 STM32F10X 系列中的具体程序，是各种编译器提供的针对不同系列 MCU 设备级的启动代码。

STM32F10x_StdPeriph_Driver 含有 inc 和 src 两个子文件夹。两个子文件夹内是所有标准外设的头文件和函数源文件，按照外设分类存放全部的库函数和相关头文件。

3) Project

该文件夹含有两个子文件，分别是 STM32F10x_StdPeriph_Examples(所有标准外设的例程文件)和 STM32F10x_StdPeriph_Template(工程模板实例)。

4) Utilities

该文件夹内为 ST 公司官方评估版的相关代码和说明。

(二)复制相关文件

获取固件库后，即可开始进行库函数工程模板的创建，这里需要先复制必需的相关文件。

新建一个名为“库函数模板创建”的文件夹。然后，在其下新建两个子文件夹。新建两个子文件夹如图 F1.2 所示(文件夹命名可任意，这里根据文件类型命名)。

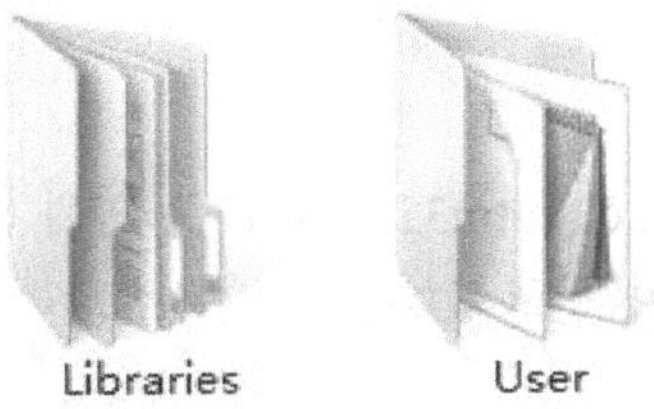

图 F1.2　新建两个子文件夹

1. Libraries 文件夹

用于存放 CMSIS 标准和 STM32 外设驱动文件。由于 STM32 固件库相关文件很多，为减少工程模板的文件数量和大小，可从固件库中只复制有用的文件到 Libraries 文件夹中，在 Libraries 文件夹中新建 CMSIS 子文件夹。

1) 在 Libraries 文件夹中新建 CMSIS 子文件夹

从固件库 STM32F10x_StdPeriph_Lib_V3.5.0\Libraries\CMSIS\CM3\CoreSupport 文件夹中复制 core_cm3.c 与 core_cm3.h 文件(CM3 内核的源文件和头文件)。

从固件库 STM32F10x_StdPeriph_Lib_V3.5.0\Libraries\CMSIS\CM3\DeviceSupport\ST\STM32F10x\startup\arm 文件夹中复制 startup_stm32f10x_hd.s(针对高能量芯片的启动文件)。

从固件库 STM32F10x_StdPeriph_Lib_V3.5.0\Libraries\CMSIS\CM3\DeviceSupport\ST\STM32F10x 文件夹中复制 system_stm32f10x.c 和 system_stm32f10x.h(系统时钟的源文件和头文件)。

复制完成后，CMSIS 文件夹中有 5 个文件。CMSIS 文件夹中 5 个文件如图 F1.3 所示。

core_cm3	2010/6/7 10:25	C 文件	17 KB
core_cm3.h	2011/2/9 14:59	H 文件	84 KB
startup_stm32f10x_hd.s	2011/3/10 10:52	S 文件	16 KB
system_stm32f10x	2011/3/10 10:51	C 文件	36 KB
system_stm32f10x.h	2011/3/10 10:51	H 文件	3 KB

图 F1.3　CMSIS 文件夹中 5 个文件

2) 复制 STM32F10x_StdPeriph_Driver 文件

从固件库 STM32F10x_StdPeriph_Lib_V3.5.0\Libraries 文件夹中复制 STM32F10x_StdPeriph_Driver 文件。

Libraries 文件夹操作完成后的两个子文件夹如图 F1.4 所示。

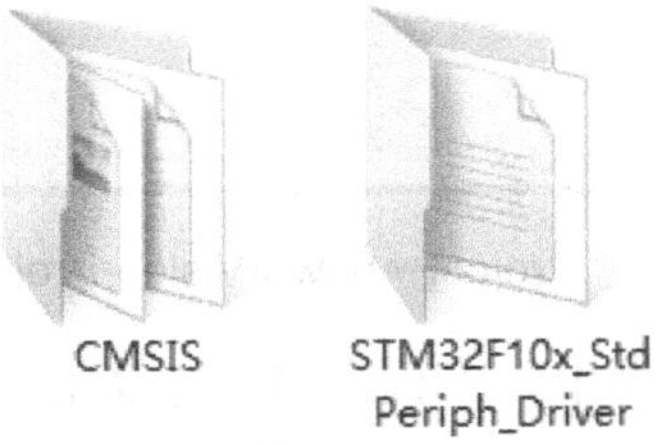

图 F1.4　Libraries 文件夹操作完成后两个子文件夹

2. User 文件夹

用于存放用户编写的 main.c、stm32f10x.h 头文件、stm32f10x_conf.h 配置文件、stm32f10x_it.c 与 stm32f10x_it.h 中断函数文件。这些都不需要创建，可以直接从 ST 固件库复制。

从固件库 STM32F10x_StdPeriph_Lib_V3.5.0 \Project\STM32F10x_StdPeriph_Template 文件夹中复制 main.c、tm32f10x_conf.h、stm32f10x _it.c、stm32f10x_it.h。

从固件库 STM32F10x_StdPeriph_Lib_V3.5.0\Libraries\CMSIS\CM3\DeviceSupport\ST\STM32F10x 文件夹中复制 stm32f10x.h。

复制完成后，User 文件夹包含的 5 个文件如图 F1.5 所示。

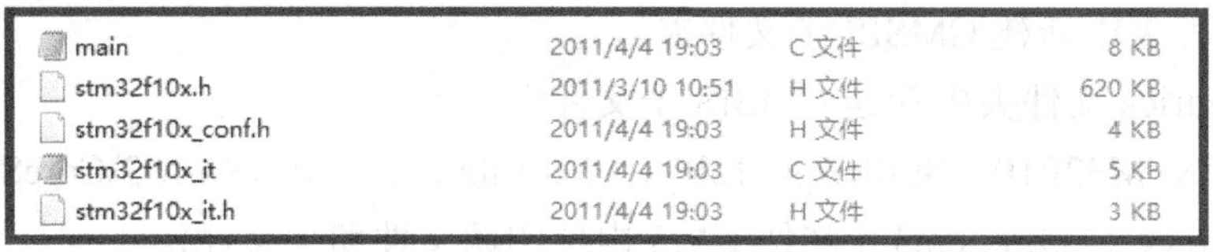

图 F1.5 User 文件夹包含的 5 个文件

(三)建立“stm32 库函数工程模板”

1. 新建工程

(1) 打开 Keil5，选择 Project→new μVision Project 菜单命令，如图 F1.6 所示。

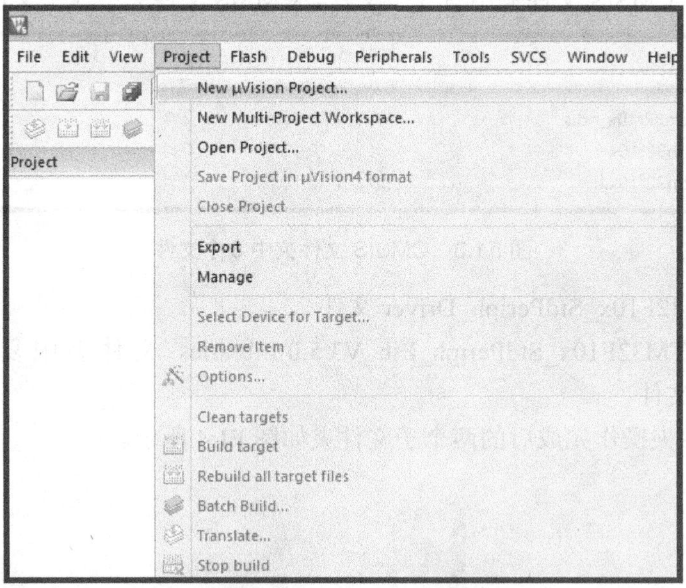

图 F1.6 选择 Project→new μVision Project 菜单命令

(2) 在弹出的新建工程对话框中为工程命名，建议工程名不使用中文，否则可能出现错误。在此将新建工程命名为“Template”(无须扩展名)，如图 F1.7 所示。

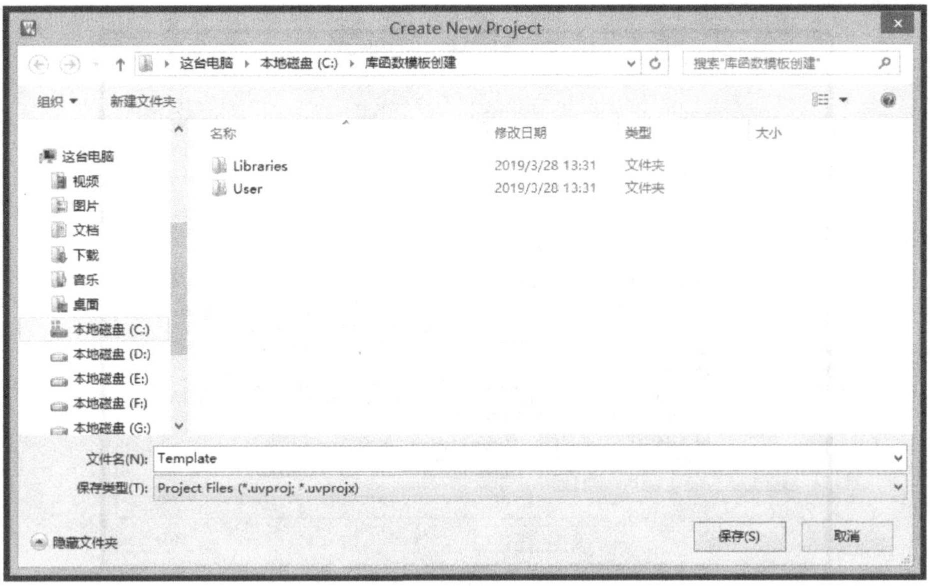

图 F1.7　将新建工程命名为“Template”

2. 选择 CPU

根据所使用的 CPU 具体型号来选择，这里选择常用的 STM32F103ZET6 CPU。如果没有所要选择的 CPU 型号，说明在安装 Keil5 软件的时候没有添加芯片包，此时需要添加相关的芯片包。如 STM32F10X 需要安装 Keil.STM32F1xx_DFP.1.0.5 芯片包，可从 ST 公司官网下载并安装，在此不再赘述。CPU 选择界面如图 F1.8(a)与 F1.8(b)所示。

选择 CPU 型号结束，单击 OK 按钮，弹出在线添加固件库文件的界面，如图 F1.9 所示。

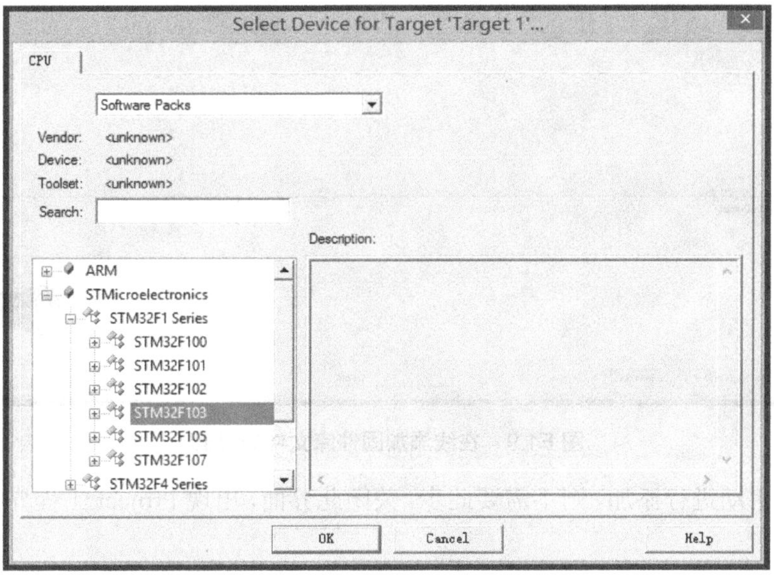

(a)

图 F1.8　CPU 选择界面

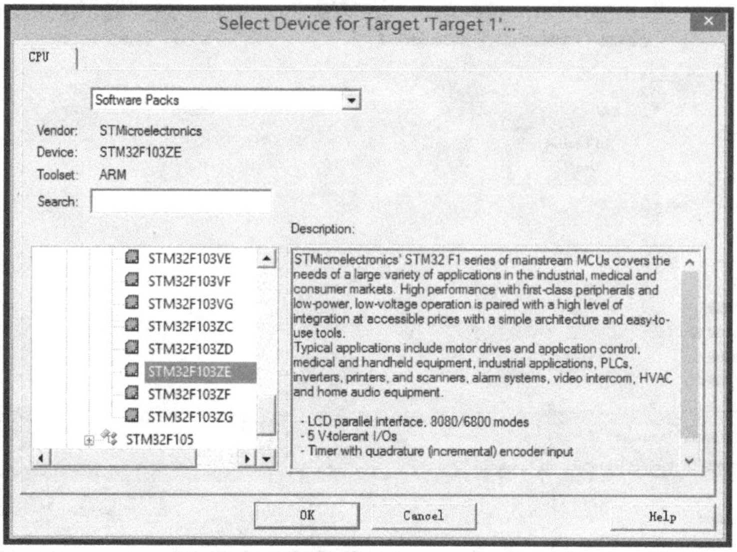

(b)

图 F1.8 CPU 选择界面(续)

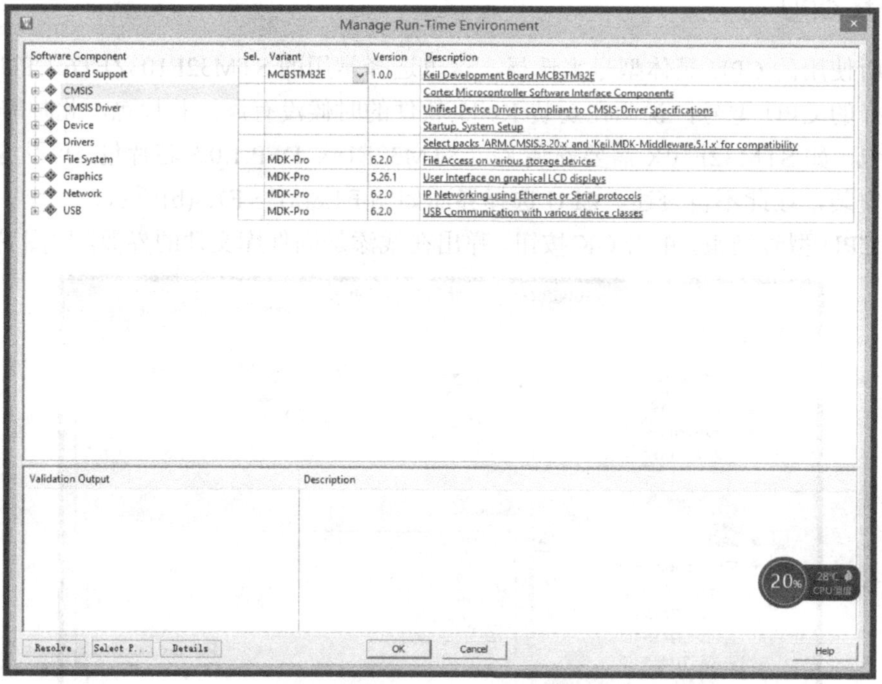

图 F1.9 在线添加固件库文件的界面

如果采用手动进行添加，则不需要此步。关闭此界面，出现 Project 工程界面，如图 F1.10 所示。

3. 手动添加文件

此前已从官方固件库中复制了相关文件到“库函数模板创建”文件夹中，此时需要把相关文件添加到新建的工程中。

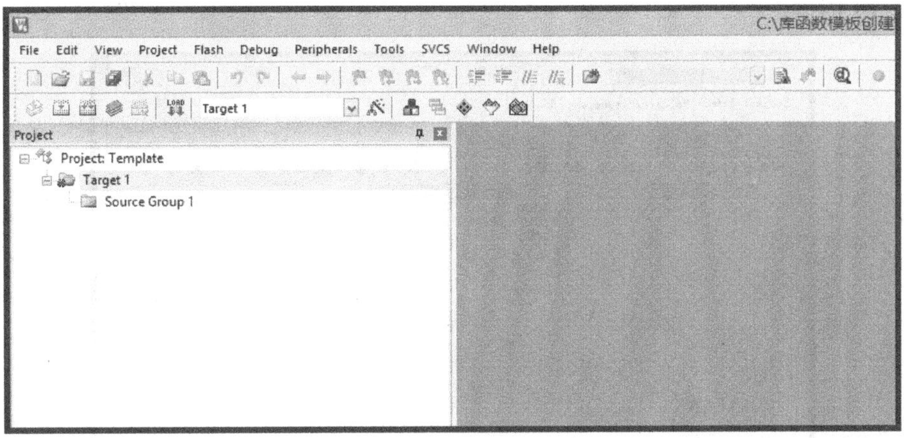

图 F1.10　Project 工程界面

(1) 单击界面中的快捷按钮，弹出 Manage Project Items 对话框，如图 F1.11 所示。

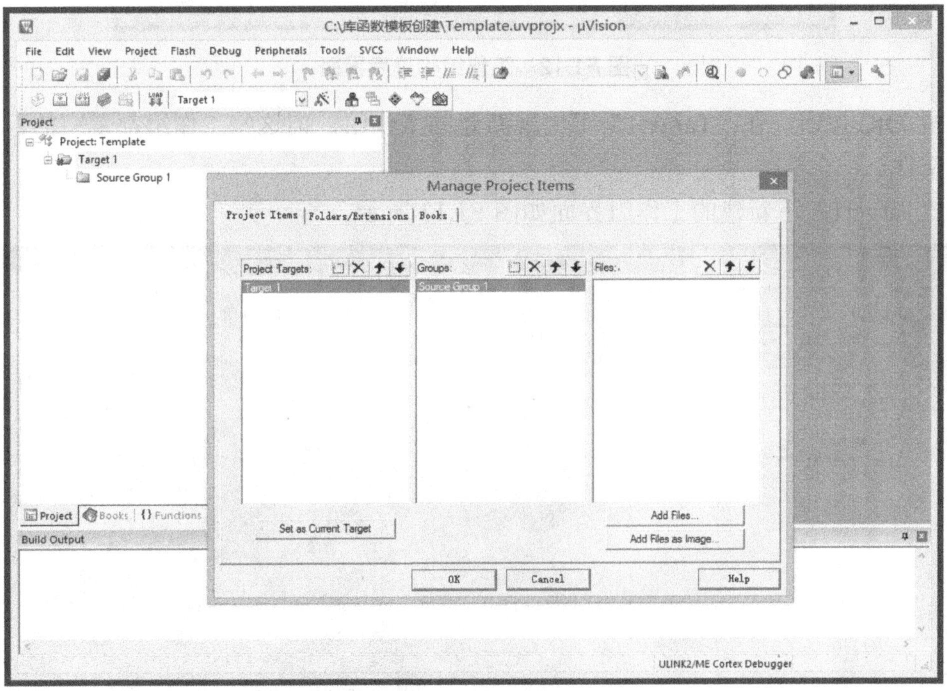

图 F1.11　Manage Project Items 对话框

(2) 构建新的工作组。在 Manage Project Items 对话框中，双击“Source Group 1”文件夹，出现添加文件的路径，然后选择文件即可。如果将“库函数模板创建”目录下的文件都添加到“Source Group 1”这个默认组中，显然非常混乱，对于查找工程文件和工程维护极其不方便。因此需要根据文件类型来构建新的工程组。在此新建 User、Startup、StandPeriphDriver 和 CMSIS 等工程组。User 组用于存放 User 文件夹下的源文件；Startup 组用于存放 STM32 的启动文件；StandPeriphDriver 组用于存放 STM32 外设的驱动源文件；

CMSIS 组用于存放 CMSIS 标准文件，比如系统总线时钟等初始化源文件。工作组构建后界面如图 F1.12 所示。

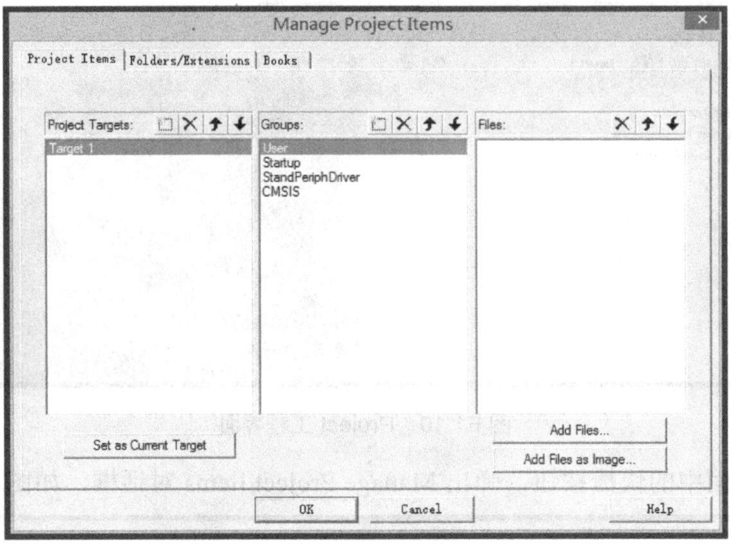

图 F1.12　工作组构建后界面

单击 OK 按钮，在“Target1”下出现新建的工作组，但这些工作组都是空的，没有添加相关文件。

在“Target1”下新建的工作组界面如图 F1.13 所示。

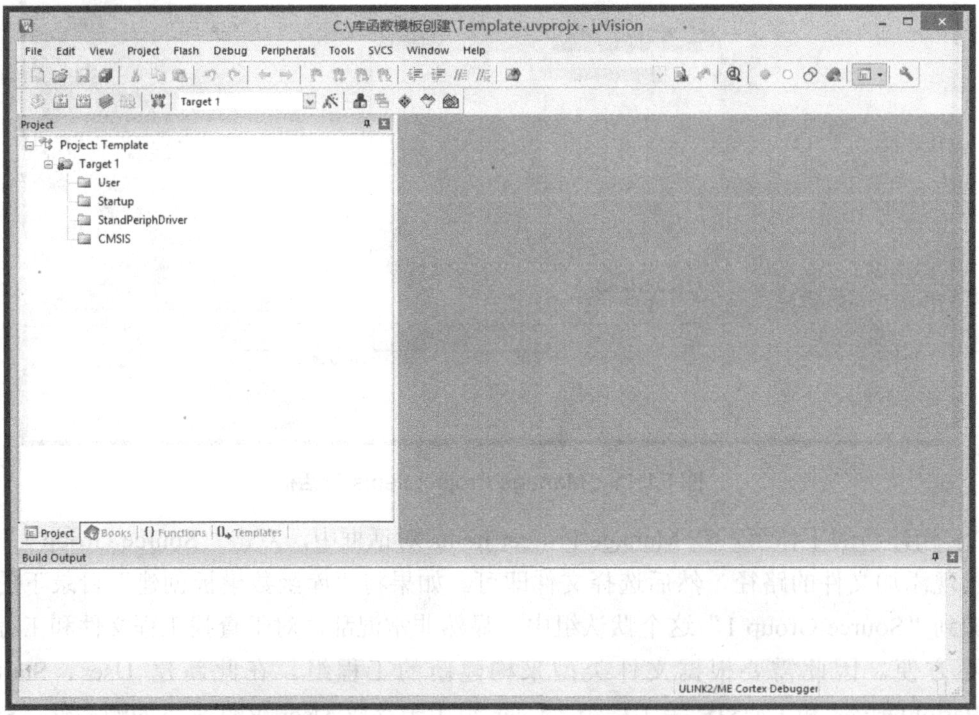

图 F1.13　在“Target 1”下新建的工作组界面

(3) 给工作组添加相关文件。以为 User 工作组添加相关文件为例，介绍给工作组添加相关文件的方法。在 Manage Project Items 对话框中 Groups 列表下选中 User 工作组，然后单击 Add Files 按钮。User 工作组添加相关文件界面如图 F1.14 所示。

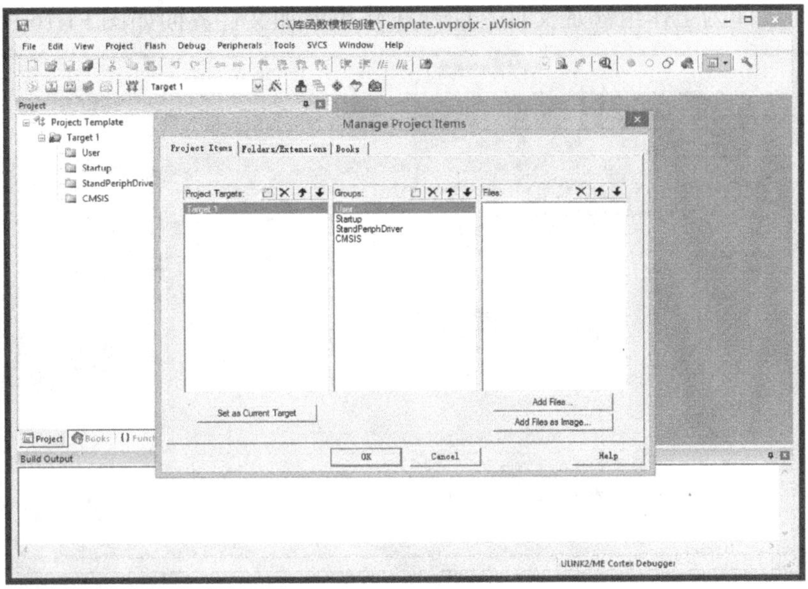

图 F1.14　User 工作组添加相关文件界面

单击 Add Files 按钮后，弹出 Add Files to Group ‘User’ 对话框，如图 F1.15 所示。此前只创建了 User、Libraries 两个文件夹，却多出了 Objects 和 Listings 两个文件夹，这两个文件夹是创建工程时默认产生的，用于存放程序编译后的列表文件及 HEX 等文件。

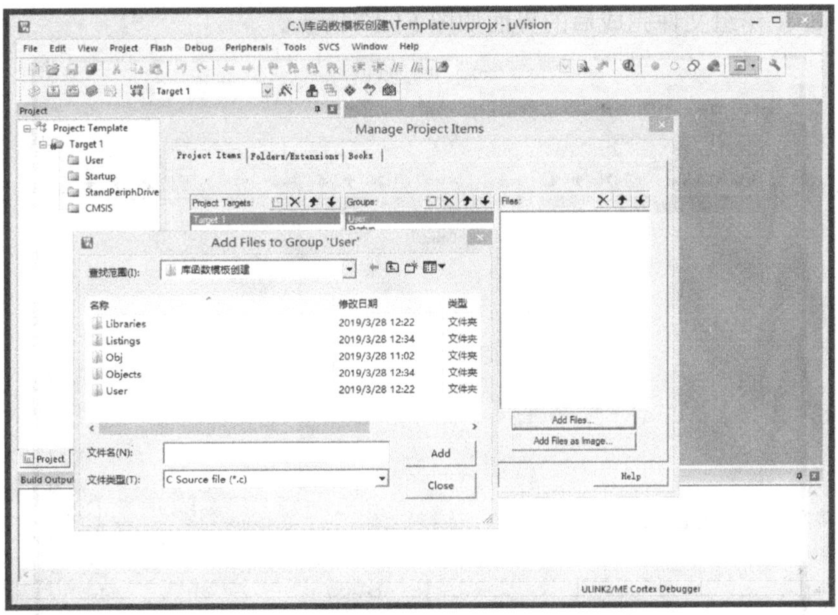

图 F1.15　Add Files to Group ‘User’ 对话框

User 工作组中添加的文件有两个是 User 文件夹中的 main.c 和 stm32f10x_it.c 文件。注意该对话框中默认的文件是.c 类型，因此添加不同的文件时要选择正确的文件类型。

在 Add Files to Group ‘User’对话框中，选择 User 文件夹中的 main.c 和 stm32f10x_it.c，单击 Add 按钮，即为工作组添加文件。User 工作组添加文件界面如图 F1.16 所示。

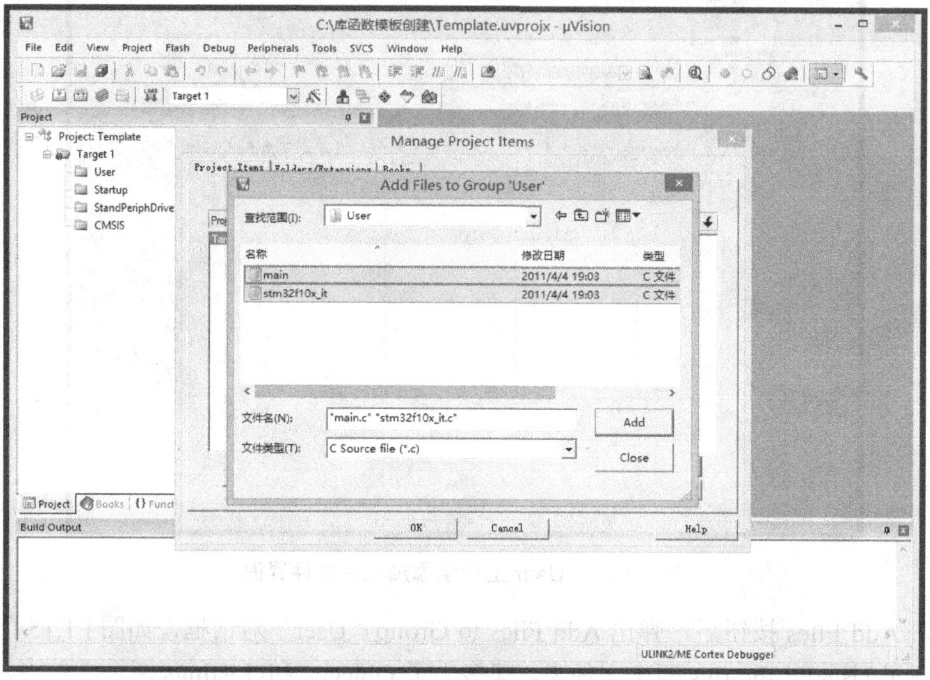

图 F1.16　User 工作组添加文件界面

添加 User 工作组文件完成后的界面如图 F1.17 所示。

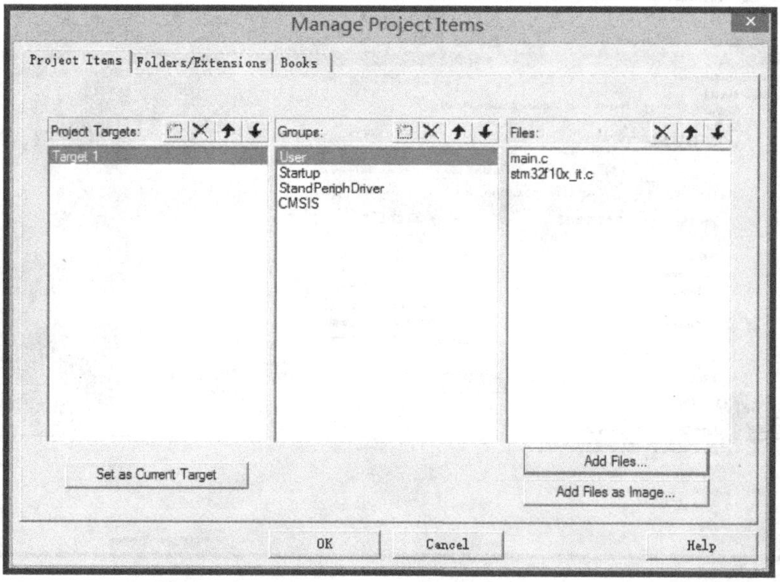

图 F1.17　添加 User 工作组文件完成后的界面

用同样的方法为其他工作组添加其他文件，详细说明如下。

(1) 在 Startup 工作组中添加 Libraries\CMSIS 文件夹中的 startup_stm32f10x_hd.s 文件。注意文件类型为.s。

(2) 在 StandPeriphDriver 工作组中添加 Libraries\STM32F10x_StdPeriph_Driver\src 文件夹中的 stm32f10x_gpio.c 与 stm32f10x_rcc.c 文件。

注意，stm32f10x_gpio.c 是 GPIO(General Purpose Input Output，通用输入输出接口)库函数的源文件，stm32f10x_rcc.c 是复位和时钟库函数源文件，STM32 程序开发通常都需要这两个源文件。

其他的外设源文件根据是否使用外设而添加。用户也可以把所有外设源文件都添加进来，但工程编译时会把所有添加的外设文件都进行编译，使得编译速度较慢，因此推荐使用哪个外设就添加哪个外设源文件。

(3) 在 CMSIS 工作组中添加 Libraries\CMSIS 文件夹中的 system_stm32f10x.c 和 core_cm3.c 文件。添加完成后，在 Manage Project Items 对话框中，单击 OK 按钮。在 CMSIS 工作组中添加文件界面如图 F1.18 所示。

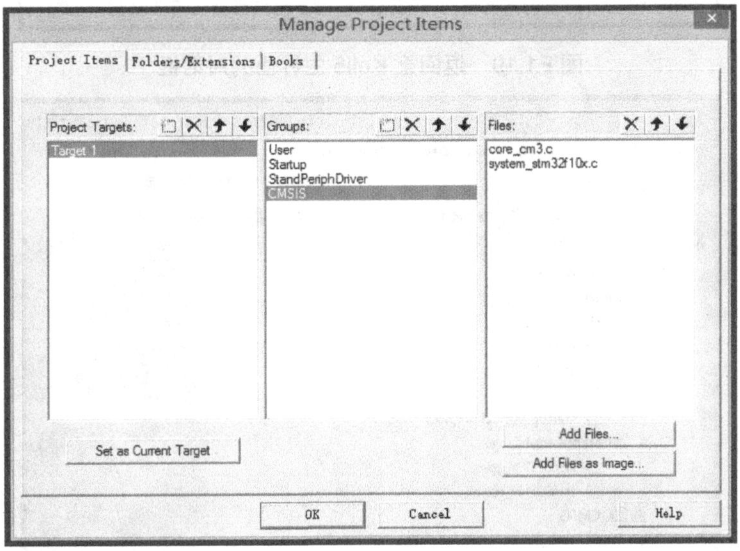

图 F1.18 在 CMSIS 工作组中添加文件界面

返回至 Keil5 主界面的对话框如图 F1.19 所示。

在该对话框中，如果发现部分工作组下的文件出现“小钥匙”的警告，是因为这些文件都是只读属性，需要把这些文件的只读属性去掉。在 Libraries 文件下，可把 CMSIS 和 STM32F10x_StdPeriph_Driver 文件中只读属性去掉，再打开工程，就会发现“小钥匙”的警告消失了。取消“小钥匙”警告界面如图 F1.20 所示。

4. 配置 Options For Target 选项

Options For Target 配置工作非常重要，程序编译后找不到 HEX 文件、printf 实验无法打印、无法仿真等问题，都是因为 Options For Target 配置不正确造成的。

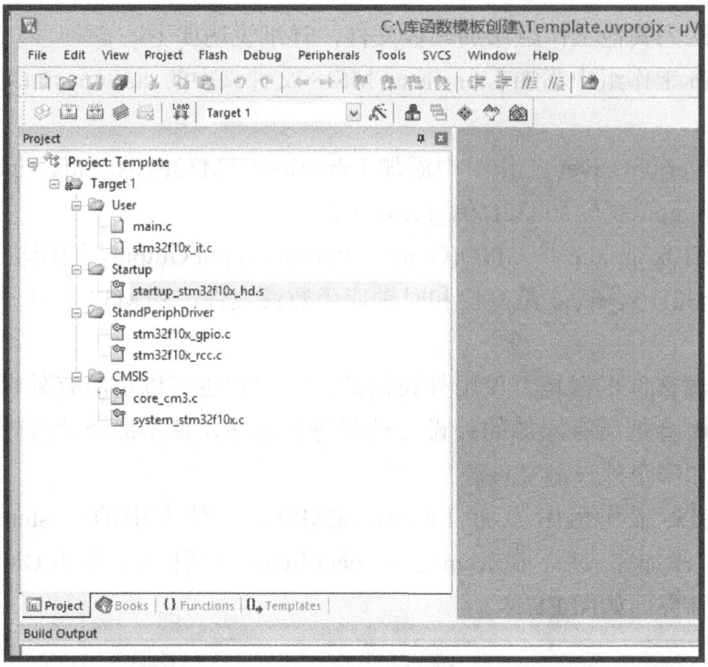

图 F1.19　返回至 Keil5 主界面的对话框

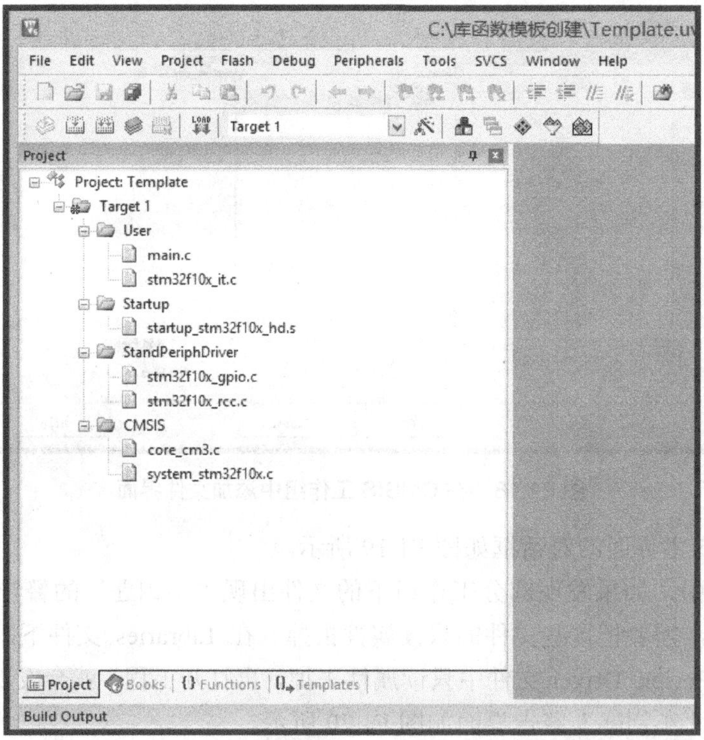

图 F1.20　取消“小钥匙”警告界面

在 Keil 快捷菜单栏中单击“魔术棒”按钮，Options for Target ‘Target 1’ 对话框如图 F1.21 所示。

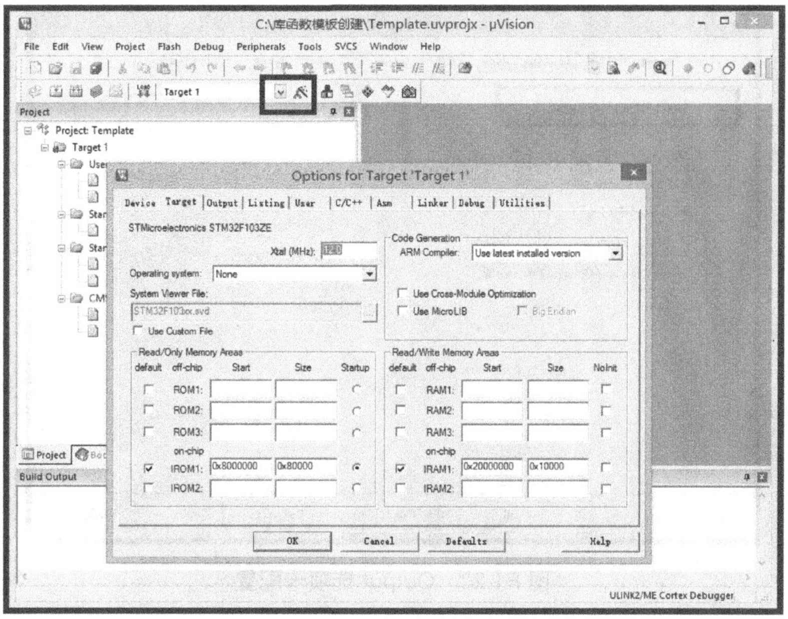

图 F1.21 Options for Target‘Target1’对话框

1) Target 选项卡

在 Target 选项卡中，选中 Use MicroLIB 复选框，主要是为后面 printf 重定向输出使用，否则会出现各种不正常现象。其他的设置保持默认即可。Target 选项卡配置如图 F1.22 所示。

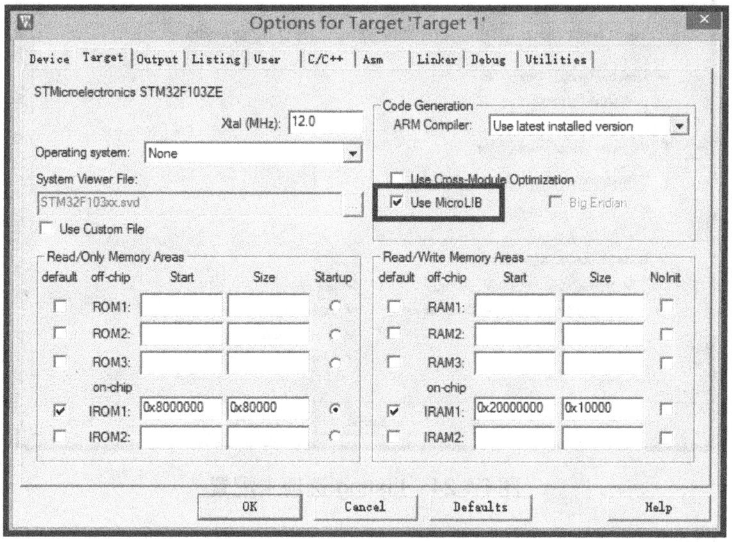

图 F1.22 Target 选项卡配置

2) Output 选项卡

在 Output 选项卡中，可以把输出文件夹定位到模板工程目录下的 Objects 文件夹中。如果要在编译的过程中生成.hex 文件，那么可在 Create HEX File 对话框中勾选选项。Output 选项卡配置如图 F1.23 所示。

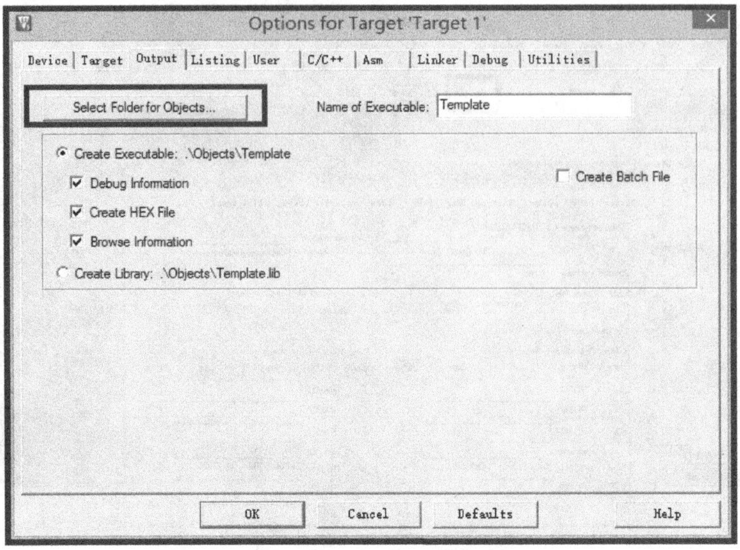

图 F1.23 Output 选项卡配置

3) Listing 选项卡

在 Listing 选项卡中，也可以把输出文件夹定位到工程目录下的 Listings 文件夹中。其他设置默认。Listing 选项卡配置如图 F1.24 所示。

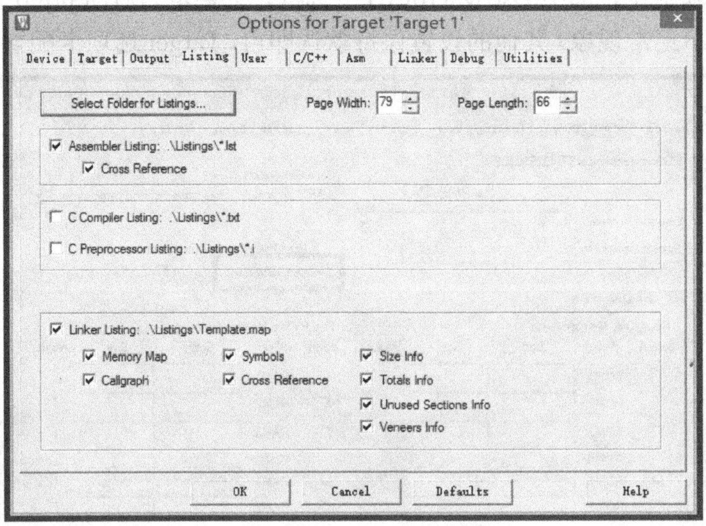

图 F1.24 Listing 选项卡配置

4) C/C++选项卡

对于库函数模板，需要对处理器类型和库进行宏定义。在 Define 文本框中添加两个宏：USE_STDPERIPH_DRIVER 和 STM32F10X_HD。两个宏之间用英文逗号隔开。

通过这两个宏就可以对 STM32F10x 系列芯片进行库开发，因为在库源码内支持很多 Cortex M3 F1 系列芯片，通过这个宏就可以选择采用哪一种芯片的库驱动。C/C++选项卡界面如图 F1.25 所示。

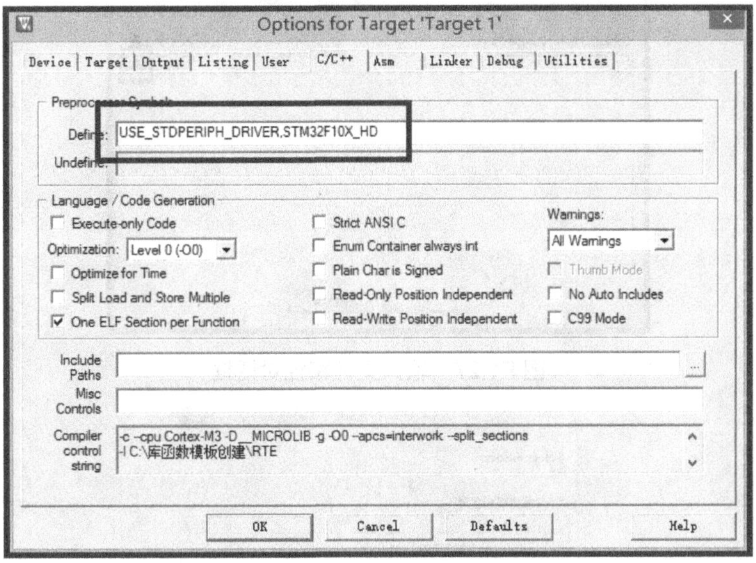

图 F1.25　C/C++选项卡配置

在 Define 文本框中设置两个宏后，单击 Include Paths 文本框后面的[...]按钮，弹出 Folder Setup 对话框，将添加到工程组中的文件路径包含进来。Folder Setup 对话框如图 F1.26 所示。

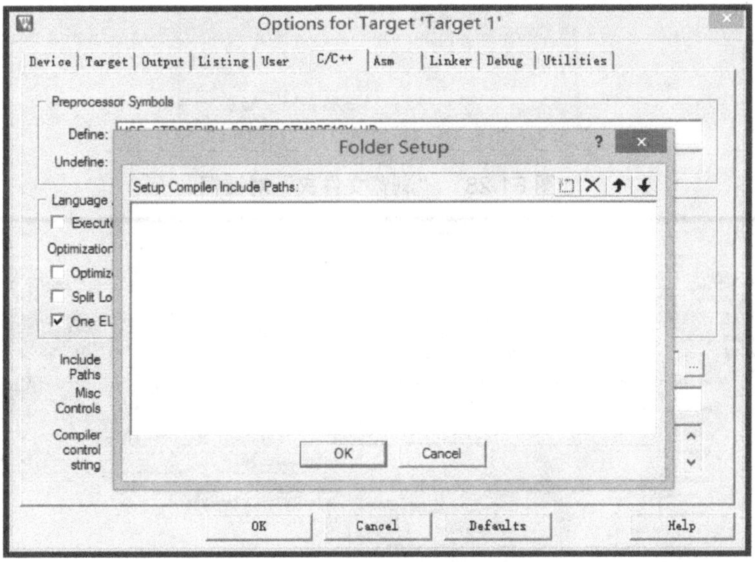

图 F1.26　Folder Setup 对话框

单击 Setup Compiler Include Paths 右端的 New(insert)按钮，在新出现的路径行输入文件路径。也可以单击右侧的[...]按钮选择相关文件夹。输入文件路径对话框如图 F1.27 所示。

在“浏览文件夹”对话框中，选择相关文件，如图 F1.28 所示。

需要添加的文件为 User、Libraries\CMSIS、Libraries\STM32F10x_StdPeriph_Driver\inc。添加文件完毕后的界面如图 F1.29 所示。

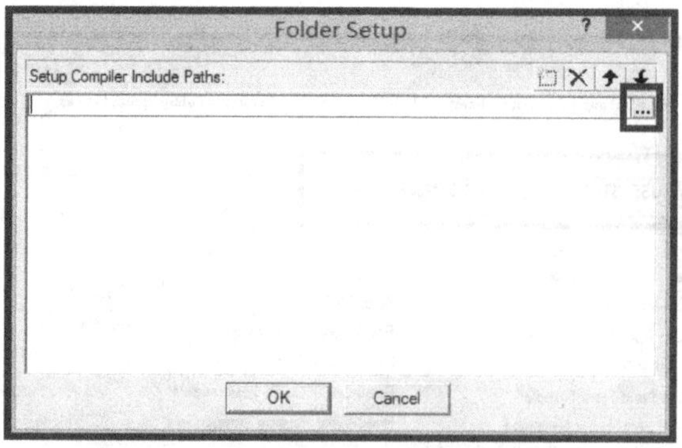

图 F1.27　输入文件路径对话框

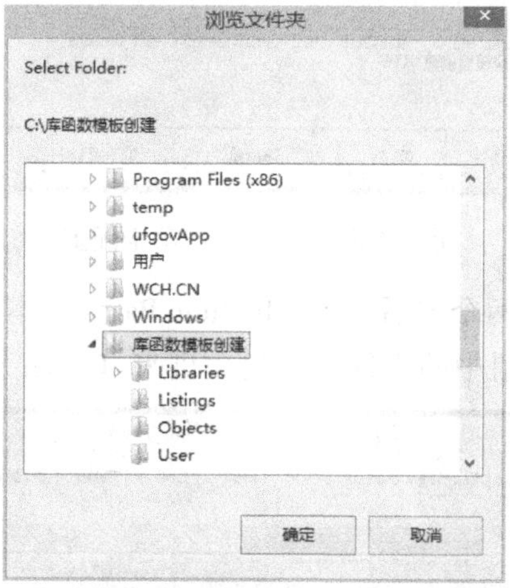

图 F1.28　“浏览文件夹”对话框

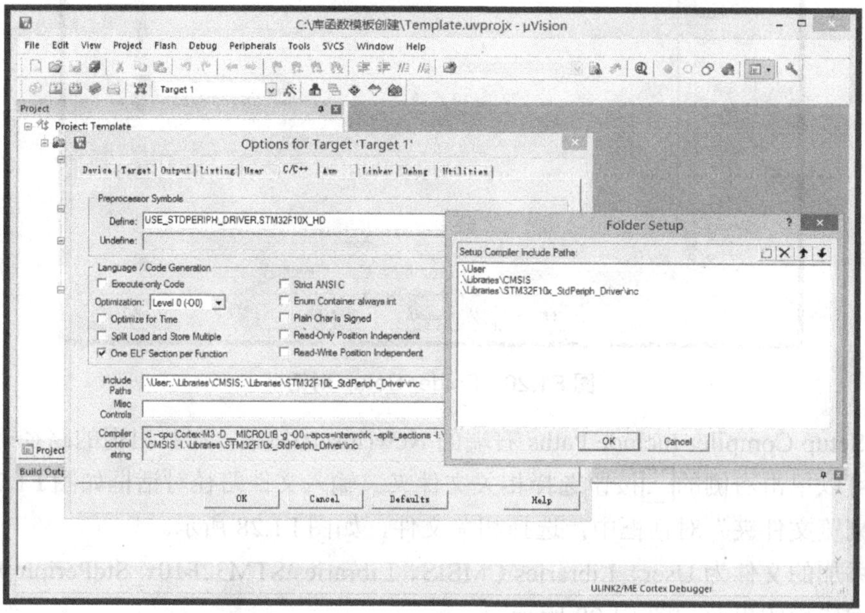

图 F1.29　添加文件完毕后的界面

5) ARM 仿真器配置

在此以 ST-LINK V2 仿真器为例进行配置。安装好仿真器的相关驱动后，就可以开始对仿真器进行配置。将仿真器的 USB 一端连接电脑，另一端连接开发板上的 JTAG 接口，并给开发板供电。在 Debug 选项卡的 Use 下拉列表中选择 ST-Link Debugger 选项，然后单击右侧的 Settings 按钮。ARM 仿真器配置如图 F1.30 所示。

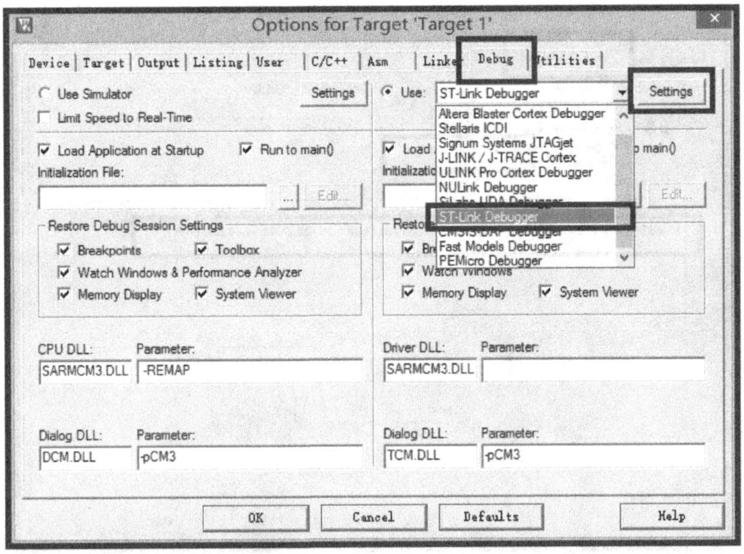

图 F1.30 ARM 仿真器配置

此时会弹出 Cortex-M Target Driver Setup 对话框，若选择正确，会自动识别 ARM 仿真器的 ID 号。

在 Cortex-M Target Driver Setup 对话框中，切换到 Debug 选项卡。该选项卡主要设置 SW 或者 JTAG 模式以及复位的方式，在线调试推荐使用 SW 模式。Debug 选项卡配置如图 F1.31 所示。

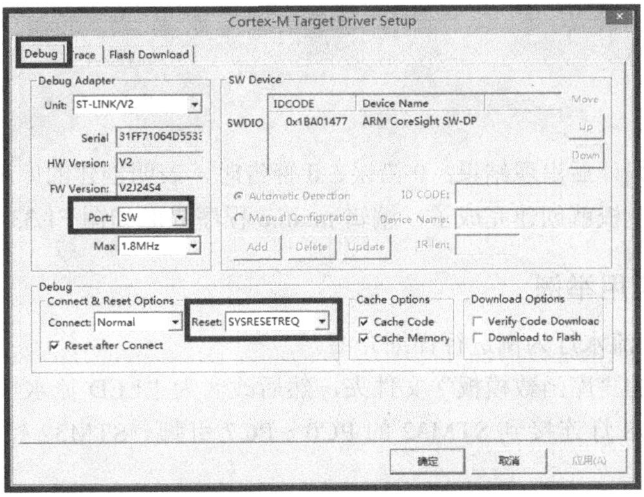

图 F1.31 Debug 选项卡配置

在 Cortex-M Target Driver Setup 对话框中，切换到 Flash Download 选项卡，开发使用的芯片是 STM32F103ZET6，其 Flash 为 512KB。在 Download Function 选项组中，选中 Reset and Run 复选框，当程序下载进去后自动复位运行；如取消选中该复选框，程序下载进去后须按下开发板上的复位键才能运行，最后单击“确定”按钮即可。Flash Download 选项卡配置如图 F1.32 所示。

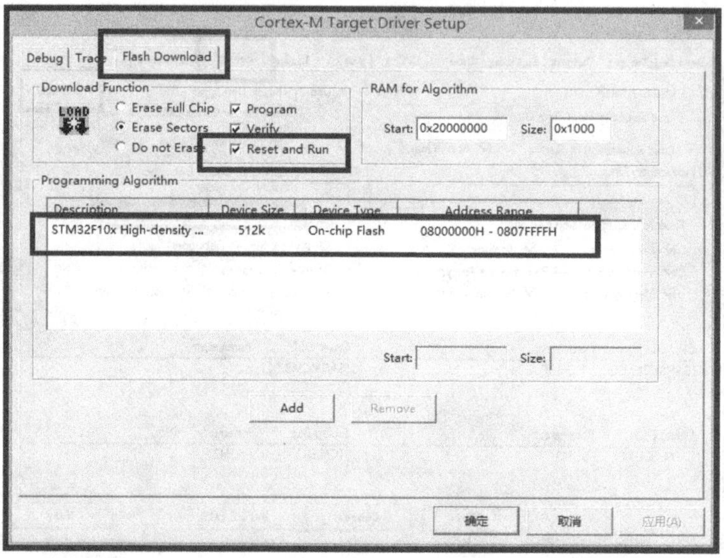

图 F1.32　Flash Download 选项卡配置

5. 编辑 main.c 文件

双击工程组 User 中的 main.c 文件。由于 main.c 文件是从固件库中复制的，故文件夹中包含许多代码，将所有代码删除，并编写一个最简单的框架程序。具体代码如下。

```
#include "stm32f10x.h"
int main()
{
    while(1)
    {
    }
}
```

编译该工程，编译后出现结果：0 错误、0 警告时，表明创建的库函数模板完全正确。至此，库函数工程模板就创建完成了。编辑 main.c 程序界面如图 F1.33 所示。

(四)库函数应用举例

以 STM32 控制流水灯为例进行详细介绍。

复制前面建立的“库函数模板”文件夹，然后改名为“LED 流水灯”文件夹。将 8 个发光二极管 D1～D8 灯连接到 STM32 的 PC0～PC7 引脚。STM32 控制流水灯电路原理如图 F1.34 所示。

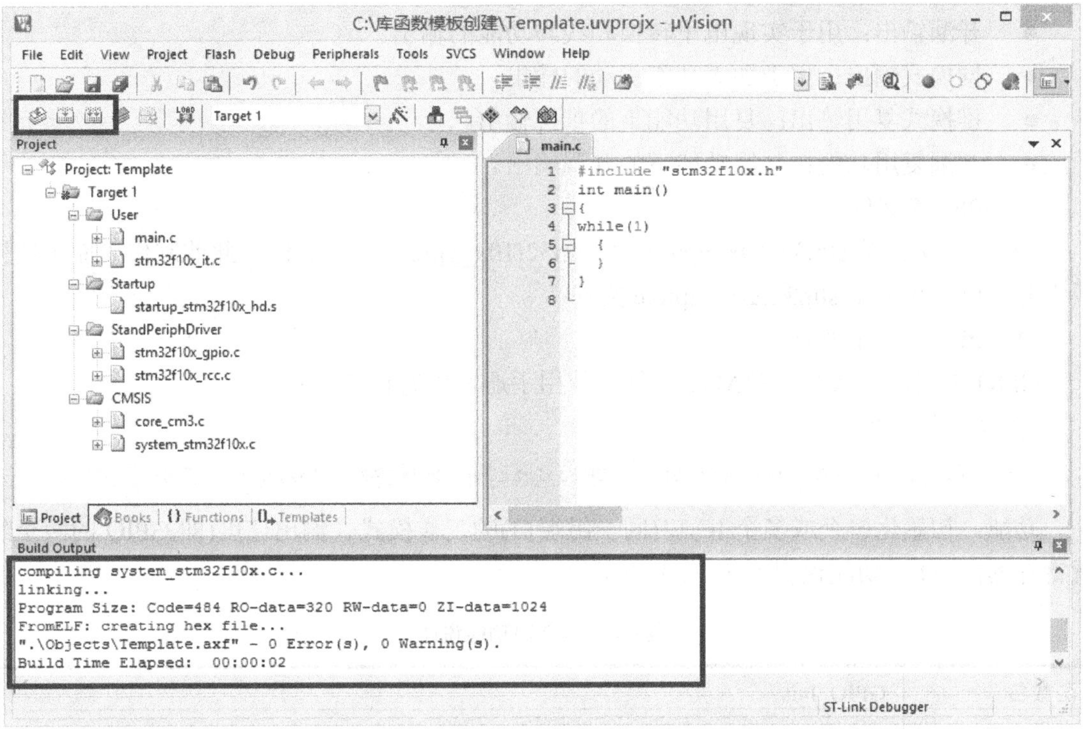

图 F1.33 编辑 main.c 程序界面

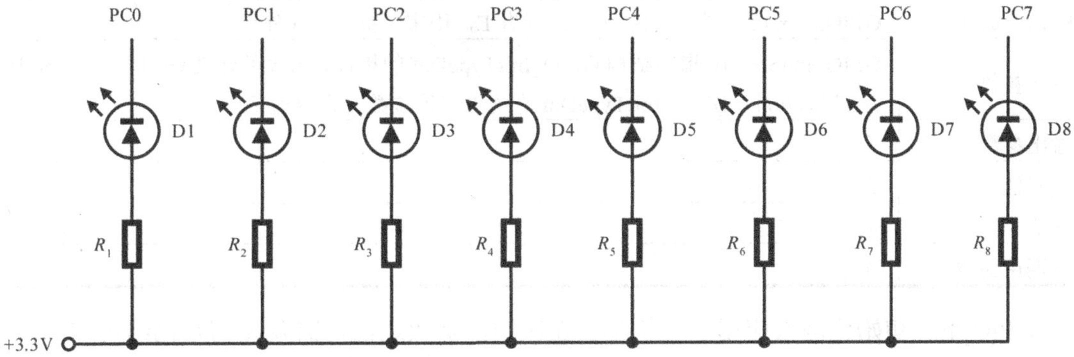

图 F1.34 STM32 控制流水灯电路原理

1. GPIO 库函数介绍

1) GPIO 概述

STM32F103ZET6 位处理器中有 GPIOA～GPIOE 5 个 16 位通用 IO 口，每个 GPIO 端口有 16 条位线。例如，GPIOC 端口有 GPIOC0～GPIOC15 共计 16 个引脚，简写为 PC0～PC15。

GPIO 端口的每位可以根据不同的功能，由软件分别配置为以下 8 种模式。

- 输入浮空：用于不确定高低电平的输入。
- 输入上拉：用于默认为上拉至高电平的输入。
- 输入下拉：用于默认为下拉至低电平的输入。
- 模拟输入：用于模拟量的输入。

- 开漏输出：用于实现电平转换和线与功能的输出。
- 推挽式输出：用于加大功率驱动的输出。
- 推挽式复用输出：复用功能下的推挽输出。
- 开漏复用功能：复用功能下的开漏输出。

2) GPIO 库文件

GPIO 库文件是 stm32f10x_gpio.h 和 stm32f10x_gpio.c 两个文件。此前制作“库函数模板”时，已经添加了 stm32f10x_gpio.c 文件。

3) GPIO 常用库函数

GPIO 常用库函数在《STM32 固件库使用手册》中有详细讲解。

① 初始化函数。

```
void GPIO_Init(GPIO_TypeDef* GPIOx,GPIO_InitTypeDef* GPIO_InitStruct)
```

功能：初始化一个或多个 IO 口(同一组端口)的工作模式、输出速度(即 GPIO 的两个配置寄存器)。IO 口功能说明如表 F1.1 所示。

表 F1.1　IO 口功能说明

函数名	GPIO_Init
函数原形	void GPIO_Init(GPIO_TypeDef* GPIOx, GPIO_InitTypeDef* GPIO_InitStruct)
功能描述	根据 GPIO_InitStruct 中指定的参数初始化外设 GPIOx 寄存器
输入参数 1	GPIOx：x 可以是 A、B、C、D 或者 E，用来选择 GPIO 外设
输入参数 2	GPIO_InitStruct：指向结构 GPIO_InitTypeDef 的指针，包含了外设 GPIO 的配置信息 参阅 Section：GPIO_InitTypeDef 查阅更多该参数允许取值范围
输出参数	无
返回值	无
先决条件	无
被调用函数	无

GPIO_Init 初始化函数应用了结构体。在应用此函数之前，需要先初始化结构体 GPIO_InitTypeDef。

GPIO_InitTypeDef 初始化范例：(以 PC0～PC7 驱动 LED 为例)

```
GPIO_InitTypeDef GPIO_InitStructure; //定义结构体变量
GPIO_InitStructure.GPIO_Pin=GPIO_Pin_0; //选择要设置的 IO 口
GPIO_InitStructure.GPIO_Mode=GPIO_Mode_Out_PP;//设置推挽输出模式
GPIO_InitStructure.GPIO_Speed=GPIO_Speed_50MHz;//设置传输速率
GPIO_Init(GPIOC,&GPIO_InitStructure);/* 初始化 GPIO */
```

可一次对多个管脚进行初始化，前提是它们的配置模式必须一样，例如：

```
GPIO_InitStructure.GPIO_Pin=
GPIO_Pin_0|GPIO_Pin_1|GPIO_Pin_2|GPIO_Pin_3|GPIO_Pin_4|GPIO_Pin_5|GPIO_Pin_6|GPIO_Pin_7;
```

② 设置管脚输出电平函数。

```
void GPIO_SetBits(GPIO_TypeDef* GPIOx, uint16_t GPIO_Pin);
```

功能：设置某个 IO 口为高电平(可同时设置同一端口的多个 IO)。底层是通过配置 BSRR 寄存器。

```
void GPIO_ResetBits(GPIO_TypeDef* GPIOx, uint16_t GPIO_Pin);
```

功能：设置某个 IO 口为低电平(可同时设置同一端口的多个 IO)。底层是通过配置 BSRR 寄存器。

```
void GPIO_WriteBit(GPIO_TypeDef* GPIOx,uint16_t GPIO_Pin,BitAction BitVal);
void GPIO_Write(GPIO_TypeDef* GPIOx, uint16_t PortVal);
```

功能：设置端口管脚输出电平。设置管脚输出电平函数功能如表 F1.2 所示。

表 F1.2　设置管脚输出电平函数功能

函数名	GPIO_Write
函数原形	void GPIO_Write(GPIO_TypeDef* GPIOx, u16 PortVal)
功能描述	向指定 GPIO 数据端口写入数据
输入参数 1	GPIOx：x 可以是 A、B、C、D 或者 E，用来选择 GPIO 外设
输入参数 2	PortVal：待写入端口数据寄存器的值
输出参数	无
返回值	无
先决条件	无
被调用函数	无

③ 读取管脚输入电平函数。

```
uint8_t GPIO_ReadInputDataBit(GPIO_TypeDef* GPIOx, uint16_t GPIO_Pin);
```

功能：读取端口中的某个管脚输入电平。底层是通过读取 IDR 寄存器。

```
uint16_t GPIO_ReadInputData(GPIO_TypeDef* GPIOx);
```

功能：读取某组端口的输入电平。底层是通过读取 IDR 寄存器。

④ 读取管脚输出电平函数。

```
uint8_t GPIO_ReadOutputDataBit(GPIO_TypeDef* GPIOx, uint16_t GPIO_Pin);
```

功能：读取端口中的某个管脚输出电平。底层是通过读取 ODR 寄存器。

```
uint16_t GPIO_ReadOutputData(GPIO_TypeDef* GPIOx);
```

功能：读取某组端口的输出电平。底层是通过读取 ODR 寄存器。

4) 使能 GPIO 时钟函数

该举例采用 PC0～PC7 驱动 LED 发光二极管，从《STM32F1XX 中文参考手册》可知，GPIOC 是在 APB2 总线上，故需要使能 APB2 的时钟，该函数为 RCC_APB2PeriphClockCmd。

```
void RCC_APB2PeriphClockCmd(uint32_t RCC_APB2Periph, FunctionalState NewState);
```

使能 GPIO 时钟函数如表 F1.3 所示。

注意：不同的外设调用的时钟使能函数可能不一样。例如使能 GPIOC 端口时钟：

```
RCC_APB2PeriphClockCmd(RCC_APB2Periph_GPIOC,ENABLE);
```

表 F1.3　使能 GPIO 时钟函数

函数名	RCC_APB2PeriphClockCmd
函数原形	void RCC_APB2PeriphClockCmd(u32 RCC_APB2Periph, FunctionalState NewState)
功能描述	使能或者失能 APB2 外设时钟
输入参数 1	RCC_APB2Periph：门控 APB2 外设时钟 参阅 Section：RCC_APB2Periph 查阅更多该参数允许取值范围
输入参数 2	NewState：指定外设时钟的新状态 这个参数可以取 ENABLE 或者 DISABLE
输出参数	无
返回值	无
先决条件	无
被调用函数	无

2. LED 流水灯编程

为了便于管理相关文件，首先在“LED 流水灯”工程文件中，新建一个文件夹用于专门保存相关文件。新建 App 文件夹如图 F1.35 所示。

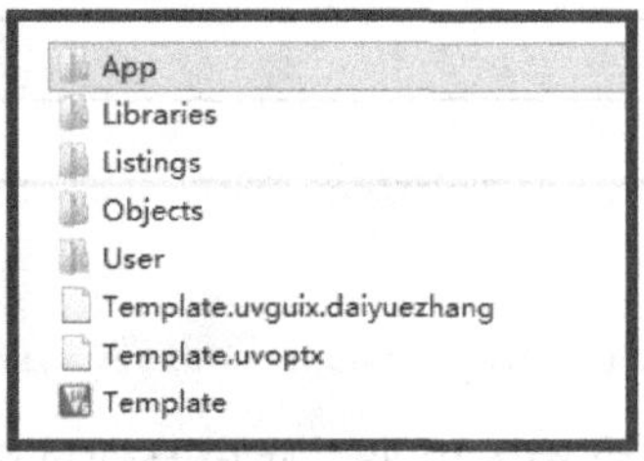

图 F1.35　新建 App 文件夹

在 Options for Target‘Target1’对话框的 C/C++选项卡下，添加 App 文件至 Include Paths 栏中，如图 F1.36 所示。

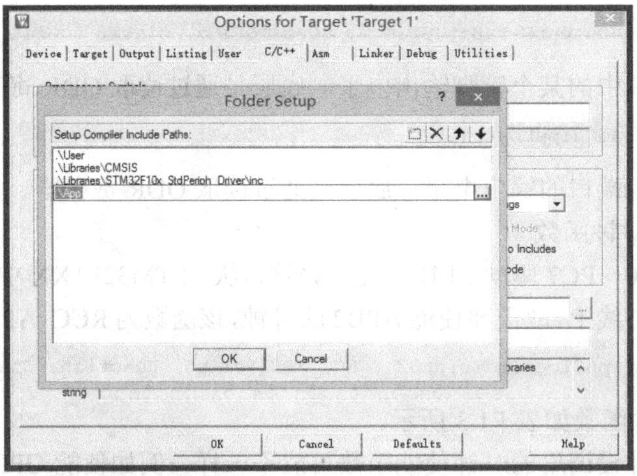

图 F1.36　在 Include Paths 栏中添加 App 文件界面

1) 新建 LED 源文件和库文件

此处建立 led.h 和 led.c 两个文件。打开工程文件，在 File 菜单下选择 New 命令，出现 Text1 文件。新建 LED 源文件和库文件界面如图 F1.37 所示。

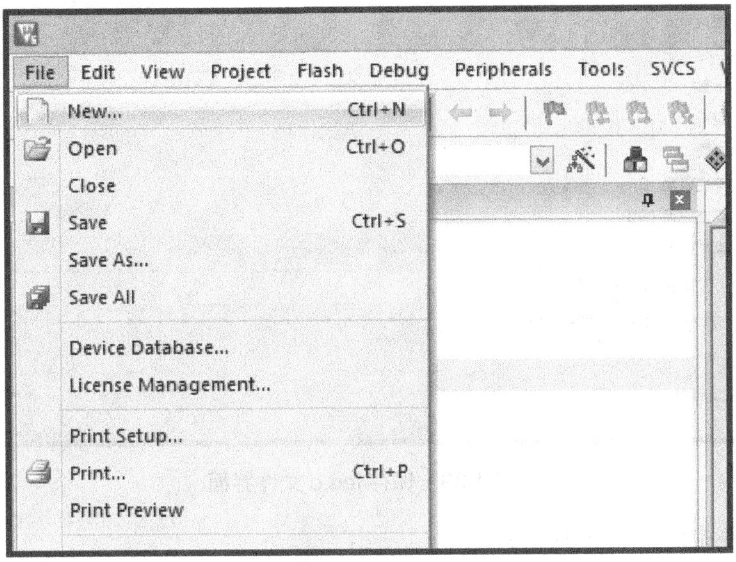

图 F1.37　新建 LED 源文件和库文件界面

单击“保存”按钮，分别建立 led.h 和 led.c 文件，并保存在 App 文件夹中。保存 led.h 文件界面如图 F1.38 所示，保存 led.c 文件界面如图 F1.39 所示。

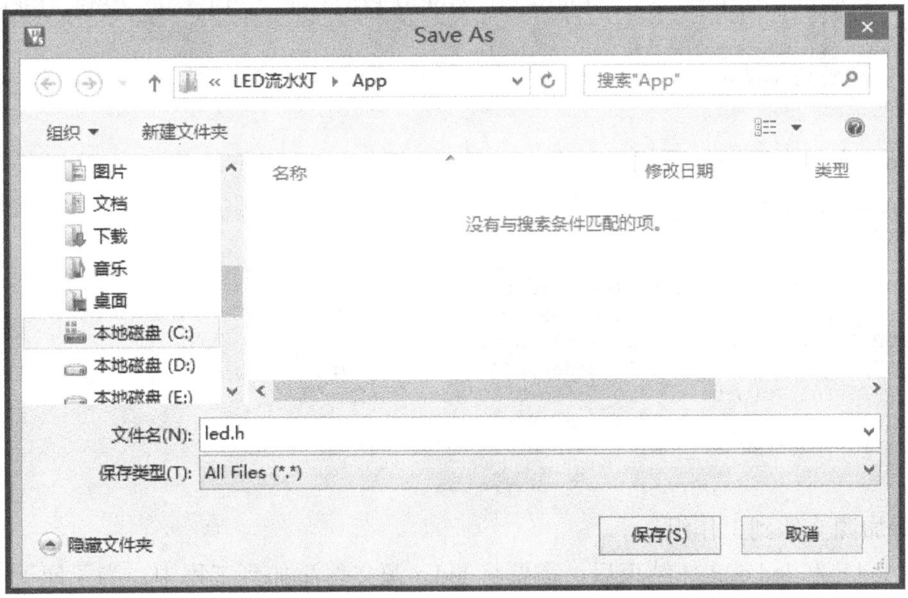

图 F1.38　保存 led.h 文件界面

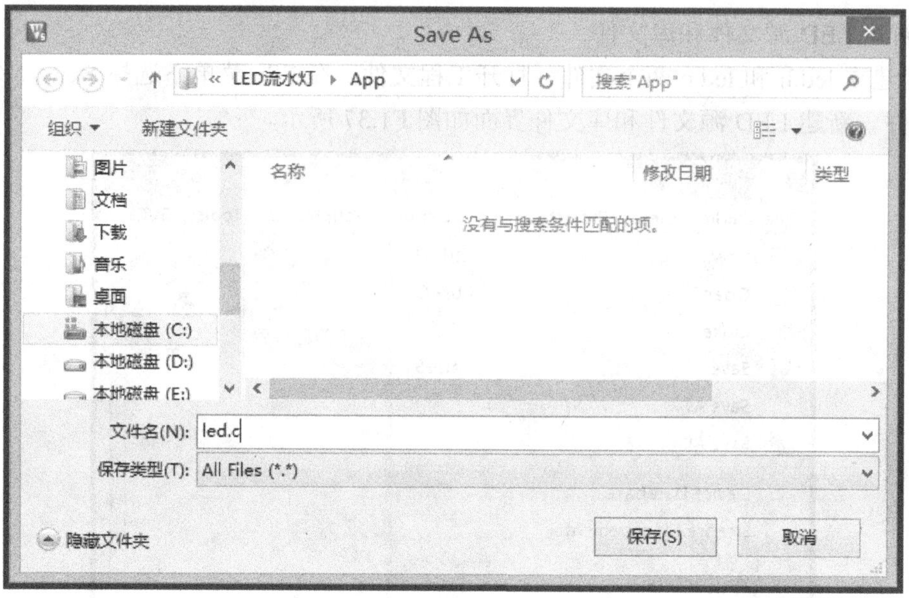

图 F1.39　保存 led.c 文件界面

在 led.h 文件中编写如下代码：

```
#ifndef _led_h
#define _led_h
#include "stm32f10x.h"
#define LED_PORT_RCC   RCC_APB2Periph_GPIOC
#define
LED_PIN(GPIO_Pin_0|GPIO_Pin_1|GPIO_Pin_2|GPIO_Pin_3|GPIO_Pin_4|GPIO_Pin_5|GPIO_Pin_6|
GPIO_Pin_7)
#define  LED_PORT GPIOC
void LED_Init(void);
#endif
```

在 led.c 文件中编写如下代码：

```
#include "led.h"
void LED_Init( )
{
     GPIO_InitTypeDef GPIO_InitStructure;
     RCC_APB2PeriphClockCmd(RCC_APB2Periph_GPIOC,ENABLE);
     GPIO_InitStructure.GPIO_Pin=LED_PIN;
     GPIO_InitStructure.GPIO_Mode=GPIO_Mode_Out_PP;
     GPIO_InitStructure.GPIO_Speed=GPIO_Speed_50MHz;
     GPIO_Init(LED_PORT,&GPIO_InitStructure);
     GPIO_SetBits(LED_PORT, LED_PIN);
}
```

2) 添加源文件到工作组

编写 led.h 和 led.c 文件结束后，需要将 led.c 源文件添加到工程中。为了便于管理相关文件，推荐新建 App 工作组，并把 led.c 添加到 App 工作组中。添加源文件到工作组界面如图 F1.40 所示。

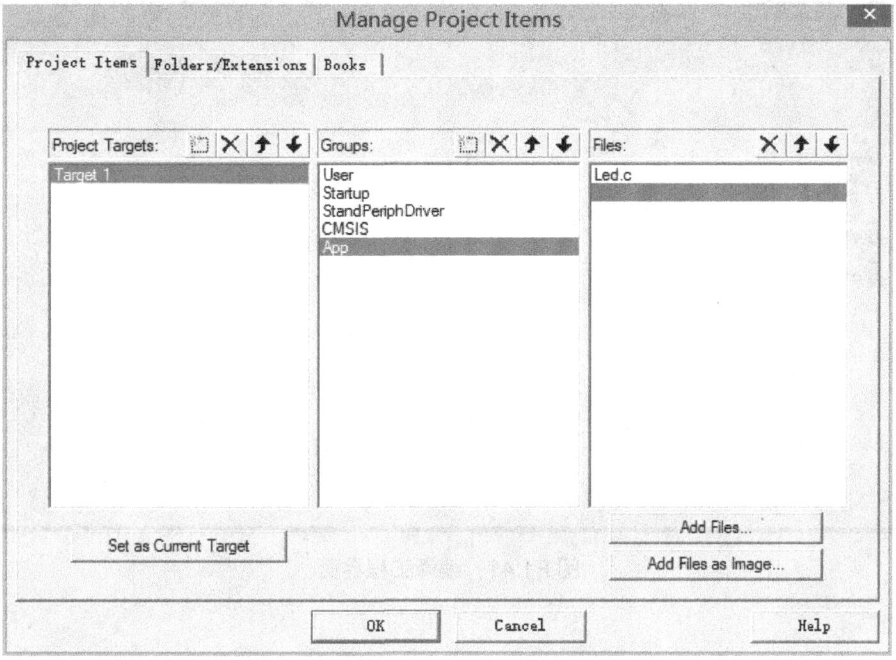

图 F1.40　添加源文件到工作组界面

3) 编写 main 函数

在 main.c 文件中输入如下流水灯代码。

```
#include "stm32f10x.h"
#include "led.h"
void delay(u32 i)
{
    while(i--);
}
int main()
{
    u16 num;
    u8 i;
    LED_Init();
    while(1)
    {
        num=0xfffe;
        for(i=0;i<8;i++)
        {
            GPIO_Write(GPIOC, num);
            num=(num<<1)|0x0001;
            delay(0x001fffff);
        }
    }
}
```

4) 编译工程

编译工程界面如图 F1.41 所示。

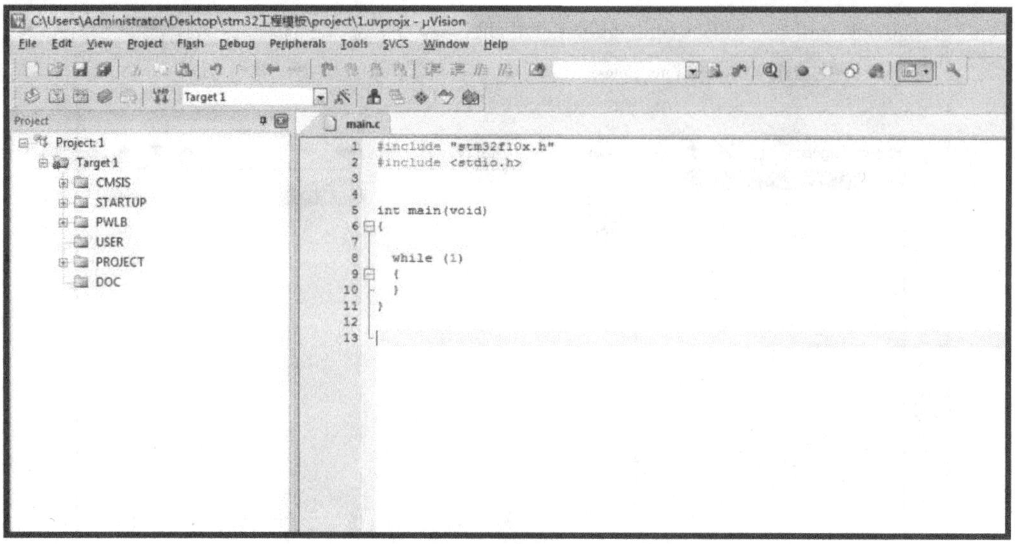

图 F1.41　编译工程界面

附录 2　NEWLab 嵌入式程序下载步骤

以 NEWLab 课题“节能型自适应风扇控制”为例，接线图如图 F2.1 所示。

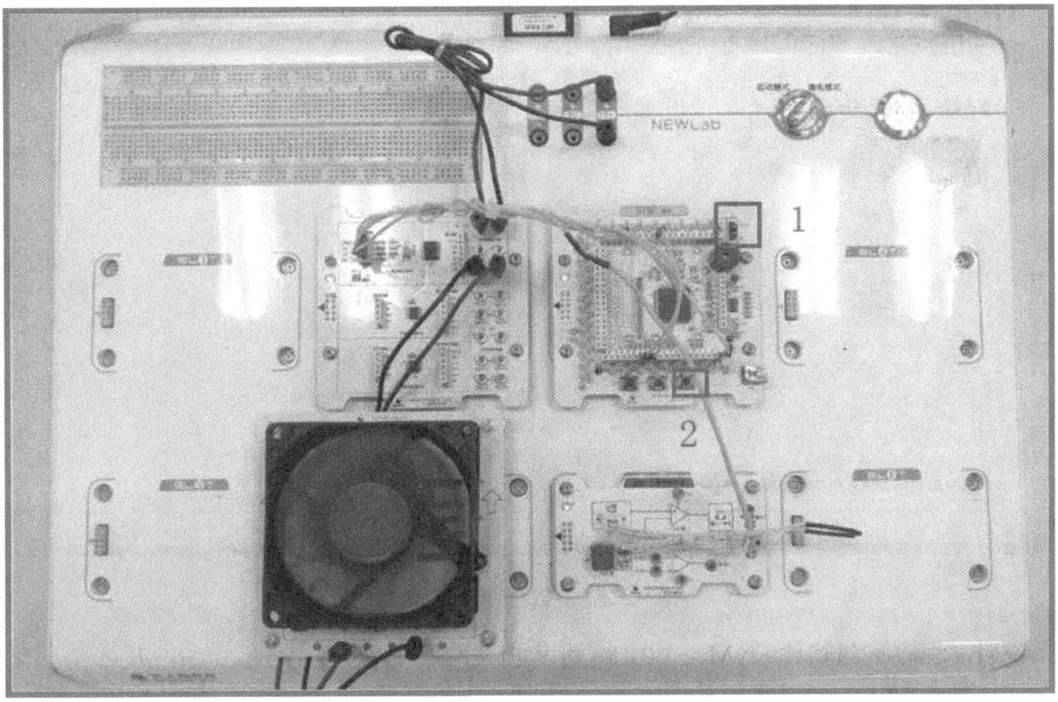

图 F2.1　课题“节能型自适应风扇控制”接线图

说明：

方框 1：短路帽位置；

方框 2：系统复位键。

嵌入式程序下载步骤如下。

(1) 用专用串口线将 PC 端与 NEWLab 实验平台连接。

(2) 将 NEWLab 实验平台 M3 核心模块右侧跳线帽置于 boot 端，并按下“复位”按键(在 M3 核心模块三个按键的最右侧)。

(3) 打开串口下载软件，设置串口(可以单击菜单“搜索串口”，也可以用“设备管理”查看串口端口号)。

(4) 在课题“PROJECT”文件夹的“OUTPUT”子文件夹中查找选择要下载的.hex 文件。

(5) 单击“开始编程”按钮。

(6) 待编程完成，将跳线帽置于 NC 端，按“复位”按键后，程序开始执行。

下载程序操作界面如图 F2.2 所示。

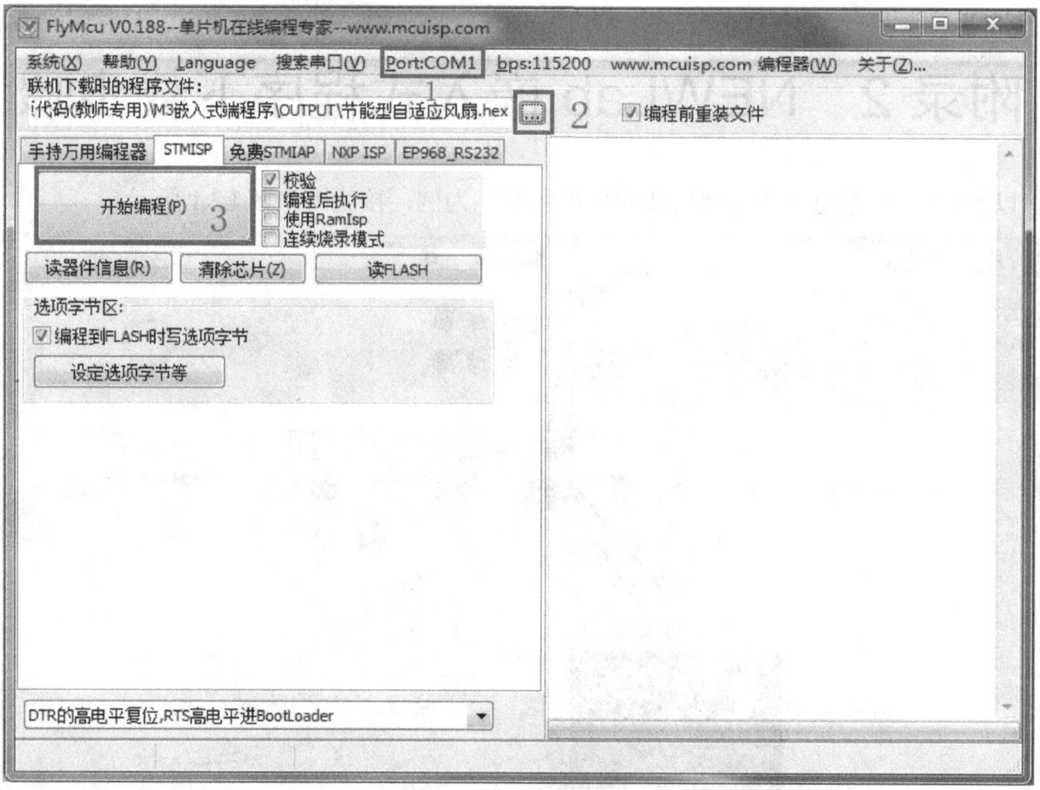

图 F2.2　下载程序操作界面

说明：程序下载软件 FlyMcu V0.188 可从相关网站下载。

参 考 文 献

[1] 谭浩强. C 程序设计[M]. 5 版. 北京：清华大学出版社，2017.

[2] 意法半导体. STM32 中文手册[M]. 10 版. 北京：意法半导体(中国)投资公司，2010.

[3] Joseph Yiu.ARM Cortex-M3 权威指南[M]. 北京：北京航空航天大学出版社，2009.

[4] 杜春雷. ARM 体系结构与编程[M]. 北京：北京航空航天大学出版社，2003.

[5] 王永虹. STM32 系列 ARM Cortex M3 微控制器原理与实践[M]. 北京：北京航空航天大学出版社，2008.

[6] 刘军. 例说 STM32 [M]. 北京：北京航空航天大学出版社，2011.

[7] 刘军，张洋，严汉宇，左忠凯. 原子教你玩 STM32 [M]. 北京：北京航空航天大学出版社，2015.

[8] 求实科技. 单片机典型模块设计实例导航[M]. 北京：人民邮电出版社，2008.

[9] 郭天祥. 新概念 51 单片机 C 语言教程——入门、提高、开发、拓展全攻略[M]. 北京：电子工业出版社，2010.

[10] 张毅刚，彭喜元，董继成. 单片机原理与应用[M]. 北京：高等教育出版社，2010.

[11] 彭伟. 单片机 C 语言设计实训 100 例——基于 8051+Proteus 仿真[M]. 北京：电子工业出版社，2010.

[12] 赵林惠. 单片机应用技术[M]. 北京：科学出版社，2008.

[13] 楼然苗. 单片机课程设计指导[M]. 北京：北京航空航天大学出版社，2008.

[14] 周坚. 单片机 C 语言轻松入门[M]. 北京：北京航空航天大学出版社，2008.

[15] 刘焕平，董一凡. 单片机原理与应用[M]. 北京：北京邮电大学出版社，2008.

[16] 冯育长. 单片机系统设计与实例分析[M]. 西安：西安电子科技大学出版社，2007.